KB006422

전주대학교 문화산업 총서 ❻

한국음식문화와 콘텐츠

Korean Food Culture Contents

전주대학교 문화산업 총서 ❻
한국음식문화와 콘텐츠

초판 인쇄 2009년 6월 23일
초판 발행 2009년 6월 30일

지은이 한복진 차진아 차경희 신정규
펴낸이 최종숙
편 집 권분옥 이소희 이태곤 추다영
디자인 홍동선 이홍주
마케팅 문택주 안현진 심용창

펴낸곳 글누림출판사
주 소 서울시 서초구 반포4동 577-25 문창빌딩 2층
전 화 02-3409-2055(편집), 2058(마케팅)
팩 스 02-3409-2059
등 록 2005년 10월 5일 제303-2005-000038호
홈페이지 www.geulnurim.co.kr
전자우편 nurim3888@hanmail.net

값 22,000원
ISBN 978-89-6327-032-6 03590
978-89-6327-026-5 세트

이 책은 전주대학교 X-edu 사업단의 지원으로 제작되었습니다.

전주대학교 문화산업 총서 ❻

한국음식문화와 콘텐츠

한복진 · 차진아 · 차경희 · 신정규

축 사

전주대학교 X-edu 사업단이 지난 5년간의 성과를 모아 문화산업 총서를 발간하게 됨을 진심으로 축하드립니다. 문화콘텐츠는 21세기 국가경쟁력과 문화산업에 중요한 자양분입니다. X-edu 사업단은 문화콘텐츠의 중요성을 인식하고 사회적·경제적 요구와 대학 교육을 접목시킨 전통문화콘텐츠 인력양성사업을 2004년부터 매년 50억 원의 사업비를 투자하여 진행해 왔습니다. 우수학생을 유치하고, 교육역량을 강화하며, 내실 있는 교육을 통해 전주대학교는 최고 수준의 문화콘텐츠 특성화대학으로 탈바꿈하였습니다. 특히 2006년에는 전국 최초로 문화산업대학을 신설하였고, 2008년에는 취업률 전국 1위라는 의미 있는 성과를 거두기도 하였습니다.

대학의 중심은 교수와 학생입니다. 학생들의 취업률만큼이나 중요한 것이 교수의 연구능력입니다. X-edu 사업단 소속 교수들이 지난 5년간 교육현장에서 보여준 열정과 능력은 우리 전주대학교의 중요한 자산입니다. 이번에 발간하게 되는 문화산업 총서는 그 가시적인 결과물인 동시에 한 대학의 지적 재산을 넘어 우리나라 문화산업 전반에 중요한 성과물로 기록될 것입니다.

지방대학이라는 어려운 여건 속에서도 전주대학교가 문화콘텐츠 분야에서 우수 인력을 양성하고 배출할 수 있었던 것은 X-edu 사업단의 체계적인 교육프로그램과 학생들의 자발적인 참여, 교수들의 헌신적인 노력이 삼위일체가 되었기 때문입니다. 전주대학교는 5년간의 누리사업을 통해 한층 업그레이드되었고, 그 성과를 내실 있는 교육을 통해 다시 사회로 환원시키는 데 최선의 노력을 다할 것입니다.

여러 가지 어려움 속에서도 X-edu 사업단을 전국 최고의 누리사업단으로 발전시킨 주명준 단장님 이하 사업단 모든 교수님들께 깊은 감사의 말씀을 전합니다.

전주대학교 총장 **이 남 식**

발간사

전주대학교의 누리사업단인 전통문화 콘텐츠 X-edu 사업단이 문화산업 총서를 펴내게 된 것을 자랑스럽게 생각합니다.

누리사업은 지방대학이 어려움에 직면하게 되자 교육부가 지방대학의 혁신역량을 강화할 필요를 절감하여 실시한 국책사업입니다. 누리사업으로 인해 지방대학의 역량이 크게 강화되었음은 주지의 사실입니다. 전주대학교는 문화콘텐츠산업의 세계화 추세에 발맞춰 이에 대한 준비를 오래 전부터 해 왔습니다. 그 결과 2004년 교육부의 지방대학혁신역량강화사업으로 당당히 선정되었고, 5년에 걸쳐 무려 341억 원을 투자한 우리 대학 역사상 초유의 대형프로젝트가 진행되었습니다.

X-edu 사업단은 전라북도의 전통문화를 오늘날에 되살려 디지털 콘텐츠로 제작하는 교육을 통해 학생들의 취업 경쟁력을 높이고 나아가서는 지방산업 발전에 기여하는 인재를 육성할 뿐만이 아니라 지방의 경제 활성화에 도움을 주기 위해 노력하였습니다. 우리는 지난 5년 동안 교수와 학생 및 산업체의 전문가들이 삼위일체가 되어 디지털 콘텐츠기술의 전수와 전라북도의 전통문화 발굴, 그리고 문화산업 발전에 필요한 인력양성에 줄곧 매진하였습니다. 그 결과, 지금은 '전통문화!' 하면 전주대학교 X-edu 사업단을 떠올릴 정도로 그 위상을 확고히 할 수 있게 되었습니다. 이는 우리가 배출한 학생들이 다양한 분야의 문화콘텐츠 산업 현장에 진출하여 활동

하고 있음을 통해 확인할 수 있습니다.

X-edu 사업단에서는 학생들이 문화산업 분야의 새로운 지식을 습득하고 학습 능력을 향상시킬 수 있도록 5년간 매학기 문화산업 관련 교재 편찬을 지원하는 프로그램을 마련하였습니다. 교수들로부터 공개적으로 저술계획서를 받아 엄격한 심사를 거쳐 출판비를 지원한 것입니다. 마지막 학기에는 그동안 개발된 교재 중 10권을 엄선하여 전주대학교 문화산업 총서를 발간하기에 이르렀습니다. 이로써 5년 동안 계획하고 가르쳤던 우리 대학의 문화산업 교육 역량을 마무리하게 되어 전주대학교 구성원 모두와 함께 기쁘게 생각합니다.

그동안 X-edu 사업단을 위하여 물심양면으로 도와주시고 실질적으로 지휘해 주신 전주대학교 이남식 총장님께 깊은 감사를 드립니다. 그리고 문화산업 총서를 계획하고 간행하는 모든 과정을 직접 책임지고 수행한 팀장 이용욱 교수님께 깊이 감사드립니다. 약 반년에 걸쳐 전주대학교 문화산업 총서 발간을 위하여 수고하신 글누림 출판사의 최종숙 사장님과 편집부 선생님들께도 심심한 사의를 표합니다.

전주대학교 문화산업 총서가 이 분야에 관심 있는 모든 분들에게 크게 도움이 되기를 간절히 소망합니다.

전주대학교 전통문화콘텐츠 X-edu 사업단장 **주 명 준**

머리말

우리의 전통음식에는 자연의 섭리에 순응하는 지혜, 삶의 애환을 다독이는 여유, 그리고 이 땅에 오랜 세월 축적되어온 깊은 맛이 그대로 담겨 있다. 한국인이 한국인이라는 정체성을 가지는 데 가장 중요한 역할을 하는 것은 역시 음식일 것이다. 한국음식을 사랑하는 일은 자연과 건강을 지키는 지름길이다.

한 나라의 음식문화는 그 국가의 이미지 상품이면서 경쟁력이고, 세계인이 함께 공유할 수 있는 생활문화이자 무형의 유산이다. 최근 세계적으로 한국음식이 건강식으로 부상되고 있으며, 특히 발효식품의 우수성이 높게 평가되고 있다. 우리 정부에서는 "한식의 세계화 사업"을 적극 추진 중이다. 이 사업은 한국음식문화 전파를 통해 한국의 위상을 높이는 것뿐만 아니라 국내 농업과 식품, 외식, 관광 등 연관 산업들의 성장을 유도하여 21세기 대한민국의 새로운 성장 동력이 될 수 있을 것으로 기대되기 때문이다.

전통음식문화는 고유한 우리 민족의 생활문화이므로 문화콘텐츠(cultural content)의 원형으로 가장 좋은 소재가 된다. 문화콘텐츠는 21세기를 사는 인류에게 가장 중요한 화두 중 하나이다. 문화콘텐츠산업은 문화콘텐츠의 기획, 제작, 유통, 소비 등과 이에 관련된 산업으로 영화, 게임, 애니메이션, 만화, 캐릭터, 음악 / 공연, 인터넷 / 모바일콘텐츠, 방송 등을 들 수 있다.

2003년에 방영한 드라마 〈대장금〉은 조선시대 중종의 신임을 받았던 의녀 장금(長今)의 삶을 그렸다. 특히 주방상궁이 지극한 정성으로 마련하는 아름답고 화려한 궁중음식의 등장으로 시청률 50%가 넘는 경이적인 기록을 세웠다. 이 드라마는 중국, 대만, 홍콩, 일본, 몽골 등의 아시아는 물론 미국, 아랍, 아프리카 등에 수출되어 세계적으로 많은 인기를 끌고 있다.

이 드라마를 통해 한류문화가 세계적으로 널리 확산되었고 한국음식에 대한 세계인들의 관심이 높아져서 한국음식과 한국의 위상을 높이는 데 큰 역할을 하였음은 물론이다. 더불어 드라마 이외에도 뮤지컬, 음반, 게임, 만화 등 다양한 장르의 문화콘텐츠로서 발전되어 온 국민이 즐기는 아이콘이 되었고 경제적 파급 효과 또한 엄청났다.

전주대학교에서는 2004년부터 5년간 NURI(지방대학혁신역량강화)사업으로 전통문화콘텐츠 X-edu 사업을 추진하면서 전통문화콘텐츠 전문인력 양성에 힘써왔다. 특히 전통문화의 콘텐츠 중에 전통음식을 소재로 한 원형발굴이 중요한 과제였다. 교육현장에서 전통음식에 관련된 콘텐츠 상품을 주제로 하여 기획부터 제작하고 콘텐츠 비즈니스에 접목하는 과정을 지도하면서 우리의 음식문화에 대한 올바른 인식이 절실하다는 생각을 하게 되었다. 그리하여 전공교수들이 함께 뜻을 모아 학생들은 물론 실무자들에게도 필요한 전통음식문화에 대한 가이드북을 집필하기로 뜻을 모으게 되었다.

우선 전통음식에 대한 이해를 돕기 위하여 각 장의 앞부분에는 한국음식 문화의 주제별로 원형의 모습을 서술하였고, 뒷부분에는 각 장 주제와 관련된 문헌자료 목록과 영상자료, 그리고 관련 인터넷 웹사이트의 정보를 실었다. 이를 통해 한국음식 각 테마에 대한 기본 지식 습득과 함께 최근까지 제작된 콘텐츠 상품이나 성과물에 대한 정보를 제공하고자 하였다. 부디 이 책이 관련 분야의 전공자는 물론이고 한국음식콘텐츠 관련 사업을 하는 분들에게도 좋은 정보를 주는 책이 되었으면 하는 바람이다.

본서는 전통음식과 관련하여 식품의 유래, 조리의 변화, 식생활 역사와 풍습, 사회 문화적 변화를 한 권에서 전반적으로 살펴 볼 수 있도록 구성하였다. 제1부 '우리음식 바로 알기'에서는 우리 밥상의 변화, 조상들이 먹어 온 식품, 음식의 특징과 종류, 여유로운 멋이 담긴 병과와 음료에 대해 살펴보았고, 제2부 '오랜 기다림 슬로우푸드'에서는 우리의 자랑스런 발효식품인 장, 김치, 젓갈, 술을 다루었다. 제3부 '한국인의 정서와 품격이 나타나는 음식'에서는 우리의 일생과 연관한 의례음식의 풍습과 시절식, 건강한 채식, 지극한 정성의 궁중음식을 다루었고, 제4부 '오랜 역사를 지닌 한국음식의 깊이'에서는 한국인의 식생활 변천과 부엌살림, 지혜로운 옛 음식책을 살펴보았다.

이 책을 쓰면서 앞선 연구자들의 저서와 논문 그리고 사진과 그림 자료들이 많은 도움이 되었음에 감사한 뜻을 전하며, 또 이 책을 기획하신 전주대학교 누리사업단의 여러분과 출간을 맡아주신 글누림출판사 여러분의 노고에 감사인사를 드린다.

저자를 대표하여 **한 복 진**

CONTENTS

제1부
우리음식 바로 알기

〈점심〉, 김홍도

Chapter ❶ 우리의 밥상은 어떻게 변했나?

1. 우리나라 전통적인 상차림

1) 반상

상차림이란 한 상에 차려지는 주식류와 찬품을 배선하는 방법을 말하며 일상식에서는 주식이 되는 음식에 따라서 반상, 죽상, 장국상으로 불린다. 일상의 밥상을 반상이라 하는데, 상을 받는 사람의 지위에 따라 궁중에서는 수라상, 반가(班家)에서는 진지상, 서민들은 밥상이라 하였다.

전통적인 상차림은 한 사람에 한 상씩 차리는데 독상(獨床) 또는 외상이라고 한다. 독상은 밥과 국이 놓인 앞쪽 오른편에 수저를 한 벌만 가지런히 놓는다. 겸상은 둘이 먹도록 차리는데, 손위 사람 위주로 반상을 차리고 반대편에 손아래 사람의 수저를 놓는다. 독상차림은 1900년도 초기부터 점차 사라져서 1920년대부터 가족이 두레반(원반)에 한데 둘러앉아 먹는 것이 일반화 되었다.

(1) 반상차림의 원칙

3첩반상

5첩반상

7첩반상

밥상에 올리는 밥과 국, 찬물을 담는 그릇을 반상기라 하고 모두 뚜껑이 있으며, 찬물은 쟁첩에 담는다. 반상의 첩 수는 쟁첩에 담은 찬물의 가짓수에 따라 3첩, 5첩, 7첩, 9첩으로 불린다. 밥, 국, 김치, 찌개, 찜 등과 초장, 간장 종지는 첩수에 들지 않는다. 반상기는 유기와 사기 두 종류가 있는데 여름철엔 대개 사기로 한다.

찬은 계절에 따라 다르지만 고기구이, 생선 조림, 쇠고기 장조림, 나물, 전유어, 장아찌, 젓갈 등이다. 찌개는 조치라 하는데 조치보에 담는다. 찬물을 마련할 때는 재료와 조리법이 중복되지 않도록 하고 계절의 제철 식품을 선택한다.

[표 1-1]의 반상차림의 원칙에 맞추어 3첩 또는 5첩반상을 차린다면 여러 가지의 조리법과 다양한 식품의 활용으로 먹는 이의 기호를 만족시킬 수 있으며, 영양학적으로 편중됨이 없이 고루 충족이 되는 이상적인 한국형 식사 형태가 된다.

[표 1-1] 반상차림의 원칙

구분 / 첩수	기 본 음 식							쟁첩에 담는 반찬									
	밥	국	김치	장류	찌개	찜	전골	생채	숙채	구이	조림	전	장아찌	마른찬	젓갈	회	편육
	주발	탕기	보시기	종지	조치보	합	전골틀	쟁첩	쟁첩	쟁첩	쟁첩	쟁첩	쟁첩	쟁첩	쟁첩	쟁첩	쟁첩
3첩	1	1	1	1	X	X	X	택	1	택	1	X	택	1		X	X
5첩	1	1	2	2	1	X	X	택	1	1	1	1	택	1		X	X
7첩	1	1	2	3	1	택	1	1	1	1	1	1	택	1		택	1
9첩	1	1	3	3	2	1	1	1	1	1	1	1	1	1	1	택	1

• 반상의 배선법

음식을 그릇에 담아서 상에 배열하는 법을 배선법이라 하며 원칙은 외상차림이다. 반상은 대개는 장방형의 사각반에 차리며, 한상에 올라가는 그릇의 재질은 모두 같아야 한다. 여름철에는 백자나 청백자 반상기를 주로 쓰고 겨울철에는 유기나 은기로 반상기를 쓴다. 수저는 서양식 스푼이 아니고 나뭇잎 모양처럼 납작한 잎사시이다.

• 외상 차리기

수저는 상의 오른쪽 구석에 놓는데 숟가락이 앞쪽이고 젓가락이 뒤로 간다. 수저의 끝이 상에서 3cm 정도 밖으로 나가도록 나란히 놓는다.

잡숫는 분에 가까운 맨 앞줄에는 밥을 왼쪽, 국을 오른쪽에 놓고, 찌개는 국의 뒤쪽에 놓는다. 둘째 줄에는 작은 종지에 간장, 초장, 초간장 등을 늘어놓는다. 쟁첩에 담은 반찬들은 종지의 다음 줄에 놓는다.

가장 뒷줄에는 김치류를 놓는데 오른쪽에 국물이 있는 동치미나 나박김치가 놓인다. 찜은 합이나 조반기에 담아서 찌개 뒤쪽인 상의 오른쪽 중간에 놓는다.

반찬 그릇인 쟁첩들은 꼭 정해진 위치는 없으나 그중에 짭짤한 찬인 장아찌, 젓갈 등은 왼쪽에 치우치게 놓고, 중간에는 나물, 생채 등 일상적인 찬을 놓고, 오른쪽에는 더운 구이나 별찬, 자주 먹는 찬물을 놓는다.

• 겸상

겸상의 경우는 나이가 드신 어른이나 손님을 중심으로 외상을 차리듯이 찬물을 상에 놓는다. 또 한 벌의 수저와 밥과 국을 따로 준비하여 정반대의 위치에 놓는다. 찬물 중에서 더운 찌개, 찜, 고기로 만든 찬 등은 잡숫기 좋도록 어른 가까이 놓는다.

(2) 밥상의 변천

전통적인 5첩반상, 7첩반상 등의 밥상차림은 이제는 박물관 식생활 자료실이나 빛바랜 사진 자료에서나 찾아 볼 수 있다. 예전에는 끼니때가 되면 어른께 "진지 잡수세요!", "진지 드셨어요?" 하고 여쭙던 대화가 요즘은 "식사하세요!", "식사하셨어요?"라는 말로 바뀌었다. 먹는 것이 일상의 즐거움인데, 일거리처럼 '식사(食事)'라는 단어를 쓰는 것은 맘이 편안하지 않다.

1950년 6·25전쟁 이후 일반 가정에서 전통적인 반상차림은 많이 사라져 서양 식기인 접시에 찬물을 담고, 김치나 찌개 등도 한 그릇에 담아서 같이 여러 사람이 공동으로 먹는 일이 보통처럼 되어버렸다. 사각 교자상이나 다리를 쓸 때만 펴서 쓰는 접는 교자상이 가정에 널리 퍼졌고, 1970년대 이후는 도시 주거환경이 아파트와 양식 주택으로 변하면서 식탁에서 의자에 앉아서 먹는 것이 일반화되었다.

우리의 상차림은 시대에 따라 찬품의 수나 내용이 변화가 있었으나, 식생활의 근본은 밥을 주식으로 하고 찬을 어울려서 먹는 형식은 변함이 없다. 전통 예절을 지킨다고 하여 외상 차림을 고집하는 것은 시대에 맞지 않는 일이지만, 고유한 상차림 구성법이나 식사 예법의 좋은 점을 현대 생활에 적용하는 노력은 필요하다고 생각된다.

약 50년 전인 1960년대와 2000년대 도시 가정의 부엌과 식사 풍경은 전혀 달라졌다. 1960년대 일반 가정집의 부엌과 식사 풍경을 살펴보자.

끼니때가 되면 어머니는 마루의 뒤지에서 쌀을 바가지로 퍼서 부엌에 내려가 개수대에서 여러 차례 조리로 돌을 일어서 씻는다. 쌀에 팥이나 콩을 섞어서 양은솥에 담아 연탄불 위에 올려 잡곡밥을 지었다. 밥이 뜸이 들면 내려놓고 국도 끓이고, 석쇠에 생선을 굽고, 데친 나물을 양푼에다 조물조물 무친다.

반찬이 거의 만들어지면 할아버지와 아버지께 올릴 밥상은 부엌에서 차리고, 아이들과 어머니는 두레반을 방에다 편다.

어른이 드시는 밥상은 자개가 박힌 흑칠이나 주칠을 한 네모진 상이고, 애들과 남은 식구들이 사용하는 밥상은 둥근 두레반상으로, 안 쓸 때는 접어서 장롱구석에 세워두었다. 어른 밥상에는 반상기라 하여 정해진 자리에 진지와 국을 놓고 김치는 보시기에 담고, 찬을 쟁첩에 담고, 찌개는 조치보에 담고, 종지에는 간장을 반드시 담아놓는다. 당시는 어려울 살림인데도 먹는 것을 존중하여 수저와 밥그릇이 식구 개인마다 정해져 있었고, 은수저와 유기 밥그릇에 일일이 이름이 새겨져 있었다. 부엌에서 어머니가 "밥상 펴라" 하시는 말씀이 떨어지면 아이들은 안방에 두레반을 펴고 대강 정해져 있는 자리에 식구들 수저를 챙겨놓았다.

그런데 2000년대 부엌은 개수대, 오븐, 전자레인지를 갖춘 입식의 시스템 키친이 기본이다. 밥은 전기밥솥에 짓고, 깔끔한 가스레인지 위에 스테

인리스나 내열유리 냄비를 올려 국이나 찌개를 끓이고, 눌어붙지 않게 불소수지가 코팅된 프라이팬에 냉동고에 들어있던 잘 손질된 생선 토막을 넣어 굽거나 튀김옷까지 입혀 있는 포크커틀릿을 튀긴다. 김치냉장고에는 TV홈쇼핑이나 인터넷에서 주문한 동치미, 배추김치, 갓김치, 오이소박이 등이 가득하다. 밑반찬은 대형마트나 백화점 반찬코너에서 산다. 구운 김은 봉지만 뜯으면 되고, 매운탕 거리는 손질한 생선토막, 채소 그리고 다진 양념이 들어 있어 포장을 풀고 냄비에 담고 물만 부어 끓이면 된다.

보통 일반가정에서 반상기는 찾아볼 수 없고, 화려한 문양의 서양접시나 안 깨지는 미국제 그릇, 일본식 된장국 담는 목기, 중국의 화려한 공기와 플라스틱 볼, 크리스털 유리볼 등에 반찬, 나물이나 샐러드, 김치 등을 담아 테이블에 차린다. 식탁은 다리가 높고, 위에는 유리가 깔려있고, 수저는 개인용의 구별이 없이 수저통에 담겨 있다. 이제는 각 가정에서 개인별로 정한 수저와 식기의 구별이 없어졌다.

2) 죽상

이른 아침에 초조반 또는 간단한 식사로 차리는 상으로 주식이 죽, 응이, 미음 등의 유동식이고, 찬으로 마른 찬, 국물김치, 맑은 찌개를 함께 차린다. 죽에는 육포, 북어무침, 매듭자반, 장똑똑이, 장산적 등 마른 찬이나 자반 등이 어울린다.

죽, 미음, 응이는 모두 곡물로 만드는 유동식 음식들로, 죽은 곡물을 알곡 또는 갈아서 물을 넣고 끓여 완전히 호화시킨다. 미음과 응이는 더 묽은 유동식으로 훌훌 마실 수 있을 정도이다. 죽은 쌀알 그대로 끓이는 옹근 죽과 쌀알을 반 정도 갈아서 만드는 원미죽, 완전히 곱게 갈아서 쑤는 무리죽이 있다.

죽상

우리나라에서는 죽은 아픈 사람을 위한 병인식보다는 이른 아침에 내는 초조반상이나 보양식과 별미로 먹어왔다. 죽은 곡물 이외에 채소, 육류, 어패류 등을 한데 넣어 만든다. 죽의 종류에는 잣죽, 전복죽, 깨죽, 호두죽, 녹두죽, 콩죽 등과 같이 곡물과 종실류로 만든 것이 많다. 애호박, 표고, 아욱 등의 채소나 생선, 조개, 문어 등 어패류, 그리고 닭고기, 쇠고기 등 육류를 넣어서 끓이기도 한다.

일제강점기에 청계천에 팥죽을 쑤어 파는 가게는 밤에 죽을 쑤어 새벽부터 팔았다. 일찍 길을 떠나는 사람, 입맛이 없는 사람이 사먹고, 들통을 들고 가서 사오기도 했다. 커다란 사발 한 그릇에 5전이고, 반사발은 3전이었다고 한다.

3) 장국상

장국상이란 평상시 조석의 식사가 아니고 잔치 때나 평상시 점심 때에 간단히 먹는 상차림이다. 장국에 말은 국수나 만두를 주식으로 하고 이에 어울리는 편육과 전유어, 김치 등 찬물을 한데 올린다.

(1) 국수

한반도가 풍토상 밀농사에 적합하지 않았기 때문에 국수는 상용주식형(常用

면상

主食型) 음식으로 보급되지 못하여 성례 등에 쓰인 별미 음식이었다.

국수는 재료에 따라서 밀국수, 메밀국수, 녹말국수, 강량국수, 칡국수 등으로 나눈다. 국수는 따뜻한 국물에 먹는 온면과 찬 육수나 동치미 국물에 먹는 냉면과 비빔국수로 나눌 수 있다. 국수의 장국은 예전에는 꿩고기를 쓰기도 하였으나 대개는 쇠고기의 양지머리나 사골 등을 삶아서 쓰고, 칼국수는 닭을 삶은 국물을 쓴다. 냉면은 메밀가루에 밀가루나 전분을 섞어 반죽하여 국수틀에 넣어 눌러 빼고, 칼국수는 밀가루나 메밀가루를 반죽하여 얇게 밀어 칼로 썰어 만든다. 여름철 별미로는 콩국수가 있다.

일반 가정에서는 밀가루를 반죽하여 얇게 밀어서 칼로 썰어 칼국수를 만들거나, 마른 국수를 삶아서 고기나 멸치장국에 말아서 먹는 온면이 보편적이었다. 1900년도 전반기에 평양냉면 전문점이 생겨났는데, 국수는 메밀가루를 많이 넣은 반죽을 틀에 넣고 눌러 빼서 삶아 건져서 동치미를 섞은 육수에 말아서 팔았다. 6·25 전후에 생긴 함흥냉면은 크게 두 가지로, 100% 전분을 원료로 하여 뺀 가는 국수에 매운 양념장을 얹은 것과 홍어회를 얹은 비빔면이 있다.

중국에는 밀가루국수, 녹두국수, 메밀국수, 콩가루국수, 참깨국수가 고작인데 우리나라 옛 문헌에 나오는 국수는 중국의 국수는 물론이고 칡뿌리국수, 수수국수, 감자국수, 마국수, 밤국수, 백합국수, 꽃국수, 진주국수, 연밥국수, 마른새우를 갈아 섞은 홍(紅)국수 등 그 종류가 다양하였다.

평양에는 냉면 이외에 국수음식으로 '어복쟁반'이 있는데, 요즘은 쟁반으로만 통한다. 직경이 50cm 가량 되는 놋쟁반에 국수사리와 소의 젖가슴(유통)살을 삶은 편육을 얇게 썰어 삶은 달걀, 파, 잣 등을 그 위에 고루 얹고 육수를 부어서 끓인다. 이것은 꼭 한두 사람이 먹는 것이 아니라 서너 사람이 함께 둘러앉아서 소주를 곁들이면서 나누어 먹는 재미가 있는 음식이다.

(2) 만두와 교자

몇 년 전에 "부자되세요"라는 광고 문구가 일반인들의 정초 인사로 한참 유행한 적이 있다. 누구나 새해의 소망으로 복은 들어오고 재앙은 물러가기를 비는 법이다. 설에는 어느 지역에나 떡국을 해먹는데, 북쪽 지방은 떡국보다 만둣국을 더 잘 해먹는 것이 오랜 풍습이다.

만둣국

중국에서는 말발굽 모양의 원보(元寶) 또는 마제은(馬蹄銀)이라 불리는 고액가의 은화폐가 있었는데, 우리말로는 '말굽은'이라 하였다.

만두를 빚을 때 만두피 양끝을 구부려 붙이면 생김새가 마치 마제은 모양이 되니, 올해도 돈이 두둑이 들어오라는 의미로 정초 음식으로 만두를 먹었다. 소를 싼 만두를 복을 싸서 먹는 것으로 비유한 것이다.

만둣국상

중국식 만두와 교자는 1800년대 말 조선조 말 개화기에 들어왔다. 본토 중국에서 만두(饅頭)는 소를 넣지 않은 부풀은 찐빵이고, 포오즈(包子)는 고기나 팥소를 넣은 것이고, 교오즈(餃子)는 밀가루를 얇게 밀어 소를 싼 것이다.

만두는 장국에 넣어 끓이기도 하고 찌기도 한다. 만두피는 밀가루가 대부분이나 메밀가루로도 만든다. 장국에 넣는 만두는 둥근 모양의 만두피에 배추김치, 돼지고기, 두부 등을 합해 만든 소를 넣고 반으로 반달처럼 접고 다시 양끝을 오므려 붙여서 만든다. 서울지방에서 만두라 하면 으레 메밀만두를 일컫는데, 메밀이 워낙 끈기가 없어서 만두 빚기가 어려워서 송편을 빚듯이 반죽에 우물을 파고 소를 넣어 아물려 빚는다.

여름철 만두인 편수는 밀가루 반죽을 네모지게 잘라서 호박, 오이, 숙주, 쇠고기 등의 소를 넣어 네 귀를 아물려 붙여서 쪄낸다. 그런데 개성 편수는 돼지고기와 쇠고기 닭고기, 두부 등 소를 많이 넣어 둥근 모양으로 통통하게 빚어서 장국에 삶거나 쪄낸 것으로 서울의 편수와는 전혀 다르다. 북쪽지방에서 발달한 만두는 겨울철에 더운 장국에 말아서 먹는 법이 가장 일반적이었다.

(3) 떡국

떡국

예전부터 정월 초하루에는 떡국을 마련하여 조상께 차례를 지내고, 새해 아침 첫 식사를 하였다. 떡국은 멥쌀로 흰 가래떡을 만들어 어슷한 타원형으로 얇게 썰어 육수에 넣어 끓인다. 온 국민이 같은 날 같은 때에 똑같은 재료로 만든 음식을 먹는 동일 체험을 갖는 것은 민족의 동질성을 강화시켜 주는, 보이지 않는 민족의 결속이라 할 수 있다.

충청도 지방은 멥쌀가루를 반죽하여 바로 끓이는 생떡국을 먹고, 개성 지방은 흰떡을 대칼로 누에고치 모양의 조랭이 떡을 빚어서 끓이는 조랭이 떡국을 즐겨먹는다.

2. 주식의 변화

1) 밥의 변천

여러 가지 밥

우리 조상들은 흰밥을 선호하였지만 살림이 어려워서 제삿날이나 명절에야 흰밥을 먹을 수 있던 시절이 있었다. 자연히 쌀이 부족하여 보리, 조, 수수, 콩, 팥 등을 섞어 지은 잡곡밥이나 감자나 고구마, 옥수수를 삶아서 주식으로 삼기도 하였다. 가끔은 별식으로 쌀에 채소류, 어패류, 육류 등을 한데 넣어 밥을 짓기도 한다.

우리나라는 해방 이후 1960년대까지는 쌀이 부족하여 백미로 지은 밥을 마음껏 먹을 수는 없었고, 살림이 어려운 서민들은 명절이나 제삿날에나 흰밥을 먹을 수 있었다. 1960년대에는 정부가 보리가 30% 이상 섞인 보리혼식을 적극 장려하였다. 1972년에 통일벼를 개발하여 1976년에는 미곡의 완전자급으로 혼분식 단속조치가 해제되어 쌀의 소비가 급증했다.

1980년대 이후에는 다시 혼식이 붐을 이루었는데, 식량절약 차원이 아니고 백미 섭취로 부족한 영양소나 섬유질을 현미나 잡곡 혼식으로 보충하려는 욕구에서 팥, 콩, 보리, 조를 섞은 혼식을 일상적으로 하는 가정이 점차 늘어났다. 1990년대에는 흑미와 향미가 널리 보급되면서 밥의 색깔과 밥맛을 다양화하는 노력이 이루어졌다. 2000년대 들어서서 위생적으로 세정한 쌀이 시판되어 가정에서 물에 씻을 필요 없이 바로 밥을 지을 수 있는 '씻어나온 쌀'과 쌀에 기능성 성분을 보강한 '기능성 쌀' 등의 쌀가공품이 다양하게 나오기 시작하였다.

1995년에는 제일제당에서 무균상태에서 1인분씩 특수용기에서 조리된 '햇반'이 개발되어 우리의 주식인 밥이 상온에서 장기보존이 가능하게 되어 현대인들의 편의식품으로 그 수요가 점차 증가하고 있다.

비빔밥은 밥 위에 나물과 고기를 얹어서 고루 비벼서 먹는 일품음식으로 한국음식의 패스트화에 첫째로 꼽히는 메뉴이다. 비빔밥은 한 그릇 음식으로 영양적으로 균형이 잡힌 한 끼의 식사를 해결할 수 있는 건강한 식사 메뉴로 꾸준히 인기가 있다. 80년대 이후에는 돌솥에 담아서 뜨겁게 데워서 내주는 돌솥비빔밥으로 발전하여 국내는 물론 일본에서 대단한 인기를 얻게 되었다. 그리고 대한항공의 국제선 기내식 메뉴로 개발한 비빔밥이 국제 기내식 협회에서 최우수 기내식으로 선정되어 한국음식의 국제화에 좋은 예가 되었다.

2) 장국밥의 변화

우리는 국에다 밥을 말아서 먹는 것을 당연하게 여기고 있으며, 이 같은 특유한 식사법은 지구상의 다른 어떤 민족에서도 찾아볼 수는 없는 습관이다. 그래서 우리 민족을 탕민족이라고 부르기도 한다.

우리 밥상은 밥과 국, 그리고 김치와 반찬으로 구성된다. 일상에서 흔히 먹는 국은 콩나물국, 무국, 미역국이나 시금치, 아욱, 배추, 시래기 등을 넣은 된장국이고, 가끔은 쇠고기의 양지머리나 사태를 넣고 끓인 고깃국이나 곰탕, 설렁탕, 육개장 등을 먹는다.

국에다 밥을 말아 먹는 것을 탕반(湯飯) 또는 장국밥이라 하며, 다른 찬을 갖추지 않아도 깍두기나 김치 한 가지만 있으면 간단히 한 끼를 든든하게 해결할 수 있다. 탕반의 탕은 대개 고기로 끓인 설렁탕, 가리탕, 곰탕, 육개장 등이다.

1800년대 말에 나온 『시의전서』의 장국밥(湯飯)은 "좋은 백미를 정히 씻어서 밥을 잘 짓고, 장국은 무를 넣어 잘 끓이고, 나물을 갖추어 국을 만다. 밥을 훌훌하게 말고 나물을 갖추어 얹고, 약산적을 만들어 위에 얹고, 후춧가루, 고춧가루를 뿌린다." 하였다. 『규곤요람』의 장국밥은 "국수 마는 것과 같이 하는데 밥만 마는 것이다. 밥 위에 기름진 고기를 장에 졸여서 그 장물을 붓는다."고 하였다. 그리고 『궁중의궤』에 잔치나 행사 때 군인이나 악공, 여령들에게 탕반을 내린 기록이 많이 남아 있다. 탕반은 그 유용함으로 보아 훨씬 이전부터 있었으나 너무나 잘 알려진 것이라 일부러 요리책에서 설명할 필요가 없어서 싣지 않은 듯하다.

개화기에 접어들면서 우리나라도 사회의 발전에 따라 외식이나 단체급식의 필요성이 높아지고 손쉬운 일품요리가 자연히 요구되었다. 조선조 풍속화 중 주막이나 장터 풍경에서는 으레 주모가 큰 가마솥을 걸어놓고 국밥을 떠주는 풍경을 볼 수 있다. 국밥은 예부터 전쟁터나 노역장이나 행사 때에 많은 사람에게 간편하게 급식할 수 있는 식단으로 애용되어 왔다. 전

〈주막〉, 김홍도

통적인 음식점으로는 상밥집(床食家)이 있기는 하였으나 보다 간단한 장국밥집이 많이 생겨났다.

탕반가(湯飯家)의 출입구에는 둥근 종이통에 하얀 종이 술을 붙여서 장대 끝에 매달아 놓아서 간판으로 삼았다고 한다. '무교탕반'의 역사는 아주 오래되어 조선 헌종(1834~1849)도 사복을 입고 먹으러 다녔다고 한다. 서울에서 이 탕반집은 고급 대중식사였기에 조정의 양반들이 종에게 사방등(四方燈)을 들려서 드나들었다. 탕반집에 대감들이 나타나면 뒤채로 따로 모시거나, 일반손님과 같은 자리에 앉아야 할 때는 상민은 먹다말고 자리를 피했다가 대감들이 돌아가고 난 후에 다시 들어와서 먹었다고도 한다. 문인 박종화는 '무교탕반'에 대하여 "양보국밥집이 있었는데 양보는 갑오경장 전후의 사람이었다. 이 집의 장국밥은 양지머리만을 삶아 맛이 좋은데 젖통이 고기를 넣어주고, 갖가지 양념으로 고명한 산적을 뜨끈뜨끈하게 구워서 넣어주어 유통과 산적이 잘 어울려서 천하진미가 되었다"고 칭찬하였다. '무교탕반' 이외에 수표다리 건너편의 '수교탕반집'과 '백목탕반집'도 유명하였다. 이 탕반집에 드나드는 손님의 층이 다른 탕반집과 전혀 달랐다고 한다. '수교탕반집'은 품계가 있는 벼슬아치들이 많고, '백목탕반집'은 돈 많은 상인이나 오입쟁이들이 단골이었다 한다.

그런데 지금은 장국밥이라는 게 거의 없어지고 곰탕이나 설렁탕이 탕반의 주류를 이루고 있다. 그나마도 요즘은 곰탕과 설렁탕의 구분이 없어지고 있다.

장국밥 중에 특이한 함경도의 가릿국을 본고장 사람들의 가릇국이라 부르고 있다. 지금은 함경도 회냉면이 유명하지만 실은 냉면집보다 가릿국을 전문으로 파는 집이 훨씬 먼저 있었다고 한다. 1970년경에 향토음식을 조사할 무렵에 명동칼국수 뒷골목에 함경도에서 내려온 할머니가 가릿국밥을 팔고 있었으나 지금은 없어졌다. 가릿국의 재료는 갈비가 아니고 소의 사골뼈와 석기살이다. 큰 사기대접에 밥을 담고 그 위에 결대로 찢은 삶은 고기와 선지를 큼직하게 썰어 얹고, 두부 한 모를 통째로 장국에 넣어 따끈하게 덥힌 것과 연한 쇠볼기살로 만든 육회를 얹고 뜨거운 장국을 부어낸다.

3) 아침 죽상의 변화

현대인은 너나 할 것 없이 모두가 바쁘다. 많은 직장인과 학생들은 이른 시간에 집을 나오는데 거의가 굶거나 학교나 회사 앞에서 간단히 라면이나 김밥, 샌드위치로 때우게 된다. 아침으로는 부드러운 죽을 선호하여 최근에는 죽 전문점도 늘어나고 즉석식품으로 다양한 종류의 죽이 개발되어 아침식사뿐 아니라 간식이나 야식으로도 인기가 높다.

예전 양반집은 대가족으로 어른들을 모시고 함께 살았다. 어른들은 아침 일찍 기상을 하고 제대로 된 아침상은 10시나 되어야 차려 올린다. 그래서 어른께서 이른 아침에 시장기를 면하시라고 올리는 죽상을 자릿조반 또는 조조반이라 하였다.

이른 아침에 올리는 식사는 주식이 죽, 응이, 미음 등의 유동식이고, 찬은 마른 찬, 국물김치, 맑은 찌개를 함께 차린다. 죽에 어울리는 마른 찬으로는 육포, 북어무침, 매듭자반, 장똑똑이, 장산적 등이다.

4) 국수의 변화

1990년대 후반 IMF 외환위기 때에 북한 음식점이 유행하였는데, 이북에서 귀순한 사람들이 앞을 다투어 냉면집을 열어서 한때 냉면이 전국적으로 유행하였다. 냉면은 대개 가정에서보다 외식으로 여름철에 즐겨 먹는 음식인데 1990년대 말에는 식품회사들이 국수, 스프와 양념장을 1인분씩 위생적으로 가공한 제품들을 시판하게 되면서 가정에서도 손쉽게 냉면을 즐길 수 있게 되었다.

예전에는 국수나 만두는 평상시 조석의 식사가 아니고 잔치 때나 평상시 점심 때에 간단히 먹는 상차림으로, 장국에 말은 국수나 만두를 주식으로 하고 이에 어울리는 편육과 전유어, 김치 등 찬물을 한데 올렸다.

혼분식을 장려하던 1960년대에는 빵, 만두, 비빔국수 등과 라면이 분식집에서 많이 팔렸다. 1970년대에는 고속도로 휴게소에서 파는 우동이 일반화되었고, 1980년대에는 국수전문 체인점으로 장터국수, 다림방, 참새방앗간 등 전국적인 망을 형성하여 잔치국수, 유부국수, 비빔국수 등의 메뉴를 팔았다. 현대인들의 바쁜 생활 중의 편의성과 경제적인 면으로 국수메뉴는 인기가 있는데 예전에는 냉면과 자장면이 주를 이루었다. 차츰 국수 메뉴가 다양해져서 한국식으로는 물냉면, 비빔냉면, 회냉면, 수제비, 칼국수, 막국수, 쟁반국수, 비빔면, 쫄면, 잔치국수, 국수전골 등이 있고, 중국식으로는 자장면, 짬뽕, 울면, 기시면 등이 있다. 1990년대에는 본격적인 일본식 우동과 메밀국수를 파는 전문점이 많이 생겼고, 또 이태리 파스타 전문점이 등장하면서 다양한 소스로 맛을 내는 스파게티를 즐기게 되었다.

5) 만두의 변화

우리나라 개화기에 중국식 만두와 교자가 들어왔다. 중국에서 고기만두는 포자(飽子)라 하고, 얇은 밀가루 반죽에 소를 넣고 빚은 것을 교자라 하는데, 철판에 나란히 놓고 노릇하게 지진 것을 군만두(煎餃子), 찜통에 담아 찐 것은 찐만두(蒸餃子), 물에 삶아낸 것은 물만두(水餃子)라 한다. 군만두는 우리나라에서는 끓는 기름에 넣어 튀긴 튀김만두가 되어버렸다. 서민들에게는 1960년대 분식점에서 파는 고기만두와 찐만두가 인기가 있었다. 1980년대에는 식품업체들이 앞을 다투어 냉동만두를 제품화하여 대량으로 생산하면서 집에서 만두 빚는 일이 점차 줄어들고, 만두 맛이 특징이 없고 획일화되었다.

1990년대 외식업체의 메뉴가 전문화되면서 식당에서 직접 반죽을 밀어서 돼지고기나 김치를 듬뿍 넣은 빚은 평양식 왕만두나 손만두집이 곳곳에 생겨났다. 한편 다양한 중국 만두류를 파는 딤섬(點心) 전문점이 생기고, 조리된 딤섬을 냉동상태로 수입하여 대형 식품점에서 판매하고 있다.

Chapter ❷ 우리 조상들은 무엇을 먹었나?

1. 맛을 내는 양념

음식을 만들 때 식품이 지닌 고유한 맛을 살리면서도 음식마다 특유한 맛을 내는 데 여러 가지 재료가 사용된다. 이를 양념이라 하며 조미료와 향신료로 나눌 수 있다. 양념은 한문으로 약념(藥念)으로 표기하며 '먹어서 몸에 약처럼 이롭기를 염두해 둔다'는 뜻이다.

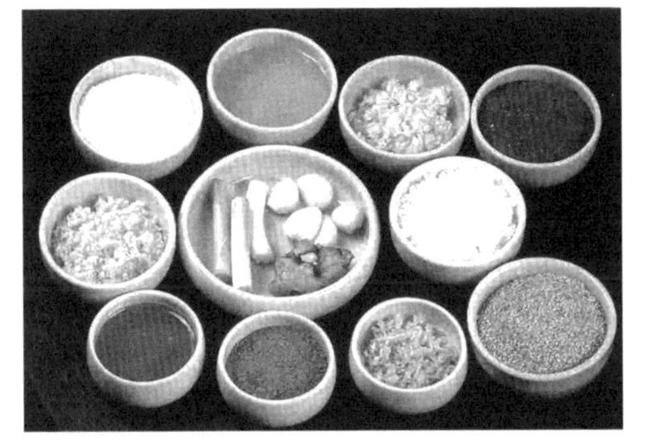

한국음식의 양념

조미료는 기본의 맛인 짠맛, 단맛, 신맛, 매운맛, 쓴맛을 내는 것이며, 소금, 간장, 고추장, 된장, 식초, 설탕 등이 있다. 향신료는 자체가 좋은 향이 있거나 매운맛, 쓴맛, 고소한 맛 등을 지니며 식품 자체가 지닌 냄새를 없애거나 감소시키고, 또한 특유한 향기로 음식의 맛을 더욱 좋게 하는 역할을 한다. 향신료로 생강, 겨자, 후추, 참기름, 깨소금, 파, 마늘, 생강, 천초 등이 쓰인다.

- **장류** : 간장과 된장은 콩으로 만든 메주를 소금물에 우려내어 만드는데, 우리음식 맛의 기본을 이룬다. 고추장은 고춧가루, 메주가루, 엿기름, 소금으로 만들어 매운맛, 짠맛, 단맛을 함께 내는 복합조미료이다.
- **소금** : 일반적으로 호렴(胡鹽)과 제제염(再製鹽)을 사용하고 있었다. 호렴은 잡물이 많이 섞여 있어 쓴맛이 나는데 김장이나 장을 담그는 데 사용하며, 음식물의 조미에는 재제염을 사용한다. 한때 이온수지로 정제된 소금을 많이 사용하였지만 요즘은 오히려 천일염의 맛과 기능성을 높이 평가하고 있다.
- **꿀** : 꿀은 비싼 것이라 민가에서는 흔하게 쓰지 못하였지만 궁중에서는 꿀을 음식에는 물론 떡, 과자를 만들 때 많이 사용했다. 꿀을 한자로 청(淸)으로 표기하는데, 투명하고 품질이 좋은 꿀을 백청(白淸)이라 하고 노란 색의 꿀은 황청(黃淸)이라 한다.
- **엿, 조청** : 단맛을 내는 데 엿과 조청이 쓰였으나 지금은 물엿을 많이 쓰고 있다.
- **설탕** : 설탕은 고려시대부터 쓰였으나 민가에까지 널리 쓰이지는 않았으며, 1950년도까지는 정제가 덜 된 황설탕이 많이 쓰였다.
- **식초** : 술을 항아리에 담아 두면 자연 중의 초산균이 들어가서 알코올을 산화시켜 초산이 생기면서 황록색의 투명한 액이 위쪽에 모인다. 이것을 따라서 쓰고 다시 덜어낸 만큼 술을 부으면 계속 초가 만들어지는데 지금의 식초와 전혀 다른 독특한 향이 있다.
- **고추** : 고추는 덜 성숙한 풋고추도 쓰고 잘 익은 붉은 고추도 쓴다. 대

부분은 말려서 고춧가루로 빻아 김치와 고추장에 쓴다. 실고추는 고명으로 쓰인다.

- **후추** : 고려 중엽에 중국을 통하여 들어와서 오랫동안 매운 맛을 내는 향신료로 쓰여 왔다. 이 땅에는 원래 매운 맛을 내는 천초(川椒)가 있었으나 고추가 들어온 이후 천초의 사용 정도가 아주 적어졌다.
- **겨자** : 겨자가루는 갓의 씨를 가루낸 것으로 더운물로 개어서 따뜻한 곳에 두어 매운맛을 충분히 낸 다음에 식초, 설탕, 소금으로 간을 맞추어 겨자채나 회에 쓴다.
- **기름** : 식물성 기름으로 참기름과 들기름이 주로 쓰였다. 참기름은 유과나 유밀과에 만들 때 많이 쓰인다.
- **깨소금** : 참깨를 잘 일어서 씻어 건져서 번철에 볶아서 식기 전에 소금을 약간 넣어 절구에 반쯤 빻아서 양념으로 쓴다. 볶은 깨를 빻지 않고 통깨로 쓰기도 한다. 깨를 속껍질까지 비벼서 벗긴 것을 실깨라고 하는데 색이 희고 곱다.

2. 멋을 내는 고명

한국음식에서 고명은 음식을 보고 아름답게 느끼어 먹고 싶은 마음을 갖도록 하는 것으로, 맛보다 모양과 색을 좋게 장식하는 재료를 이른다. 고명을 '웃기' 또는 '꾸미'라 한다. 한국음식의 색깔은 오행설(五行說)에 바탕을 두어 붉은색, 녹색, 노란색, 흰색, 검정색의 오색이 기본이다.

오방색의 고명

• **달걀지단** : 달걀의 흰자와 노른자를 나누어 거품이 일지 않게 풀어서 지단을 얇게 부친다. 채로 썰거나 완자형(마름모 꼴) 또는 골패형(직사각형)으로 썰어서 웃기로 쓴다.

• **알쌈** : 쇠고기를 곱게 다져서 양념하여 작은 완자를 빚어 놓고, 달걀 푼 것을 번철에 떠서 둥글게 펴고 가운데 고기완자를 놓고 반으로 접어서 반달 모양으로 부친 것이다. 신선로, 비빔밥, 찜 등의 고명으로 쓰인다.

• **고기완자** : 쇠고기를 살로 곱게 다지고 양념하여 콩알만 하게 완자를 빚어서 밀가루를 묻히고 달걀을 씌워서 번철에 지진다. 신선로에는 작게 만들고 완자탕거리는 약간 크게 한다. 고기완자를 봉오리라고도 한다.

• **미나리 초대** : 미나리나 실파를 씻어서 가지런히 대꼬치에 꿰어 밀가루를 묻히고 달걀을 씌워서 번철에 지진다. 미나리적은 미나리 초대라고도 한다. 신선로, 찜 등에 알맞은 모양으로 썰어 사용한다.

• **미나리** : 미나리를 씻어 잎을 떼고 다듬어 줄기만을 끓는 물에 데치거나 살짝 볶아서 고명으로 쓴다. 녹색고명으로 실파를 쓰거나 오이나 호박의 푸른 부분만을 채로 썰어 볶아서 쓴다.

• **황화채** : 원추리꽃 말린 것인데 일명 넙나물이라고 한다. 물에 불려서 반쪽으로 갈라서 물기를 꼭 짜고 참기름에 볶아서 잡채에 쓴다.

• **고추** : 실고추와 다홍고추를 채썰어 붉은색 고명으로 쓴다. 김치에는 대개 마른 고춧가루를 만들어 사용하지만 여름철에는 통고추나 마른

고추를 물에 불려 갈아서 김치를 담그기도 한다.

- **잣** : 잣가루는 잣의 껍질을 벗기고 고갈을 떼고 정하게 하여 마른 도마에 종이를 깔고 칼로 다진다. 잣가루는 기름이 스며 나와 뭉쳐지기가 쉬우니 종이에 펴서 보송보송한 가루로 하여 쓴다. 잣가루는 초장에는 물론 육회, 전복초 등의 고명으로 사용한다. 한편 단자나 주악, 약과 등 떡과 과자류에 많이 사용한다. 통잣은 찜이나 전골 등에 쓰이고, 떡이나 약식에 넣고 화채나 차 등의 음료에 띄운다.

한국음식의 고명

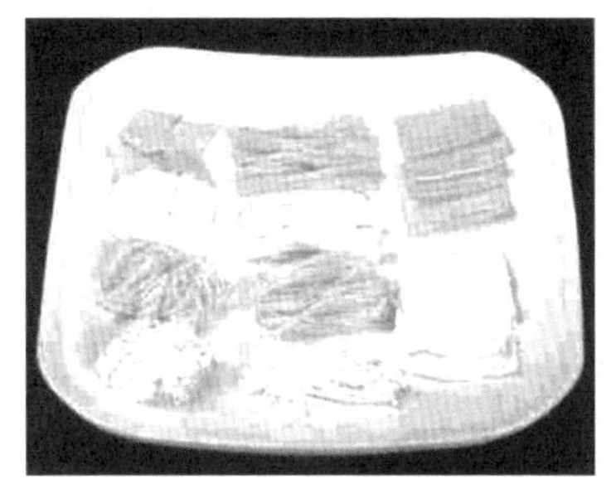
달걀지단 고명

- **버섯** : 말린 표고, 목이, 석이, 느타리 등을 불려 볶아서 쓴다. 표고는 채로 고명을 하거나 찜이나 탕에는 골패형이나 완자형으로 썰어서 쓴다. 작은 표고는 둥근 모양의 그대로 전을 부치거나 찜의 고명으로 쓴다.
- **호두, 은행** : 호두는 속살이 부서지지 않게 까서 더운물에 불려서 속껍질을 깨끗이 벗기고, 은행은 단단한 껍질은 까고 번철을 달구어 기름을 약간 두르고 볶아 내어 마른 행주나 종이로 비벼서 속껍질을 벗긴다. 은행과 호두는 찜이나 신선로, 전골 등의 고명으로 사용한다.

3. 가장 귀하게 여기는 육류식품

1) 쇠고기

한국음식에는 육류 식품 중에 쇠고기가 가장 많이 쓰이고, 가장 즐겨 먹는다. 소의 살코기는 물론 머리, 꼬리, 족 그리고 각종 내장류를 부위의 조리법을 이용하여 다양한 육류 음식을 만든다. 특별한 부위인 등골, 두골을 이용하거나 간, 콩팥, 염통, 양, 처녑, 곤자손이, 부아, 곱창 등 내장류를 이용한 음식의 종류가 많다.

쇠고기는 부위에 따라 연한 정도와 맛이 다르므로 부위의 특성에 맞는 조리법을 택하여야 좋은 음식을 만들 수 있다.

상육(上肉)은 안심이나 등심 부위로 살에 지방이 적당히 섞여 있어 살이 연하다. 알맞은 조리법은 구이, 볶음, 산적, 전골 등이다.

중육(中肉)은 쇠가리, 양지머리육, 우둔육, 업진육, 채끝살, 대접살 등이다. 가리는 구이, 찜, 탕으로 쓰인다. 양지머리와 업진육은 탕이나 편육에, 대접살은 육회에 적합하고, 채끝살은 조치나 지지미용으로 쓰인다.

하육(下肉)은 사태육, 홍두깨살, 쇠악지, 도가니, 족, 꼬리, 송치, 소머리 등이다. 사태, 홍두깨살, 쇠악지는 탕이나 조림을 만들고, 쇠족, 쇠머리는 족편이나 탕을 만들고, 도가니, 쇠꼬리, 송치 등은 탕의 재료이다.

내장류는 염통, 콩팥, 간, 부아(허파), 지라(만하) 등의 장기와 처녑, 양, 벌집양으로 불리는 밥통(胃)과 대창, 소창, 대창, 곤자손이 등의 내장류와 등골, 두골, 우설, 우낭 등이 있다. 내장류는 전도 지지고, 전골이나 볶음을 만들며, 곰탕거리로 쓰인다. 싱싱한 소간, 처녑, 양 등은 회로 먹기도 한다.

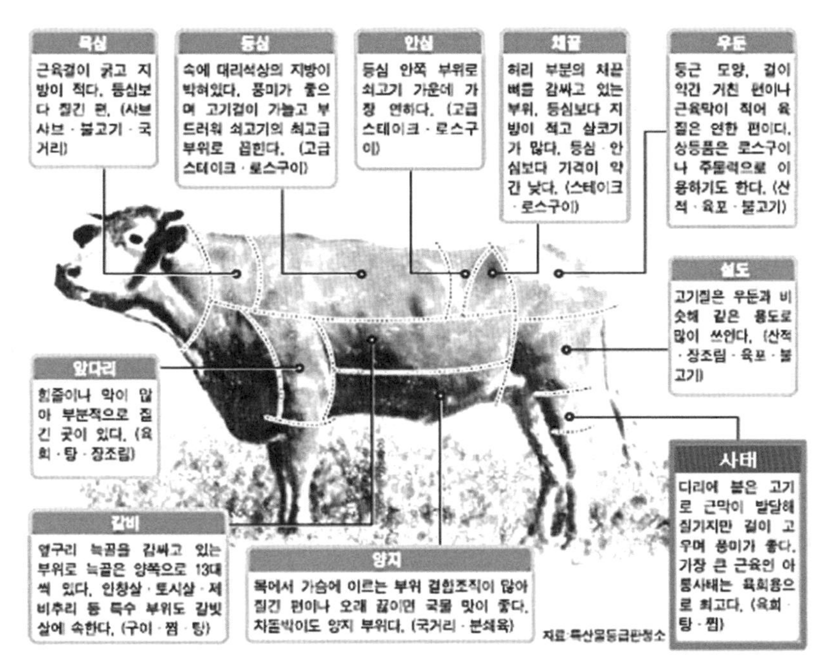

쇠고기 부위별 특징

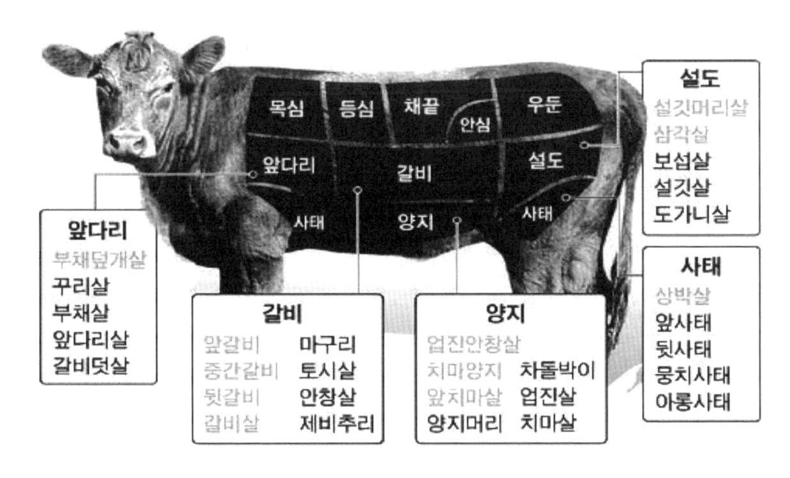

쇠고기의 세부 부위명

[표 2-1] 쇠고기 부위별 특징과 조리법

부위명	육질의 특징	조 리 법
장정육	운동량이 많은 부위로 결체 조직이 많아 질기고, 맛이 진하다.	편육, 탕, 조림, 구이
안 심	갈비 안쪽의 살로 육질이 곱고 연하며 기름이 적어 담백하다. 최상급의 고기이다.	구이, 전골, 볶음
등 심	갈비 위쪽의 살로 육질이 곱고 연하며 기름기가 적당하게 섞여 있어 맛이 좋다.	구이, 적, 볶음, 전골
채끝살	등심과 이어진 부분으로 안심을 에워싸고 있다. 육질이 연하고 기름기가 많이 있다.	구이, 산적
갈 비	갈비뼈에 붙는 부위로 기름이 많고, 육질은 약간 질기나 맛이 좋다.	구이, 찜, 탕
우 둔	엉덩이 부위로 결체조직이 적고 기름기가 적은살코기로 여러 가지 조리에 두루 쓰인다.	구이, 전골, 탕, 포
홍두깻살	우둔 살과 비슷한 육질로 연하며 지방이 적다.	구이, 전골, 탕, 육회
설 도	여러 가지 조리에 두루 쓰인다.	찜, 탕, 조림
양지육	목에서 가슴에 이르는 부위로 육질이 질기다.	찜, 탕, 편육, 조림
쇠악지	장시간 물에 넣어 끓이면 맛좋은 육수를 얻는다.	찜, 탕, 편육, 조림
사태육	다리 오금 부분으로 결체조직이 많아 육질이 질기다. 오래 끓이면 육수가 맛있다.	찜, 탕, 편육, 조림
업진육	배쪽 부위로 기름기가 많고, 육질이 질기다. 장시간 습열로 익히는 조리가 알맞다.	찜, 탕, 편육
쇠꼬리	결체조직이 많은 부위로 뼈가 있고 질기다. 장시간 습열로 익히는 조리에 알맞다.	찜, 탕
쇠머리	머리 부분으로 결체조직 많고 육질이 거칠지만 맛이 좋다. 장시간 습열조리에 알맞다.	찜, 탕, 족편
쇠 족	다리 부분으로 육질이 없고 결체조직이 많다.	찜, 탕, 족편
도가니	끓이면 젤라틴이 녹아 나와 진한 맛이 난다. 뼈와 뼈 사이의 연결 부분의 연골로 젤라틴이 대부분이다. 오래 고아서 탕을 한다.	탕, 족편
사 골	소의 다리뼈로 오래 고아서 육수로 쓴다.	탕

2) 돼지고기

돼지고기는 쇠고기와 더불어 중요한 육류 식품으로 서민에게는 많이 이용되었으나 궁중에서는 쇠고기 음식이 훨씬 더 발달하였고, 돼지고기는 편육과 일부에서 쓰여졌다.

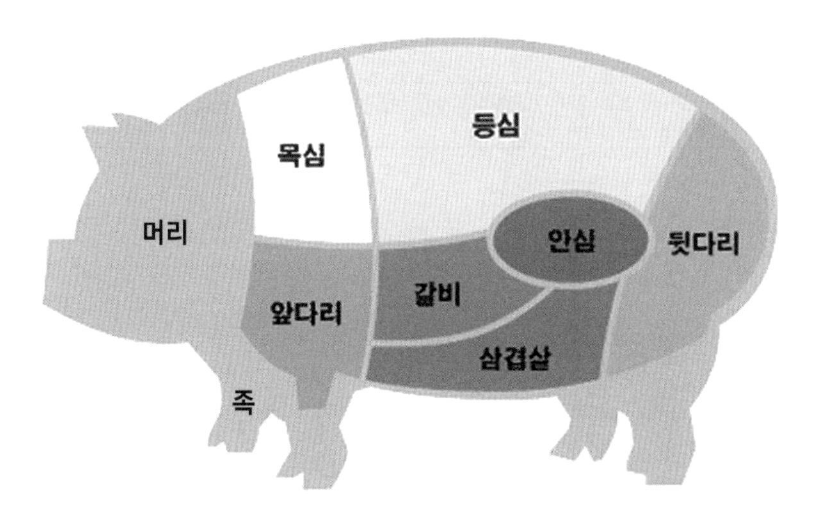

돼지고기의 부위별 명칭

[표 2-2] 돼지고기 부위별 특징과 조리법

부위명	육질의 특징	조 리 법
목 심	등심보다 육질이 질기나 기름기가 적당히 있어 맛이 좋다.	구이, 조림, 찜, 편육
등 심	등쪽 부위로 지방층이 두꺼우나 살은 연하고 맛이 좋아 조리에 두루 쓰인다	구이, 볶음, 튀김
안 심	갈비 안쪽의 살로 육질이 곱고 연하며 기름기가 거의 없어 맛이 담백하다	구이, 볶음
앞다리	어깨 부위의 고기로 근육이 잘 발달되어 있고 기름기가 적어 여러 가지 조리에 쓰인다.	구이, 볶음, 찜, 편육

부위명	육질의 특징	조 리 법
뒷다리	볼기 부위로 기름기가 적고 육질이 연하다. 여러 가지 조리로 두루 쓰인다.	구이, 볶음, 찜
돼지머리	머리 부위로 결체 조직이 많으나 기름기가 적다. 푹 삶아 뼈를 발라내어 편육을 만든다.	편육
돼지족	다리로 살코기는 적고 결체 조직이 많다. 오래 삶으면 질감 연하고 맛이 좋다	찜, 조림
삼겹살	배쪽 부위로 지방층과 살코기가 켜켜로 층을 이루고 있다. 지방과 어울려 맛이 좋다.	구이, 찜, 편육
돼지갈비	갈비뼈에 붙은 부위로 육질이 연하고 기름기가 적당하여 맛이 좋다.	구이, 찜, 조림
내장류	내장류는 물에 삶아서 편육으로 쓰인다. 소창과 대창은 소를 채워 순대를 만든다.	순대, 찜, 탕, 편육, 구이

3) 그 밖의 육류식품

닭고기는 크기가 작고 육질이 연하고 담백한 맛이다. 통째로 백숙을 하기도 하고, 전체수(全體首, 全體燒)라 하여 통째로 적을 만들어 제사상이나 잔칫상에 올린다. 토막을 내어 찜이나 조림을 하고, 살만 떠서 구이, 전골에도 쓰인다.

꿩은 한자로 치(雉)라 하며, 익히지 않은 꿩을 생치(生雉)라 한다. 겨울철에 많이 잡아 겨울철 음식에 많이 쓰인다. 특히 떡국이나 만둣국도 꿩국물로 하고 건지도 꿩고기를 썼다. 근년에 야생 꿩은 거의 없어져서 꿩요리를 만들기 어려웠으나, 최근에는 꿩사육을 활발히 함에 따라 꿩을 재료로 쓰기에 수월해졌다. 꿩이나 닭은 간장보다는 소금으로 간을 하는 경우가 많다. 꿩은 살을 발라서 생치포를 만들고 생치구이, 생치조리개, 생치전골 등을 만든다.

4. 다양한 수산식품

우리나라는 삼면이 바다이고 동해에서는 한류와 난류가 교차하여 좋은 어장을 이루므로 철마다 어류가 다양하여 좋은 식품 재료가 된다. 어패류는 어류, 연체류, 갑각류, 조개류로 나눌 수 있다. 현재는 냉동과 냉장설비와 유통 체계 확립으로 연중 다양하고 신선한 어패류가 공급되고 있다. 하지만 예전에는 제철에 나는 생선을 제철에만 맛볼 수 있었다. 바다 수온의 상승과 해류 방향이 변화로 인하여 어종들의 산출 시기가 변하기도 하고, 수확이 많아진 것도 있고 전혀 잡히지 않는 어종도 있다. 우리나라에서 나는 어패류의 산출 시기이다.

[표 2-3] 어패류의 산출 시기

식품명	산출 시기	식품명	산출 시기	식품명	산출 시기
조 기	4~7월	복 어	3~4월	생 복	8월
붕 어	4~7월	서대기	5월	굴	12~2월
미꾸라지	4~7월	홍 어	5월	소 라	6~7월
농 어	10~12월	비 웃	11~9월	모시조개	7~8월
고등어	8~11월	명 태	11~2월	홍 합	10~11월
연 어	9~10월	정어리	11~2월	백 합	3~4월
송 어	10월	숭 어	6~8월	대 합	5~6월
은 어	9~10월	민 어	5~7월	새 우	3~4월
넙 치	2~6월	삼 치	4~5월	대 하	4~5월
준 치	6~7월	상 어	6~7월	참 게	~10월
병 어	5~6월	방 어	10~12월	털 게	11~3월
갈 치	8~9월	대 구	12~2월	밤 게	7~9월
도 미	6~7월	전갱어	3~11월	꽃 게	4~5월
뱅 어	5월	아 구	5~6월	문 어	5~10월
잉 어	4~6월	공 치	5~8월	오징어	9~12월
가재미	4~5월	다랑어	1~12월	해 삼	2~4월
뱀장어	7~8월	멸 치	5~7월	낙 지	12월

5. 가장 친근한 채소 식품

식물성 식품으로 채소, 버섯, 해조류 등 다양하며, 채소류는 산출되는 계절이 각각 있기 때문에 제철에 흔한 식품을 이용하는 것이 좋다. 지금은 하우스 재배로 연중 신선한 채소가 공급되지만 1960년대까지는 인위적 환경이 아닌 자연 환경에서 자란 제철 채소의 산출 시기가 있었다.

고추 호박 깻잎 연배추

[표 2-4] 채소류의 산출 시기

식품명	산출 시기	식품명	산출 시기	식품명	산출 시기
냉 이	4월	느타리	8~9월	두 릅	4~5월
소루쟁이	4월	참버섯	8~9월	더 덕	4~10월
쑥	3~4월	표 고	7~8월	당 근	9월
물 쑥	3월	석 이	8~9월	연 근	10~11월
가 련	4월	목 이	8~9월	우 엉	가을
양배추	7~8월	능 이	8~9월	생 강	9~10월
오 이	6~8월	송 이	8~9월	청 각	7월
가 지	7~9월	싸리버섯	8~9월	김	12~2월
호 박	6~8월	밤버섯	8~9월	미 역	3~8월
도라지	4~10월	고 비	5~6월	다시마	3~8월

채소는 국, 생채, 나물 등의 일반적 찬물의 재료로 가장 많이 쓰이고, 김치나 장아찌 등의 저장 식품도 만든다. 채소를 먹는 부위에 따라 엽채, 경채, 과채 등으로 나누기도 하고, 색에 따라 녹색채소, 황색채소, 담색채소로 나누기도 한다.

잎을 주로 먹는 엽채(葉菜)로 배추, 상추, 쑥갓, 시금치, 갓, 미나리, 근대, 파, 부추 등이 있다. 뿌리를 주로 먹는 근채(根菜)로 무, 토란, 감자, 고구마, 연근, 양파, 마늘, 생강 등이 있고, 열매를 주로 먹는 과채(果菜)로 오이, 호박, 가지, 고추, 외, 박, 동아 등이 있다.

나물 데치기

산에서 나는 산채로 고사리, 고비, 도라지, 두릅, 더덕, 취 등이 있고, 들나물은 쑥, 씀바귀, 달래, 질경이, 비름, 냉이, 돌미나리 등이 있다.

버섯류로 표고, 목이, 석이, 싸리, 느타리, 송이, 능이버섯 등이 있고 콩과 녹두를 발아시킨 콩나물과 숙주나물도 있다.

삶은 고사리

국의 재료로 쓰이는 채소 중 맑은 국에는 무, 파, 콩나물, 송이, 쑥, 토란 등이 쓰이고, 토장국에는 배추, 시금치, 냉이, 아욱, 근대 등이 쓰인다.

생채는 날로 먹을 수 있는 거의 모든 채소가 쓰이고, 숙채에는 무, 호박, 미나리, 숙주, 쑥갓, 죽순, 고비, 도라지, 시금치, 오이, 콩나물, 숙주와 버섯류가 쓰인다.

김치의 재료로 배추, 무, 오이, 열무, 총각무 등이 쓰이고, 파, 마늘, 생강과 고추가 양념으로 쓰인다. 찜이나 선, 조림에 쓰이는 채소는 무, 오이,

가지, 죽순, 풋고추, 감자 등이다.

6. 유난히 즐겨먹는 식품

1) 콩

콩은 대, 잎, 깍지, 알맹이 어느 한 가지도 버릴 것이 없는 작물이다. 예로부터 대와 깍지는 쇠죽을 쑤어 소에게 먹였으며 어린 잎은 쌈이나 장아찌로 반찬이 되었다. 그리고 콩은 메주를 쑤어 장을 담구고, 고추장과 청국장, 막장 등의 장류와 두부, 콩나물의 들의 원료로 쓰인다.

콩은 동양 최대의 작물이다. 중국에서는 이미 4~5천 년 전에 콩이 재배된 것으로 알려졌다. 우리나라의 재배 역사도 이미 삼한시대 이전으로 추정된다.

콩은 이 시대에 가장 안심하고 먹을 수 있는 좋은 식품으로 꼽히고 있다. 대개의 식품은 영양을 골고루 갖추었다고 해도 많이 먹으면 탈이 생기기 쉽지만 콩은 아무리 많이 먹어도 좋다고 한다. 콩은 식물성 중에서는 최고의 단백질 급원으로 레시틴, 사포닌, 비타민 E 등 생리활성물질이 들어있다.

콩을 싹을 낸 콩나물은 콩보다도 비타민 B와 C군이 증가되고, 나이아신과 비타민 K와 칼륨과 칼슘 등의 미네랄과 식물섬유도 많이 함유되어 있다.

2) 녹두

콩과에 달린 한해살이 작물로 원래 인도, 히말라야 등지에 자생하던 것을 인도에서 3천여 년 전에 재배하기 시작하였고, 우리나라에는 삼국시대 이전부터 녹두를 재배하였다.

한방에서 '녹두는 1백 가지 독을 푼다'고 하여 해독작용이 강하고, 소화가 잘되며 몸의 열을 내려주는 효능이 있어, 허약하거나 큰 병을 치른 환자에게는 녹두죽을 먹였다.

녹두는 싹을 내어 녹두(숙주)나물로 하고, 불려서 갈아 빈대떡을 부치고, 녹두 알곡은 쌀에 섞어 녹두죽이나 밥을 짓고, 떡고물로 쓰이고, 차와 술도 빚는다.

녹두의 당질에는 점성을 가진 성분이 있어서, 이 성질을 이용하여 녹두가루로 당면이나 국수를 만들 수 있다. 녹두녹말로 그대로 쑨 묵은 흰색으로 청포라 하고, 치자물을 들인 노란묵은 황포라고 한다.

3) 팥

팥은 동양의 중국, 한국, 일본 등지가 주산지이고 한자로 소두(小豆) 또는 적두(赤豆)라고 한다. 팥의 붉은 빛을 양의 색깔로 귀신을 쫓는 힘을 하여 고사를 지내거나 굿을 할 때는 팥시루떡을 하고, 전래 풍습에는 민가에서는 동짓날 팥죽을 쑤고, 동네에 초상이 나면 상갓집에 팥죽을 쑤어서 가지고 갔으며, 이사할 때도 팥죽을 쑤었다.

한방에서 '팥은 열독을 다스리고 나쁜 피를 맑게 한다', '팥은 한열과 속이 열한 것을 다스리며 소변을 이롭게 한다. 소갈에도 좋다'고 한다. 특히 쌀에 팥을 섞어 밥을 지으면 비타민 B_1이 부족하기 쉬운 것이 보충된다. 팥은 밥에 섞어나 죽을 쑤고, 떡고물이나 소로 많이 쓰인다.

4) 도라지

도라지는 우리나라 전국 산천에 널리 자생하는 식물의 뿌리를 식용하고 최근에는 재배한다. 도라지를 도랒, 도래, 돌가지라고도 하고, 한자어로 길경(桔梗), 백약, 경초라 한다. 날 것은 생채나 나물을 만들고, 설탕을 넣고 졸여서 정과도 만든다. 말린 것은 삶아서 나물과 정과 등을 한다.

한방에서는 도라지는 폐기를 맑게 하고 특히 인후에도 이롭고, 기혈을 보강해 주고 한열을 없이 하고 심장쇠약, 설사, 주독 등에도 효능이 있다고 한다.

5) 더덕

더덕은 도라지과 혹은 초롱꽃과에 속하는 다년생 덩굴식물이다. 뿌리는 모양이 방추형으로 인삼뿌리처럼 생겼고, 사삼(沙蔘)이라고도 불린다. 어린 잎을 삶아서 나물이나 쌈으로 먹고, 뿌리는 고추장장아찌, 생채, 자반, 구이, 누름적, 정과, 술 등을 만든다. 특히 더덕을 자근자근 두드려서 고추장 양념을 고루 발라서 구운 더덕구이는 기호도가 높다. 한방에서 인삼 대용 생약재로 거담, 강장, 고혈압, 보양보음, 부인병, 산후약, 위냉병, 해소, 해열, 풍열, 혈변에 쓴다.

6) 버섯

버섯은 곰팡이과 식물로 흔하게 먹는 것은 식용으로 하는 표고, 목이, 능이, 석이, 싸리, 느타리, 팽이버섯 등 10여 종이다. 버섯은 주로 볶거나 데쳐서 나물로 하거나 조림, 전, 구이, 산적 등을 만들어 먹는다. 근래에는 느타리, 팽이버섯, 새송이버섯, 표고 등은 대규모 시설에서 재배한다.

버섯은 일반적으로 균생육 억제 작용, 혈당 저하 작용 등의 약리 효과가 있어서 식용 이외에 약용으로도 쓰인다. 특히 상황이나 운지, 표고버섯에는 항암 및 항바이러스 성분이 들어 있는 것으로 알려졌다.

7) 참깨

참깨의 원산지는 아프리카로 우리나라에는 삼국시대에 전파되었다. 우리나라에서는 주로 흰참깨, 검은참깨가 재배된다. 참깨는 향기와 맛이 고소하여 고명과 떡고물이나 과자 등에 쓰이고, 참기름의 원료로 많이 쓰인다. 참기름은 예전부터 귀하게 쓰였고, 한자로 진유(眞油), 호마유(胡麻油), 향유(香油)라고 한다.

참깨는 원래 강장제로 혈액순환을 좋게 하고 살갗을 윤택하게 해주며 머리를 검게 하는 등의 효과가 있다. 그리고 예로부터 노화를 방지하고 불로장생의 효과가 있다고 하였다.

참깨의 주성분은 지질로서 약 50%를 포함하고 있으며, 질 좋은 식물성 단백질이 무려 40% 정도 함유되어 있다. 회분, 칼슘, 비타민 B 등도 풍부하고 철분도 포함되어 있다.

Chapter ❸ 우리음식의 특징과 종류

1. 한국음식의 특징

우리나라는 지형적으로 남북으로 길게 뻗은 반도로 농산물, 수산물, 축산품이 고루 생산된다. 평야에서 얻어진 곡물을 주식으로 하고, 채소, 육류, 해물로 찬을 만들어 부식으로 하는 식생활의 양식이 삼국시대부터 정착되었다. 일상의 음식 이외에 명절이나 경사, 그리고 제사 때에는 특별한 음식을 마련하였다.

우리음식은 궁중음식, 반가음식, 향토음식, 혼인음식, 명절음식, 시식(時食), 제사음식 등으로 나누어 볼 수 있다. 그리고 다음과 같은 특징을 갖고 있다.

• 곡물을 중히 여기어서 곡물음식이 다양하다.

우리 민족은 농경이 주업으로 곡물을 가장 중요하게 여기며 쌀이나 보리 등 곡물로 만든 밥을 주식으로 한다. 그밖에 곡물로 만드는 음식으로는 죽,

국수, 만두, 수제비, 범벅, 떡, 엿, 술, 장 등 매우 다양하게 발달하였다.

• 주식과 부식이 명확하게 구분되어 있다.

일상의 식사 형태는 밥을 주식으로 하고 여러 가지 찬물을 부식으로 같이 먹는다. 찬물로는 채소, 육류, 어류 등의 재료를 갖고 조리법을 달리하여 마련한다. 기본 찬으로 국물이 있는 국이나 찌개와 한두 가지의 김치를 마련하고, 그 밖의 찬물은 형편에 따라 3~9가지 정도 마련한다.

• 음식의 종류와 조리법이 매우 다양하다.

주식으로는 밥, 죽, 국수, 만두, 떡국, 수제비 등이 있다. 부식인 찬물은 육류, 어류, 채소류, 해초류 등의 재료로 국, 찌개, 찜, 전골, 구이, 전, 조림, 볶음, 편육, 나물, 생채, 젓갈, 포, 장아찌, 김치 등 다양한 조리법을 이용하여 만든다. 일상 음식 이외에 떡, 과자, 엿, 화채, 차, 술 등 후식과 기호음식도 다양하다. 그리고 일 년 내내 각 계절에 맞추어 장 담그기, 김장 담그기, 채소 말리기, 젓갈 담그기, 포 만들기 등 저장발효식품과 건조저장식품을 마련한다.

• 음식조리에 여러 종류의 조미료와 향신료를 사용하여 맛이 다양하다.

한국음식은 한 가지 음식에 갖은 양념이라 하여 간장, 설탕, 파, 마늘, 깨소금, 참기름, 후춧가루, 고춧가루 등을 골고루 넣어 조미한다. 식품 자체의 고유한 맛보다 양념의 맛이 강한 편이다. 특히 다른 나라 음식에 비교하여 파, 마늘, 깨소금, 참기름, 고춧가루, 설탕을 많이 사용하여, 맵고, 달고, 고소하고, 자극적인 맛의 음식이 많다.

• 식생활 전반에 의식동원(醫食同源)의 기본 정신이 들어있다.

'입으로 먹는 음식은 몸에 약이 된다'는 근본적인 생각이 있고, 식품의 배합과 음식의 맛, 색의 조화를 음양오행설(陰陽五行說)을 바탕으로 오미와 오색을 중시한다. 그리고 몸에 좋다는 식품이나 음식을 유난히 찾아서 먹고, 매일의 식사를 통해 보양과 양생에 노력한다.

• 한국음식은 모양내기보다 맛을 충실히 한다.

외국음식에 비하여 재료를 먹기 쉽도록 작게 썰거나 다져서 만든 음식이 많다. 음식을 그릇에 담을 때는 그릇에 가득하도록 푸짐하게 담는다. 전통 반상기는 사기 또는 유기의 동일한 재질과 디자인으로 만들어지고, 지름의 크기와 깊이를 달리한 용기로 갖추어 있어 단정하지만 화려함은 없다.

• 상차림과 식사예법에 유교의 영향이 크다.

유교사상의 영향을 받아서 특히 가부장적인 반상차림과 의례상차림을 중하게 여긴다. 통과의례의 돌, 혼례, 회갑, 상례, 제례 등의 상차림에 차리는 음식과 병과의 품목이 정해져 있고, 각각 고유의 의미를 갖고 있다.

반상은 원칙적으로 한 사람씩 외상차림이고, 반드시 어른이 먼저 드시고 나서 아랫사람이 먹는다. 수저의 사용법이나 식사 예법도 엄격한 편이다.

• 명절식(名節食)과 시식(時食)의 풍습이 남아 있다.

정월 초하루에 떡국, 대보름에 오곡밥과 묵은 나물, 추석에 송편을 마련하는 등 명절이나 절기에는 특별한 음식을 만들며, 제철에 새로 나오는 식품으로 시절의 음식을 만들어 먹는 풍류가 있었다. 그리고 명절과 잔치나 제사 등의 행사에는 많은 음식을 풍성하게 장만하여 이웃과 친척에 두루

나누어 먹는 미풍도 있다.

2. 다양한 한국음식의 조리법

한국음식은 크게 주식(主食)과 찬품(饌品), 후식인 병과류와 음청류로 나눌 수 있다. 주식에는 밥, 죽, 국수 등이 있고, 찬품에는 국, 찌개, 전골, 볶음, 찜, 선, 생채, 나물, 조림, 초, 전유어, 구이, 적, 회, 쌈, 편육, 족편, 튀각, 부각, 포, 장아찌, 김치, 젓갈 등이 있다. 그리고 병과류에는 떡, 과자, 생과 그리고 차와 음료 등이 있다.

1) 주식류

(1) 밥

팥밥

주식은 주로 쌀로 지은 흰밥이고 보리, 조, 수수, 콩, 팥 등을 섞어 지은 잡곡밥도 즐겨 한다. 곡물과 물을 함께 넣고 끓여서 수분을 흡수시켜 익힌 후에 충분히 뜸을 들여서 완전히 호화된 곡물을 섭취한다. 별식의 밥으로는 채소류, 어패류, 육류 등을 한데 넣어 짓는다.

비빔밥은 밥 위에 나물과 고기를 얹어서 고루 비벼서 먹는 밥이다. 장국밥은 국에 밥을 말아 먹는 것으로 주로 육류의 곰국인 설렁탕, 곰탕 등에 말게 된다. 장국밥은

비빔밥

우리나라 외식 메뉴 중 가장 개발된 음식으로 예전에는 장터나 주막에서 먹을 수 있는 편의식이었다. 뜨거운 국에 밥을 말아서 먹는 탕반(湯飯)은 우리나라 사람이라면 누구나 좋아하기 때문에 기호도가 높고, 바쁜 현대 생활에서 빨리 식사를 해결할 수 있어 아침 식사로도 적합하다. 그래서 설렁탕, 곰탕, 육개장, 우거지탕, 내장탕, 콩나물국밥 등을 전문으로 파는 식당들이 많아졌고, 맛이 좋기로 이름난 곰탕이나 설렁탕집들은 각지에 체인점을 운영하고, 넓은 주차장을 갖추고 24시간 영업하는 업소들도 많이 등장하였다.

(2) 죽, 미음, 응이

여러 가지 죽

모두 곡물로 만드는 유동식 음식들로 죽은 곡물을 알곡 또는 갈아서 물을 넣고 끓여 완전히 호화시킨 것이고, 미음은 죽과는 달리 곡물을 알곡 째 푹 고아서 체에 밭인 것이다.

응이는 곡물의 전분을 물에 풀어서 끓인 것으로 훌훌 마실 수 있을 정도의 묽은 농도이다. 죽에 곡물 이외에 채소, 육류, 어패류 등을 한데 끓이기도 한다. 종실과 곡물를 넣은 죽으로 잣죽, 깨죽, 호두죽, 녹두죽, 콩죽 등이 있고, 채소를 넣은 죽으로는 늙은 호박죽, 애호박죽, 표고죽, 아욱죽 등이 있고, 어패류죽으로는 전복죽, 어죽, 조개죽, 피문어죽 등이 있고, 육류죽으로 장국죽, 쇠고기죽, 닭고기 등이 있다.

- **잣죽** : 불린 쌀을 갈아서 체에 밭여서 잣 간 것을 한데 끓인다.
- **장국죽** : 흰죽에 다진 쇠고기와 표고를 넣어 한데 끓인다.
- **행인죽** : 행인 껍질을 벗기어 곱게 갈아서 쌀 간 것과 한데 끓인다.
- **타락죽** : 불린 쌀을 갈아서 우유를 넣고 만든 죽으로 고소하고 맛있다.
- **속미음** : 찹쌀, 대추, 황률을 물을 넣고 오래 끓여서 체에 밭인다.
- **녹말응이** : 오미자 국에 꿀을 타서 끓이다가 녹두 녹말을 풀어 넣는다.

(3) 국수

일상의 조석의 식사보다는 잔치 때나 손님 접대용으로 국수를 주식으로 차리고, 평상시에는 점심 때에 간단하게 국수를 많이 먹는다. 국수의 재료는 밀가루보다 메밀이 많이 쓰였다.

국수의 종류는 곡물이나 전분의 재료에 따라 밀국수, 메밀국수, 녹말국수, 강량국수, 칡국수 등이 있다. 국수는 따뜻한 국물에 먹는 온면과 찬 육수나 동치미 국물에 먹는 냉면, 장국에 말지 않는 비빔국수로 나눌 수 있다. 국수장국은 예전에는 꿩고기를 쓰기도 하였으나 대개는 쇠고기의 양지머리나 사골 등을 삶아 쓰고, 칼국수는 닭을 삶은 국물을 쓴다.

냉면은 메밀가루에 밀가루나 전분을 섞어 반죽하여 국수틀에 넣어 눌러 빼고, 칼국수는 밀가루나 메밀가루를 반죽하여 얇게 밀어 칼로 썰어 만든다. 여름철에는 콩국을 만들어 밀국수를 말아먹는 콩국수도 있다.

온면

냉면

- **온면** : 양지머리 육수를 만들어 간을 맞추어 삶은 메밀국수를 말고, 고기 산적과 완자, 달걀지단을 얹는다.
- **국수비빔** : 메밀국수에 육회, 편육, 미나리 등을 넣고, 양념간장으로 비벼 고기완자, 달걀지단, 배 등을 웃기로 얹는다.
- **콩국수** : 뽀얀 콩국에 잘 밀어 삶아 낸 국수를 담고 오이 나물이나 버섯볶음을 곁들여 열무김치와 함께 상에 내면 시원하고 고소한 그 맛이 별미요, 영양학적으로 훌륭한 음식이 된다. 육류를 너무 많이 섭취함으로서 아울러 섭취하게 되는 육류 지방의 과다 섭취가 성인병 발생의 주원인인데 고기와 같이 단백질 영양 성분이 우수한 콩의 식물성 단백질을 이용하여 만든 콩국수는 성인병을 걱정하는 현대인에게 안성맞춤이다. 여름을 사는 한국인의 지혜라 할 수 있다.
- **냉면** : 쇠고기를 삶아 식힌 장국 또는 동치미국물을 섞어 삶은 메밀국수를 말고, 웃기로 편육, 회, 고기완자, 표고채, 석이채, 달걀지단을 얹는다. 고종이 즐기던 냉면은 동치미국에 국수를 말고 웃기로 편육, 배, 달걀지단, 잣을 얹었다.

(4) 만두, 떡국

만두는 피의 재료와 넣는 소에 따라 아주 다양하다. 대개는 밀가루를 반

만둣국

죽하여 밀어서 피를 만드는데, 메밀가루로 빚는 메밀만두도 있다.

만두는 장국에 끓이거나 찌고, 피는 밀가루나 메밀가루로 만든다.

편수는 네모진 피에 호박, 숙주, 쇠고기 등으로 만든 소를 넣고 사각지게 빚는다. 평안도를 비롯해 북쪽 지방 만두의 소는 배추김치, 돼지고기, 두부 등으로 하고, 둥근 피에 소를 얹어 주름지거나 둥근 모양으로 크게 빚어서 육수에 넣어 끓인다.

예로부터 우리나라에서는 어느 가정에서나 정월 초하루에는 떡국을 마련하여 조상께 차례를 지내고, 새해 아침의 첫 식사로 떡국을 먹는다. 만두는 북쪽 지방 사람들이 즐기고, 남쪽은 떡국을 즐겨 먹는다.

- **장국만두** : 둥근 모양의 만두 피에 배추김치, 돼지고기, 두부 등을 합한 소를 넣고 빚는다. 병시(餠匙)는 주름을 잡지 않고 납작하게 반달형으로 빚는다.
- **생치만두** : 꿩을 살만 곱게 다지고 미나리, 배추, 표고 등과 합하여 만두소를 만든다. 피는 메밀가루와 녹말을 반반 섞어서 반죽을 떼어 송편처럼 소를 넣고 빚어 장국에 끓인다.
- **편수** : 여름철 시식으로 만두소로 쇠고기, 오이, 숙주, 표고, 석이 등을 넣는다. 밀가루 반죽을 네모지게 만들어 사각 모양으로 빚어서 찌거나 맑은 장국에 삶아 건진다.
- **규아상** : 여름철 찐만두로 피는 밀가루 반죽을 둥글게 만들어 소로 쇠

고기, 오이, 표고를 익혀서 넣고 해삼 모양으로 빚어서 담쟁이 잎을 깔고 쪄낸다.

- **준치만두** : 준치를 쪄서 살을 발라내어 다진 쇠고기를 합하여 양념하여 완자를 빚어 녹말가루를 묻혀서 쪄낸다. 또는 장국에 넣고 끓인다. 만두라 하지만 주식이 되지는 않는 생선음식이다.
- **동아만두** : 동아를 껍질을 벗기고 얇고 넓게 떠서 소금에 절여 피로 쓴다. 소는 삶은 닭고기를 넣고 반달 모양으로 접어서 녹말을 묻혀서 쪄내어 더운 육수를 붓는다.
- **떡국** : 쇠고기 장국에 납작하게 돈짝처럼 썬 흰떡을 넣고 끓여서 달걀지단과 고기 산적을 웃기로 얹는다.

2) 찬품류

(1) 국 · 탕

밥이 주식인 일상 식사에서 국은 거의 빠지지 않고 매끼마다 밥상에 오르는 기본적인 찬물이다. 국의 종류는 맑은장국, 토장국, 곰국, 냉국으로 크게 나눈다.

국은 육류는 물론이고 어패류, 채소류, 해조류 등의 거의 모든 재료로 만든다. 특히 육류 중에는 쇠고기의 양지머리, 사태, 우둔 등의 살코기와 갈비, 꼬리, 사골 등의 뼈와 양, 곱창 등 내장류, 그리고 선지까지도 모두 쓰인다.

맑은장국과 곰국은 소금이나 청장으로 간을 맞추고, 토장국은 된장, 고추장으로 간을 맞춘다. 여름철에는 오이, 미역, 다시마, 우무 등은 식초를

아욱국

설렁탕

갈비탕

육개장

넣어 신맛이 나는 냉국을 만든다.

- **된장국** : 겨울철에서 봄에 걸쳐 가장 많이 끓여 먹는 국이 된장국이다. 된장국은 소고기 장국이나 멸치 장국에 된장을 풀고 무, 배추, 아욱, 시금치, 시래기 등의 채소류를 넣고 끓인다.
- **연배추탕** : 쇠고기 장국에 토장과 고추장을 풀고, 데친 연배추와 모시조개를 넣고 끓인다. 소루쟁이, 아욱, 시금치, 근대 등 푸른 잎 채소는 같은 법으로 한다.
- **갈비탕** : 소가리(갈비)를 무와 함께 오래 끓여서 익은 갈비를 건져 양념하여 다시 넣고 끓이다가 알지단을 띄운다.
- **육개장** : 소의 양지머리, 사태, 곤자손이, 양, 곱창, 부아, 쇠악지 등의 국거리를 무르게 삶아서 고기는 죽죽 가르거나 얇게 썬다. 고춧가루를 참기름에 개어서 국에 풀고 데친 파를 많이 넣고 끓인다.
- **깨국탕** : 닭을 삶은 국물로 볶은 깨를 갈아서 깻국을 만들어 차게 식힌다. 건지는 삶은 닭고기, 고기 완자, 미나리 초대와 데친 오이, 표고, 감국잎 등을 넣는다.
- **북어탕** : 북어포 또는 북어를 불려 토막 내어 양념하여 장국에 넣고 끓이다가 푼 달걀로 줄알을 친다.

(2) 찌개

건지와 국물이 비슷한 정도로 국보다 간이 센 편인 국물 음식으로 밥의 찬물이다. 맛을 내는 재료에 따라 된장찌개, 고추장찌개, 맑은 찌개로 나눈다. 찌개와 비슷한 것으로 지짐이, 조치, 감정이 있다.

특히 생선을 주재료로 하여 끓인 음식은 매운탕이라고도 한다. 충청도 지방에서는 겨울철에 김치를 넣은 청국장찌개를 즐긴다.

맑은 찌개는 소금이나 새우젓으로 간을 맞추고, 두부, 호박, 무, 조개 등을 넣어 담백한 맛이다.

조선조 궁중에서는 찌개를 조치라 하고, 고추장찌개를 감정이라 하였다. 『시의전서』에는 "조치 : 각색 찌개의 이름이 조치"라고 적혀 있다 조선시대 고조리서에는 찌개란 말이 보이지 않다가 『시의전서』에 나오는 조치는 재료에 따라 골 조치, 처녑 조치, 생선 조치 등을 설명하였고 조미료에 따라 간장에 하는 것을 맑은 조치, 고추장이나 된장에 쌀뜨물로 하는 것을 토장조치라 하고 젓국 조치도 맑은 조치라 하고 있다.

된장찌개

- **된장찌개** : 우리나라 사람들이 가장 좋아하는 토속적인 음식으로 된장에 따라 맛이 다르다. 건지는 두부, 풋고추, 호박, 쇠고기, 멸치 등을 넣는다. 토장국과 마찬가지로 맹물보다는 쌀뜨물로 끓이면 더 맛이 있다.

  뚝배기에 된장을 물에 풀어서 담고 잘게 썬 쇠고기와 표고버섯을 넣고 참기름, 다진 파, 마늘로 양념하여 너무 짜지 않게 뜨물에 풀어서 끓인다.

빈가(貧家)에서는 건더기는 조금 넣고 된장을 진하게 넣어 끓이니 이것은 강된장찌개라고 한다.

된장에는 단백질, 지방, 탄수화물, 칼슘, 철, 비타민 B_1, 비타민 B_2, 나이아신 등이 많이 들어 있고, 비타민 A와 C는 거의 들어 있지 않다.

- **청국장찌개** : 특히 충청도 지방에서는 즐겨 먹는다. 청국장은 흰콩을 불려 메주를 쑤듯이 무르게 삶아서 나무상자나 소쿠리에 담아서 담요를 덮어 따뜻한 곳에 2, 3일 두면 끈끈한 진이 생긴다. 이때 절구에 대강 찧어서 생강, 마늘, 소금, 고춧가루를 넣어 버무려 놓고 쓴다. 겨울철에 두부나 배추김치를 넣고 청국장찌개를 끓이면 구수한 냄새와 소박한 맛이 난다.
- **고추장찌개** : 건더기로 두부나 채소를 넣기도 하지만 생선을 주재료로 하여 채소를 많이 넣고 맵게 끓인 건지가 많은 국을 매운탕 혹은 매운탕 찌개라고 한다. 맑은 찌개는 소금이나 새우젓으로 간을 맞추고, 두부, 호박, 무, 조개 등을 넣어 끓이는 담백한 맛의 찌개로 중부 지역에서 즐기는 음식이다.

(3) 전골 · 신선로

전골은 육류와 채소를 밑간을 하여 그릇에 담아 준비하여 상 옆에서 화로에 전골틀을 올려놓고 즉석에서 볶고 끓이는 음식이다. 미리 볶아서 접시에 담아 상에 올리면 볶음이라고 한다. 전골냄비는 쇠로 만든 벙거짓골은 전립(戰笠)을 뒤집어 놓은 것처럼 생겼고, 돌로 만든 전골틀은 굽이 낮고 평평하다. 벙거짓골은 가운데에 국물이 고이도록 우묵 패어 있어 국물을 먹을 수 있고 가장자리에는 넓은 전이 붙어 있어 여러 가지 재료를 얹어 볶으면서 먹을 수 있다.

근래에는 여러 가지 재료에 냄비에 담아 국물을 넉넉히 부어서 즉석에서 끓이는 찌개를 전골이라 부르고 있어 원래 볶음 전골의 의미와는 달리 쓰이고 있다. 여러 사람이 한 상에서 큰 냄비에 담아 끓이면서 함께 먹을 수 있는 곱창전골, 쇠고기전골, 두부전골, 갈낙전골, 해물탕, 생선매운탕 등의 전골 메뉴는 외식메뉴로 꾸준히 인기가 있다. 그리고 일본에서 건너온 쇠고기 전골(스키야키)와 샤브샤브(일명 징기스칸)는 서비스와 맛이 우리나라 식으로 변형되어, 국수전골이란 메뉴로 인기가 있다.

신선로

- **신선로(神仙爐)** : 신선로는 그릇이름이고, 원래 음식은 열구자탕(悅口子湯) 또는 구자(口子)라고 하는 탕이다. 신선로 틀에 삶은 고기와 육회와 전복, 해삼, 버섯과 그리고 각색 전유어를 돌려 담고, 달걀지단, 고기완자, 잣, 은행, 호두 등을 웃기로 얹고 장국을 부어서 상에서 끓이면서 먹는 음식이다.
- **고기전골** : 쇠고기를 얇게 썰어 양념하고, 송이나 표고, 미나리, 파, 숙주 등을 채 썰어서 재료가 잠길 정도로 물을 붓고 끓인다. 익으면 달걀을 풀어 줄알을 친다.
- **콩팥전골** : 콩팥, 천엽, 양, 등골 등을 정하게 씻어 납작납작하게 썰어 양념한다. 무, 표고, 숙주, 파 등을 채 썰어서 전골냄비에 양념한 고기들과 돌려 담고 장국을 부어서 끓인다.

- **생치전골** : 꿩고기는 살만 발라서 얇게 저며서 소금으로 양념하고, 쇠고기는 납작하게 썰어 간장으로 간을 하여 전골틀에 옆옆이 담아 익힌다.
- **납평전골** : 겨울철 납평날에 사냥하여 잡아온 고기로 만드는 데서 유래된 음식이다. 노루고기, 꿩고기, 산돼지고기, 쇠고기, 소의 내장 중 콩팥, 양, 천엽, 등골 등 여러 가지 고기를 썰어 양념하여 전골틀에 담아 볶으면서 먹는 전골이다. 꿩고기, 소의 양, 등골 등의 흰색 고기는 소금으로 양념하고, 진한 색의 고기는 간장으로 양념한다.
- **송이전골** : 송이는 껍질을 벗기어 얇게 저미고, 조갯살은 다듬어 양념하고, 쇠고기는 얇게 썰어 양념하여 전골틀에 옆옆이 놓고 볶는다.
- **채소전골** : 무, 숙주, 미나리, 당근 등은 채 썰어 데쳐서 양념을 하고, 쇠고기는 반은 완자를 빚고 반은 납작하게 썰어 양념한다. 전골냄비에 채소와 고기를 돌려 담고 볶다가 완자를 넣고 장국을 부어 끓인다.
- **두부전골** : 두부를 썰어서 지져서 두 쪽 사이에 양념한 쇠고기를 채워서 미나리로 묶는다. 무, 당근, 죽순, 표고 등은 채 썰고 숙주, 석이 등도 준비한다. 전골틀에 양념한 고기를 깔고 두부와 채소들을 고루 돌려 담고 고명을 얹은 후 장국을 부어서 끓인다.

(4) 찜 · 선

찜은 육류, 어패류, 채소류를 국물과 함께 끓여서 익히거나 증기로 쪄내는 법이 있다. 소갈비, 쇠꼬리, 사태, 돼지갈비 등을 약한 불에서 오래 무르도록 익히고, 채소, 생선, 새우, 조개 등은 증기로 찌거나 잠깐 익힌다.

선(膳)은 채소나 생선 두부를 재료로 한 찜으로 끓이는 법과 찌는 법이 있다. 호박, 오이, 가지, 배추 등의 식물성 재료에 쇠고기, 채소 등 부재료를 소로 채워 넣어 장국에 넣어 잠깐 끓이거나 찐다.

어선은 생선 흰살에 얇게 하여 소를 넣고 둥글게 말아 쪄서 만들며, 두부선은 으깬 두부에 닭고기, 쇠고기 등을 섞어서 반대기를 지어서 찜통에 쪄 낸다. 두부나 채소의 선은 손이 많이 가면서 맛이 연하고, 질감이 무른 편이어서 현대인들의 입맛에는 맞지 않아서인지 점차 없어지는 음식으로 꼽을 수 있다.

찜요리 중에는 갈비찜을 가장 선호하여 생일이나 잔치 때는 꼭 차리는 메뉴인데 외식보다는 가정에서 만드는 경우가 많다. 반면 갈비구이는 집에서 구울 때 연기가 나고 번거로우므로 전문식당에서 가서 먹을 때가 많다. 1980년대부터 독특한 향토음식을 파는 음식점들이 등장했는데 특히 매운맛의 경상도의 아구찜, 미더덕찜이 전국적으로 인기가 많아서 이를 파는 전문식당들이 많이 생겨났다. 교외의 강가에서는 붕어, 메기, 천어 등 민물생선으로 만든 찜이나 매운탕을 전문으로 파는 식당들이 많이 생겼다.

소갈비찜

- **생복찜 :** 생전복과 쇠고기를 덩어리째 삶아서 큼직하게 썰고, 송이는 납작하게 저며서 살짝 익힌다. 생복, 쇠고기, 송이를 합하여 양념하여 장국을 부어 살짝 끓인다. 또는 생복을 생선 비늘처럼 칼집을 넣고, 다진 쇠고기, 표고, 석이를 합하여 칼집 사이에 채워서 끓인다.
- **부레찜 :** 민어 부레를 씻어서 소금에 절여서 안에 다진 쇠고기와 표고를 양념하여 채우고 찐다. 식은 후에 썰어서 겨자나 초장을 찍어 먹는다.

도미찜

• **도미찜** : 도미를 통째로 칼집을 내어 다진 쇠고기를 양념하여 채워서 쪄내어 달걀지단, 석이, 미나리, 고추 등을 채썰어 고명으로 얹는다. 또 다른 법은 도미를 살만 떠서 넓적하고 어슷하게 토막을 내어 전을 부친다. 쇠고기와 표고, 석이, 미나리, 당근, 양파 등은 채 썰어 함께 전골냄비에 돌려 담고 장국을 부어서 끓인다.

• **도미면** : 삶은 곰탕 거리와 각색 전유어와 지단과 고명을 신선로처럼 마련하고, 도미는 살만 크게 떠서 전을 지진다. 전골냄비에 곰탕 거리를 깔고 도미전을 원모양대로 가지런히 놓고 가장자리에 골패형으로 썰은 달걀지단과 채소를 돌려 담고, 은행, 호두, 잣과 완자 등 고명을 얹고 장국을 부어 끓인다. 한소끔 끓으면 쑥갓과 당면을 넣어 잠시 더 끓인다. 도미를 온 통으로 할 때는 드문드문 칼집을 넣고 소금, 후추를 뿌려서 지져서 쓴다.

대하찜

• **대하찜** : 대하를 껍질째 또는 갈라서 쪄서 오색채 고명을 얹는다. 또 다른 법은 대하를 쪄내어 크게 저며 썰어서, 볶은 오이와 죽순, 편육을 합하여 잣가루 즙으로 무친다.

• **송이찜** : 갓이 피지 않은 송이를 골라서 칼집을 넣어서 양념한 쇠고기를 채워서 밀가루, 달걀을 입혀서 전처럼 지진다. 쇠고기와 표고를 채 썰어 양념하여 냄비에 깔고 송이

를 위에 놓고 장국을 부어서 살짝 끓여서 달걀지단과 잣을 뿌린다.

- **죽순찜** : 연한 죽순을 삶아서 등쪽에 비늘처럼 칼집을 내어 다진 쇠고기와 표고와 석이를 합하여 양념하여 채운다. 냄비에 무채와 쇠고기를 깔고 죽순을 담고, 채소를 얹어 장국을 부어서 익힌다.
- **떡찜** : 사태, 곤자손이, 곱창, 양 등의 곰탕거리를 잘 씻어 무와 함께 무르게 삶아서 한 입 크기로 썬다. 큼직하게 썬 흰떡과 곰탕거리를 합하여 양념하고 장국을 붓고, 당근, 미나리, 표고 등을 넣어 떡이 무르도록 익힌다.
- **우설찜** : 우설과 무를 크게 잘라서 한데 무르게 삶아서 큼직하게 토막을 낸다. 삶은 우설과 미나리, 표고, 석이, 양파, 당근 등을 양념하여 장국을 붓고 끓인다.
- **육찜** : 사태, 곤자손이, 곱창 등을 씻어서 한데 무를 넣고 삶아서 무르면 건져서 큼직하게 썬다. 우설찜과 마찬가지로 채소와 함께 익힌다.
- **갈비찜** : 소갈비를 무르게 삶아서 표고, 무 등의 채소와 함께 양념하여 연해질 때까지 다시 익힌다.
- **닭찜** : 고임상이나 제사상에는 통째로 찜을 한다. 다른 법은 닭을 통째로 삶아서 살을 굵직굵직하게 뜯어서, 표고, 석이, 목이를 채 썰어 닭 국물을 붓고 끓인다. 맛이 어우러지면 밀가루즙을 넣어 익히고, 달걀 줄알을 친다.
- **어선** : 생선 흰살을 얇게 넓게 떠서 쇠고기와 익힌 채소를 소로 넣고 말아서 녹말을 묻혀서 찐다. 식은 후에 썰어서 겨자장이나 초장을 곁들인다.
- **두부선** : 두부는 곱게 으깨어 다진 닭고기, 쇠고기 등을 섞어 양념하여 반대기를 지어 위에 달걀지단, 표고, 석이, 실고추 등의 고명을 얹어서 쪄내어 작게 썬다.

도라지 오이생채

삼색무생채

(5) 생채

생채는 계절마다 새로 나오는 싱싱한 채소들을 익히지 않고 초장, 초고추장, 겨자장으로 무친 가장 일반적인 찬품이다. 조미에 설탕과 식초를 써서 달고 새큼한 산뜻한 맛을 낸다. 생채는 무, 배추, 상추, 오이, 미나리, 더덕, 산나물 등 날로 먹을 수 있는 채소들로 만드는데 해파리, 미역, 파래, 톳 등의 해초류나 오징어, 조개, 새우 등을 데쳐서 한데 넣어 무치기도 한다.

겨자채나 냉채는 생채의 분류에 들어간다. 서양 채소가 보급되고 샐러드가 일반에 널리 알려지면서 생채 역할을 대신하게 되었다.

(6) 나물

삼색나물

나물은 가장 대중적인 찬품으로 무, 고비, 고사리, 호박, 숙주, 박오가리, 도라지, 죽순 등으로 만든다. 원래는 생채(生菜)와 숙채(熟菜)의 총칭이었으나 지금은 대개 익은 나물인 숙채를 가리킨다.

나물 재료로 거의 모든 채소가 쓰이는데, 푸른 잎 채소들은 끓는 물에 파랗게 데쳐 내어 갖은 양념으로 무치고, 고사리, 고비, 도라지는 삶아서 양념하여 볶는다. 말린 취, 고춧잎, 시래기 등은 불려다가 삶아서 볶는다. 나물은 참기름과 깨

소금을 비교적 넉넉히 넣고 무쳐야 부드럽고 맛이 있다. 신선한 산나물은 초고추장에 신맛이 나게 무치기도 한다.

(7) 숙채와 잡채

잡채, 탕평채, 죽순채 등도 조리법으로 나누면 숙채에 해당된다. 볶은 채소와 고기 등을 밀전병에 싸서 먹는 구절판도 크게 나누면 숙채 음식에 포함된다. 여러 가지 채소를 잘게 다듬거나 채썰어 익혀서 섞어서 만든 숙채들이 있고, 한편 육류를 채썰어 익히거나 어패류인 또 생선, 해파리, 오징어, 조개 등을 익혀서 채소와 함께 버무린 숙채들이 있다.

잡채

- **잡채** : 쇠고기와 제육을 곱게 채썰어 볶고, 표고, 석이, 목이, 미나리, 양파 등은 채썰어 각각 볶고, 전복은 삶아 채썰고 당면은 삶아서 모두 한데 모아서 간장 양념으로 고루 무쳐서 지단채를 얹는다.
- **족채** : 족편과 편육을 납작한 채로 썰고, 표고, 석이, 양파, 당근 등은 채로 썰고, 숙주는 다듬어 데치고 알지단을 채썬다. 준비한 재료를 모두 합하여 겨자장으로 무친다.
- **묵채** : 청포묵 무침으로 묵을 썰어 볶은 쇠고기, 미나리, 김, 알지단을 넣어 초간장으로 무친다. 탕평채라고도 한다.
- **구절판** : 칠기나 목기로 만든 구절판 가운데는 밀전병을 담고, 가장자리에 여덟 가지 찬을 담아서 상에서 직접 초장이나 겨자장을 넣고 싸

죽순채

구절판

탕평채

서 먹는 음식이다. 볶은 쇠고기와 당근, 표고, 석이, 오이, 애호박 등의 채소를 채 썰어 볶아 담고, 달걀지단은 황백으로 얇게 부쳐서 가늘게 채썰어 담는다.

원래 음식명은 밀쌈인데 구절판의 그릇에 담아서 아예 음식으로 되었다. 밀전병은 밀가루를 묽게 풀어 얇게 부친 흰색인데, 최근에 한정식집에서는 밀가루 즙에 채소즙이나 치자물을 섞어서 여러 가지 색의 밀전병을 만들거나 담는 그릇을 구절판에 국한하지 않고 자유로운 형태로 담아내기도 한다.

(8) 조림 · 초(炒)

육류, 어패류, 채소류 등을 간을 약간 세게 하여 만든 조림찬을 주로 반상에 오르는 찬품이다. 쇠고기 장조림 같이 오래두고 먹을 것은 간을 세게 한다. 생선 중 맛이 담백한 흰살 생선은 간장으로 붉은살 생선이나 비린내가 많이 나는 생선류는 고춧가루나 고추장을 넣어 조린다.

초(炒)는 원래 볶는다는 뜻이지만 우리 조리법에서는 조림처럼 조리다가 나중에 녹말을 풀어 넣어 국물이 엉기게 하며 대체로 간은 세지 않고 달게 한다. 초의 재료로는 홍합과 전복이 가장 많이 쓰인다.

마른 건어물이나 채소 조림은 간이 센 편으로 밥반찬으로 알맞고, 오래두고 먹을 수 있어 보통 가정에서는 조림이나 볶음 두세 가지는 늘 상비 반찬으로 갖추고 있다.

홍합초

- **우육조리개** : 쇠고기 장조림으로 육장(肉醬)이라고도 한다. 우둔이나 홍두깨살을 큰 토막으로 삶아서 기름을 걷어 내고 간장에 조린다.
- **편육조리개** : 양지머리 편육을 간장에 파, 마늘, 생강을 넣어 조린다.
- **장똑똑이** : 쇠고기를 채로 썰어 간장과 양념을 넣고 까뭇하게 조린다.
- **전복초** : 마른 전복을 불려서 얇게 저며서 쇠고기와 간장, 설탕, 후춧가루를 넣고 조리다가 녹말을 풀어 넣는다. 홍합과 소라 등도 같은 방법으로 만든다.

(9) 전유어(煎油魚)

전(煎)은 기름을 두르고 지지는 조리법으로 전유어, 전유아, 전냐, 전야, 전 등으로 불리고 궁중에서는 한자로 전유화(煎油花)라 표기하였다. 간남은 제사에 쓰는 전유어를 가리키며 간납, 갈랍이라고도 한다. 전의 재료는 육류, 어패류, 채소류 등을 고루 이용한다. 재료들을 일단 지지기에

전유어

좋은 크기로 하여, 소금과 후춧가루로 간을 한 다음에 밀가루와 달걀 푼 것을 입혀서 번철에 지진다. 전은 한 가지만 하지 않고 세 가지 이상을 만들어서 한 그릇에 어울려 담는다. 옷을 달걀이 아니고 메밀가루를 묻히거나 밀가루 즙을 씌워서 지지는 전도 있다.

전은 쇠고기, 간, 천엽, 양, 두골, 등골 등의 육류, 민어, 대구, 동태 등의 흰살 생선, 굴, 새우 등의 해물류, 풋고추, 애호박, 가지 등의 채소류로 만든다. 미나리, 달래, 실파 등을 밀가루 즙에 넣어 부치는 밀적은 조리개나 장산적과 어울려 담는다.

- **간전** : 소간을 얇은 막을 벗기고 얇게 떠서 밀가루, 달걀을 입혀서 지지기도 하나, 메밀가루와 깨소금을 묻혀서 기름을 넉넉히 두르고 지진다.
- **등골전** : 소의 등골을 갈라서 펴고 소금, 후춧가루를 뿌리고 밀가루와 달걀을 씌워 지지거나 녹말만 무쳐서 지진다.
- **양전** : 양을 검은 막을 벗기고 씻어 얇게 떠서 소금, 후추를 뿌려서 전을 지진다. 양동구리는 손질한 양을 곱게 다져서 녹말가루와 달걀을 섞고 간 맞추어 수저로 떠서 동그랗게 지진다.
- **새우전** : 새우는 머리를 떼고 등 쪽의 내장을 꼬치로 발라내고 꼬리만 남기고 껍질을 벗긴다. 새우의 등 쪽을 갈라서 펴고 배 쪽에 칼집을 넣은 후 소금, 후춧가루를 뿌리고 밀가루와 달걀을 씌워서 지진다.
- **대합전** : 대합살의 내장을 빼고 반 갈라서 펴서 전을 지진다.
- **해삼전** : 마른 해삼을 푹 불려서 배 쪽을 갈라서 내장을 빼고 양념한 쇠고기를 채워서 소 채운 쪽에 밀가루와 달걀을 입혀서 지진다.

(10) 부침과 밀적

부침가루와 튀김가루가 프리믹스로 시판되어 부침이나 튀김이 손쉬워졌다. 1990년대에는 완자전과 유사하게 개발한 '동그랑땡' 등 조리식품과 튀김용의 냉동가공식품이 다양하게 개발되었다. 빈대떡이나 파전을 전통음식점이나 주점에서 여전히 인기가 있는 음식인데, 빈대떡의 원료가 되는 녹두가 고가로 동부나 콩을 섞어서 만들게 되어 녹두로만 만든 것에 순녹두 빈대떡이라는 말이 생겨났다.

지짐은 빈대떡이나 파전처럼 재료들을 묽은 가루 반죽에 섞어서 기름에 지져 내는 음식이다. 녹두 빈대떡은 녹두를 갈아서 부치고, 콩부침은 콩을 불려서 부친다. 파전은 파와 해물을 많이 넣은 지짐이다.

지짐은 빈대떡이나 파전처럼 재료들을 밀가루 푼 것에 섞어서 기름에 지진 음식이다. 녹두빈대떡은 평안도 지방에서 가장 즐겨 만들며, 파전은 경상도 동래 파전이 유명하다.

(11) 편육 · 족편

편육

편육은 쇠고기나 돼지고기의 덩어리를 통째로 삶아 익혀서 베보에 싸서 도마에 모양 나게 누른 다음 얇게 썬 것으로 양념장이나 새우젓국을 찍어 먹는다. 쇠고기는 양지머리, 사태, 업진, 우설, 우랑, 우신, 유통, 쇠머리 등의 부위로 만들며, 돼지고기는 삼겹살, 어깨살, 머리부위가 적당하다. 돼지고기 편육은 새우젓과 함께 배추김치에 싸서 먹으면 맛이 잘 어울린다. 우리나라에서는 아직도 신축건물의 상량식이나 준공식 때 고사를 지내는데 고사상에 삶은 돼지머리를 올리는 풍습이 남아있어 재래시장에는 돼지편육을 전문으로 파는 장수가 있다.

가정에서 고기를 많이 삶는 일은 점차 없어지고, 설렁탕이나 곰탕집에서 편육, 수육을 전문으로 팔고 있다. 돼지고기 편육을 배추김치에 싸서 먹는 음식을 보쌈메뉴로 개발하여 전국적으로 전문점이 많아졌다. 그리고 돼지족발은 돼지다리를 삶아서 엿장에 조린 음식인데 이를 전문으로 파는 식당이 서울 장충동에 모여 있다. 그리고 술안주나 야식 메뉴로 대중적인 인기가 있어 배달을 하거나 포장한 족발을 대형마트나 편의점에서 판매하고 있다.

족편은 육류의 질긴 부위인 쇠족과 사태, 힘줄, 껍질 등을 물을 부어 오래 끓여서 죽처럼 된 것을 굳혀서 만든 음식이다. 쇠족을 토막 내어 닭, 사태고기, 쇠머리, 쇠꼬리 등을 보태어 큰 솥에 넣어 오랫동안 고아서 국물이 걸쭉해지면 뼈는 추려내고 국물에 양념을 하여 간을 넓은 그릇에 쏟아서 굳힌다. 완전히 엉기기 전에 석이버섯, 달걀지단, 실고추, 잣 등의 고명으로 얹는다. 추운 겨울의 음식인데 단단하게 굳으면 칼로 납작납작하게 썰어 초장을 찍어서 먹는다.

특히 우리나라 사람들은 소나 돼지의 고기 이외의 부위로 머리, 내장, 발 등을 삶거나 끓인 음식인 탕, 족발, 편육, 족편 등을 아주 즐겨하는 편이다. 다른 음식은 지금도 꾸준히 즐겨하지만 족편은 만들기가 어렵고, 현대인의 기호와 맞지 않아서인지 점차 없어지는 음식이 되었다.

(12) 튀각 · 부각 · 포(脯)

튀각은 다시마, 가죽나무순, 호두 따위를 기름에 바싹 튀긴 것이다. 부각은 재료를 그대로 말리거나 찹쌀 풀이나 밥풀을 묻혀서 말렸다가 튀기는 반찬으로, 많이 만드는 재료는 감자, 고추, 깻잎, 김, 가죽나무잎 등이다.

일반 가정에서 부각이나 튀각을 만드는 일을 점차 줄어들었고, 1990년대부터는 전통음식이 산업화가 추진되어 식품회사에서 완전히 조리한 제품들이 포장하여 시판되고 있다

부각

육포는 주로 쇠고기를 간장으로 간하여 말리고, 어포는 생선을 그대로 통째로 말리거나 살을 떠서 소금 간을 하여 말린다. 북어포는 간을 하지 않고 말린다. 쇠고기 육포는 우둔이나 홍두깨살을 결대로 얇고 넓게 떠서 간장, 설탕, 후춧가루 등으로 주물러서 널어 말린다. 편포(片脯)는 살코기를 곱게 다져서 양념하여 큰 덩어리를 만들어 말린다. 포의 웃기나 안주감으로는 다진 고기를 대추처럼 빚어 말린 대추포와 동글납작하게 빚어 잣을 박아서 말린 칠보편포와 잣을 넣어 작은 만두처럼 만든 포쌈 등이 있다.

육포

민어나 대구는 통째로 갈라서 넓게 펴서 소금으로 절여서 말린다. 민어포는 암치라고 하여 고임에 쓰인다. 뜯어서 무쳐서 마른 찬을 하거나 토막 내어 찌개와 지지미를 끓인다. 명태는 추운 겨울에 얼리면서 말리는데 여러 가지 찬물의 재

료로 쓰이고, 오징어는 몸통을 갈라서 말린다.

(13) 회(膾)

두릅회

육회

미나리강회

회는 우선 재료가 신선해야 하고, 날로 먹기 때문에 조리과정이 정갈해야 한다. 회는 육류, 어패류를 날로 또는 익혀서 초간장, 초고추장, 겨자집, 소금기름 등에 찍어 먹는 음식이다. 생으로 육류회는 쇠고기의 연한 살코기와 간, 처녑, 양 등이고, 생으로 먹는 어패류는 민어, 광어, 병어 등의 신선한 생선과 굴, 해삼 등이다. 채소 생회는 송이버섯이나 더덕 등이다.

숙회(熟膾)는 살짝 익혀서 먹는 회인데, 어채는 흰살 생선을 끓는 물에 살짝 익혀 내는 것이고, 오징어, 문어, 낙지, 새우 등도 숙회로 만든다. 채소 숙회는 미나리, 실파, 두릅 등이 많이 쓰인다.

어채는 흰살 생선을 끓는 물에 살짝 익혀 내는 숙회이며 오징어, 문어, 낙지, 새우 등도 숙회로 한다. 채소 숙회로 미나리강회, 실파강회, 두릅회 등이다.

냉장, 냉동 보관과 유통망이 완비되기 이전에는 해안가이나 강가에 가야만 제철에 잡히는 싱싱한 생선으로 회로 즐길 수 있었다. 1980년대 이후에 양식하는 생선이 다양해지고 해수를 담은 수조에 살아있는 생선을 보관할 수 있어 회

전문 식당에서는 손님의 주문에 의하여 살아있는 생선으로 회를 바로 만들어 주게 되었다.

- **육회** : 쇠고기 우둔살을 채썰어 간장과 갖은 양념으로 무쳐서 잣가루를 뿌린다.
- **갑회** : 소의 내장인 간, 염통, 콩팥, 양, 천엽 등을 각각 손질하여 가늘게 채로 썰어 양념장이나 소금 기름으로 무쳐서 어울려 담고 잣가루를 뿌린다.
- **미나리강회** : 미나리 또는 실파를 끓는 물에 데쳐서 족두리처럼 만들어서 가운데 편육, 알지단, 통고추, 잣 등을 박아서 초고추장이나 겨자장을 곁들인다.
- **생선회** : 어류 회는 도미, 민어, 숭어, 잉어 등의 살을 얇게 저미고, 패류는 생복, 대합, 굴 등을 손질하여 먹기 좋게 썰고 초고추장, 초장, 겨자장을 곁들인다.

(14) 묵

곡물이나 서류, 열매 안에 들은 전분을 물에 풀어서 풀처럼 쑤어 응고시킨 것인데 녹두로 만든 청포묵이나 도토리묵, 메밀묵이 가장 흔하다. 묵은 채소와 쇠고기 등과 함께 양념간장으로 무치며, 청포묵을 초간장으로 무친 것을 탕평채라고 한다.

묵은 저장성이 없으므로 가정이나 식당의 찬물로 만들거나 등산로나 산채음식 전문점에서는 묵무침을 일품요리로 팔고 있다.

묵 음식

(15) 쌈

쌈 야채

김, 상치, 배추잎, 취, 호박잎, 깻잎, 생미역 등에 밥을 얹어서 싸먹는 것을 쌈이라 한다. 밥을 쌈으로 싸서 먹는 법은 들밥에서 유래된 우리나라 사람들의 독특한 식성이다.

채소 재배가 위생적으로 이루어지면서 채소를 날로 먹는 일이 많아져서 생채나 샐러드는 물론 쌈으로 즐기게 되었다. 1990년 초기부터 보리밥에 여러 가지 쌈거리 채소들을 주는 쌈밥 전문점들이 등장하여서 건강식 취향에 부합되어 인기가 여전히 있다. 고기구이나 생선회 전문점에서도 구운 고기나 회를 상추에 먹도록 유도하여 무엇이든지 싸서 먹는 식습관이 일반화되었다.

Chapter ❹ 맛있고 풍성한 떡과 과자

1. 풍성한 인심이 담긴 떡

1) 떡의 유래

떡은 쌀이나 곡물의 알곡이나 가루를 찌기, 삶기, 지지기 등으로 가공하여 만든 음식이다. 우리나라에서 언제부터 떡을 만들기 시작했는지는 확실하지 않으나, 원시 농경의 시작된 상고시대 유적에서는 청동제 시루와 토기시루가 발견되는 것으로 보아 당시의 곡물인 피, 기장, 조, 보리, 밀과 같은 곡물을 가루로 만들어 시루에 찐 시루떡과 같은 음식을 만들었다고 추측된다.

청동기 유적지인 함북 나진 초도에서 시루 유물이 나온 것으로 미루어 곡물을 찌는 조리법이 있었을 것으로 추정하는데 그즈음부터 떡이 만들었다고 짐작된다. 고구려 시대 안악고분의 벽화 중 부뚜막에 시루가 걸려있는 그림이 있는데 한 아낙네가 오른손에 큰 주걱을 들고, 왼손에 막대를 들

고구려 안악 3호 고분 벽화의 부엌 상세도

고 시루 속을 익었는지 보는 듯한 모습이 그려져 있다.

중국에서는 밀가루가 보급되기 이전에 쌀, 기장, 조, 콩 등으로 만든 떡은 이(餌)라 하고, 기원 1세기 전후 한나라에 들어온 밀로 만든 음식은 병(餠)으로 표기한다. 우리나라 떡은 쌀을 주재료이므로 이(餌)에 해당되지만 이러한 구분 없이 떡 전체를 병이(餠餌)류라고 한다.

최남선의 『조선상식』 풍속편에 동양 삼국의 떡을 비교하였는데 "중국에서는 밀가루를 주재료로 하여 굽는 것이 본위요, 일본에서는 찹쌀가루를 주재료로 하여 찌는 것이 본위인데, 우리나라에서는 멥쌀가루를 주재료로 하여 찌는 것이 본위로 되어 있어 삼국이 제각기 특색이 있다"고 하였다.

2) 떡의 분류

떡은 만드는 법에 따라 크게 시루편과 물편으로 나눈다. 시루편은 시루에 찐 떡이고, 물편은 가루에 물을 주어 찌거나 반죽하여 기름에 지지는 전병류로 화전, 주악, 부꾸미가 모두 이에 속한다. 그 외의 떡에는 약식과 술을 넣어 만든 증편이 있다. 떡가루의 종류에 따라서 메떡, 찰떡, 수수떡, 좁쌀떡으로 나누고, 떡가루에 섞는 재료나 고물에 따라서 쑥편, 녹두편, 거피팥편, 깨편, 콩떡 등으로 나누기도 한다.

(1) 찌는 떡(시루떡, 甑餠)

시루떡

시루떡은 떡 중에서 가장 먼저 만들어진 떡의 기본형이다. 곡물을 가루로 하여 시루에 안치고 솥 위에 얹어 증기로 쪄내며 설기떡과 켜떡으로 나눈다. 쌀가루에 물을 내려 켜를 만들지 않고 한 덩어리가 되게 찐 떡이 설기떡이라 하고 무리떡이라고도 한다.

설기떡에는 쌀가루만으로 만든 백설기와 쌀가루에 콩, 감, 밤, 쑥 등을 섞어서 콩설기, 쑥설기, 감설기, 밤설기, 잡과병 등이 있다. 어린 아기의 백일이나 돌에는 반드시 아기가 순수 무구하라고 기원하는 뜻에서 백설기를 꼭 마련한다.

켜떡은 쌀이나 찹쌀을 가루로 하고, 고물은 팥, 녹두, 깨 등으로 하여 켜켜로 찐다. 떡가루에 꿀, 석이가루, 승검초(辛甘草)가루 등을 섞어서 만들면 꿀편, 석이편, 승검초편이라고 한다. 고사 때 쓰는 붉은팥 시루편은 가장 대표적인 켜떡이다. 켜떡은 같은 시루에 찹쌀가루와 멥쌀가루의 켜를 번갈아 찌는데 찹쌀가루만 겹쳐서 찌면 차져서 김이 잘 오르지 않아서 고루 익지 않는다. 고물 대신에 밤채, 대추채, 석이채, 잣 등의 고명을 얹어서 찌는 각색편도 이에 해당한다. 시루편에는 거피팥시루편, 녹두시루편, 깨시루편, 상치떡, 물호박떡, 두텁떡 등 많은 종류가 있다.

각 절기마다 제철에 나는 산물들을 떡가루에 섞어서 계절의 미각을 맛보게 하는 별미떡이 많다. 봄에는 쑥떡, 느티떡, 여름에는 수리취떡, 상치떡, 가을에는 물호박떡, 무떡 등을 만들고, 겨울에는 호박고지떡과 대추, 밤, 곶감 등을 넣은 잡과병을 만든다.

(2) 치는 떡(도병, 擣餠)

인절미

흰떡

절편

찹쌀이나 쌀가루를 쪄서 더울 때에 절구나 안반에 오래 쳐서 끈기가 나게 한 떡으로 인절미, 흰떡, 절편, 개피떡 등이 있다. 인절미는 찹쌀을 불려서 시루나 찜통에 쪄서 바로 절구나 안반에 오래 쳐서 적당한 크기로 썰어서 콩고물이나 거피팥 고물을 묻힌다. 떡을 칠 때에 데친 쑥을 넣으면 쑥인절미가 되고 대추를 넣으면 대추인절미가 된다. 흰떡이나 절편은 멥쌀가루에 물을 내리고 대강 버무려서 시루에 쪄서 절구나 안반에서 오래 쳐서 만든 떡을 길게 비벼서 막대 모양으로 한 것이 흰떡이고, 길게 빚어서 떡살로 찍어서 문양을 내어 썬 것이 절편이다. 개피떡은 친 떡을 얇게 밀어서 소를 넣고 접어서 종지 같은 작은 그릇으로 반달 모양으로 찍어서 만들며 이때 공기가 많이 들어가서 불룩하여 바람떡(개피떡)이라고도 한다.

(3) 빚는 떡

단자(團子)는 찹쌀가루에 물을 내려서 찌거나, 익반죽하여 반대기를 만들어 끓는 물에 삶아 내어 꽈리가 일도록 오래 쳐서 적당한 크기로 빚거나 썰어서 고물을 묻힌다. 단자에는 석이단자, 밤단자, 대추단자, 쑥구리단자, 유자단자 등이 있다.

경단(瓊團)은 찹쌀가루나 수수가루 등을 익반죽하여 동그랗게 빚어서 끓는 물에 삶아 내어 콩고물이나 깨고물 등을 묻힌 떡이다.

송편(松片)은 팔월 추석인 중추절에 만드는 대표적인 절식의 하나로, 찔 때 솔잎을 깔고 찌기에 송편이라고 한다. 멥쌀가루를 익반죽하여 콩, 깨, 밤 등을 소로 넣고 조개처럼 빚어서 시루에 솔잎을 켜켜로 깔아 쪄 낸 떡으로 추석 때에 만든다. 송편은 흰 송편 외에 쑥, 모시잎이나 송기를 섞어서 쑥송편, 모시잎 송편, 송기송편이라 한다. 소로는 밤, 청대콩, 다진 대추, 볶은 깨 등을 넣어 빚는다. 시루나 찜통에 빚은 떡과 솔잎을 켜켜로 앉히고 찌면 솔향이 은근하고 솔잎 자국이 새겨진다. 떡이 잘 쪄지면 바로 찬물에 쏟아 떡을 하나씩 건져내어 식혀서 참기름을 바른다. 예부터 추석 때가 되면 식구들이 모여서 송편을 빚는 풍습은 가족의 단란함을 나타내고, 여성들은 '송편을 예쁘게 빚어야 예쁜 딸을 낳는다'고 하면서 얌전하게 송편 빚기를 권장하였다.

삼색단자

경단

송편

(4) 지지는 떡(煎餠)

주악

찹쌀부꾸미

증편

찹쌀가루를 익반죽하여 모양을 만들어 기름에 지지는 떡으로는 화전, 주악, 부꾸미 등으로 떡을 고임을 할 때는 웃기떡으로 쓰인다.

화전(花煎)은 찹쌀가루를 익반죽하여 잘 치대어 동글납작하게 빚은 다음 번철에 기름을 두르고 지져 내는 떡으로 지질 때에 대추, 꽃, 국화잎 등을 얹는다. 봄철에는 진달래꽃, 가을에는 감국을 얹어 계절의 정취를 즐긴다.

주악(助岳)은 찹쌀가루를 익반죽하여, 깨나 대추를 꿀로 반죽한 소를 넣고 송편 모양으로 작게 빚어 기름에 튀겨 내어 꿀에 재운다. 부꾸미는 찹쌀가루나 차수수가루를 익반죽하여 납작하게 빚어서 번철에 기름을 두르고 지지다가 소를 넣어 반을 접어 붙여서 반달 모양으로 만들고 위에 대추나 쑥갓으로 장식을 하기도 한다.

그밖에 자주 먹는 떡으로 증편과 약밥이 있다.

증편(蒸片)은 쌀가루에 술을 넣어 반죽하여 발효시켜서 틀에 쏟아서 부풀려서 쪄서 만드는데 술떡 또는 기주떡이라고 한다.

약밥(藥食)은 찹쌀을 불려서 일단 쪄내어서 참기름, 간장, 설탕, 계피가루 등을 넣어 버무려서 밤, 대추, 잣을 섞어서 다시 쪄낸다. 밥알이 그대로 있어 밥류에 넣기도 하나 먹는 용도로 보아 떡의 분류에 넣는 것이 무난하다.

약밥은 정월대보름의 대표적인 절식이지만 잔칫날이나 설에도 만든다. 약밥의 유래는 『삼국유사』 사금갑조에 신라 소지왕 때에 까마귀 덕분에 왕이 목숨을 건진 것을 고맙게 여기고, 그 은혜를 갚기 위하여 약밥을 만들어 제사를 올린 데서 시작되었다고 나온다. 약식은 더울 때 밥처럼 합에 담거나 작은 틀에 찍어 내거나 반듯하게 식혀서 썰어 먹기도 한다.

3) 떡에 얽힌 풍습

떡은 매일 해 먹는 음식이 아니고 제사나 잔치, 명절에 의미를 부여하기에 살아가는 동안 닥치는 문제 해결을 위하여 떡을 이용하는 민속이 많이 남아있다. 떡으로 악귀를 쫓거나 액운도 물리치고, 떡으로 운세 점을 쳤다. 쑥은 단군신화에도 나오는 영약(靈藥)으로 여기어 정초에 쑥떡을 만들어 먹으면 악귀를 쫓는다고 의미에서 『송사(宋史)』 고려전에 고려 사람들이 정월의 첫 뱀날(巳日) 쑥떡을 만들어 먹는다는 기록이 있다. 또 어린이가 뒷간바닥에 떨어지면 똥떡을 만들어 무당을 청해서 빌고 나서 뒷간 신의 노여움을 풀기위해서 송편처럼 백 개를 빚어 아이가 이웃에 돌린 풍습이 있었다.

정월 대보름날 마을 사람이 모은 쌀로 가루내어 각기 자기 몫을 받아 그 밑에 이름을 적은 종이를 깍고 한 시루에 찌되 떡이 설면 운수가 나쁘고 알맞으면 좋으리라 하며, 떡이 설은 사람은 그 떡을 사람의 왕래가 많은 길에 버리면 불행에서 벗어날 것으로 여기는데 제주도에서는 이를 모듬떡점이라 한다.

한가위 때는 처녀들은 자기가 빚은 송편의 모양에 미래의 남편 모습을 그렸으며, 임부는 앞으로 태어날 아이의 생김새를 떠올렸고 소연을 씹어서 속이 익은 정도에 따라 태아의 성(性)을 점쳤다.

용떡은 용모양으로 빚은 떡을 제물로 경상도에서 널리 퍼져있는 풍속이다. 어촌에서는 초하루부터 보름사이에 가래떡을 용처럼 둥글게 빚어 영등제를 지내면 풍랑이 일지 않는다고 한다. 용떡을 먹으면 아들을 낳는다고 믿어서 혼례 때에 이를 빚어 교배상에도 놓기도 한다.

떡으로 왕위를 계승한 사연도 있다. 신라 2대 남해왕이 죽자, 그의 아들 유리이사금은 탈해가 덕망이 높음을 알고 그에게 임금자리를 물려주고 싶었다. "임금의 자리는 용렬한 사람이 감당할 자리가 아닙니다. 내가 들으니 성스럽고 지혜있는 사람의 이(齒)가 많다고 하니 떡을 물어서 잇자국을 내어 시험해 봅시다."(『삼국사기』 권1, 신라본기 유리이사금) 결국은 유리가 이가 많아서 왕이 되었다는 것이다. 시루떡이나 인절미는 잇자국이 남지 않기 때문에 이때의 떡은 절편일 것으로 추측된다.

4) 떡타령

서울지방의 떡타령에는 다달이 다양한 떡이 등장하는데 이로서 우리의 떡의 다양함과 떡에 관련한 풍습을 엿볼 수 있다.

> 떡사오 떡사오 떡사려오.
> 정월 보름 달떡이요
> 이월한식 송병(松餠)이요
> 삼월삼질 쑥떡이로다.

사월 파일 느티떡에
오월 단오 수리치떡
유월 유두에 밀전병이라.
칠월 칠석에 수단이요
팔월 가위 오례 송편
구월 구일 국화떡이라.
시월상달 누시루떡
동짓달 동짓날 새알심이
섣달에는 골무떡이라.

두귀발쪽 송편이요
세귀발쪽 호만두
네귀발쪽 인절미로다.
먹기 좋은 꿀설기
보기 좋은 백설기
시금 털털 증편이로다.
키 크고 싱거운 흰떡이요
의가 좋은 개피떡
시앗 보았다 셋뿔이로다.
글방 도련님 필낭떡
각집 아가씨 실패떡
세살 둔둥 타래떡이로다.
서방 사령(書房使令)의 청절편
도감 포수 송기떡
대전 별감의 새떡이로다.

5) 떡에 관련된 속담

떡에 비유한 속담을 통하여 우리 민족의 정서나 관습을 잘 알 수 있다.

- 가는 떡이 커야 오는 떡이 크다.
  (내가 남에게 후하게 베풀면 상대방도 또한 나에게 후하게 보답한다는 뜻)
- 가을비는 떡비다.
  (오곡 백과가 무르익은 가을에 비가 내리면 집에서 잘 먹고 푹 쉰다는 뜻)
- 개가 그림 떡 바라듯 한다.
  (개가 그림의 떡을 바라보고 있는 것은 아무 소용이 없듯이, 행여나 하는 기대 심리를 가져서는 아무 소용이 없다는 뜻)
- 굶주린 양반 개떡 하나 더 먹으려고 한다.
  (평소에 점잔만 피우던 양반도 굶주리게 되면 체면이나 점잔도 없어진다는 뜻)
- 굿이나 보고 떡이나 먹자.
  (남이 하는 일에 쓸 데 없이 참견하지 말고 주는 것이나 잘 받아먹고 가만히 있으라는 뜻)
- 귀신 듣는데 떡 소리 한다.
  (그러지 않아도 좋아하는 것을 알려주기 까지 해서 더 좋아지게 되었다는 뜻)
- 그림 떡으로 굶주린 배를 채우려고 한다.
  (그림의 떡으로 배를 채우려 하듯이, 너무나 허망하고 엉뚱한 짓을 한다는 뜻)
- 기름떡 먹기다.
  (기름떡은 맛도 좋거니와 먹기도 좋듯이, 일이 즐겁고 쉬우므로 하기가 수월하다는 뜻)
- 꿈에 떡 맛보기다.
  (음식을 먹는 둥 마는 둥 했다는 뜻으로, 곧 신통치 않게 먹은 것을 이르는 뜻)
- 날떡국에 입천장만 덴다.
  (변변치 못한 날떡국에 데기만 하듯이, 하찮은 일을 하다가 도리어 손해만 봤다는 뜻)

- 남의 떡으로 제사 지낸다.
  (남 덕분에 일을 성취했다는 뜻)
- 내 떡이 두 개면 남의 떡도 두 개다.
  (내가 남에게 떡을 준 대로 남도 나에게 떡을 주듯이, 대인 관계에 있어서는 내 태도에 따라 상대방의 태도도 달라지게 된다는 뜻)
- 노인 말을 들으면 자다가도 떡이 생긴다.
  (노인들은 오랜 경험과 교훈을 잘 알고 있기 때문에 그의 말을 들으면 유리하다는 뜻)
- 누워서 저절로 입에 들어오는 떡은 없다.
  (노력하지 않고 저절로 이루어지는 일은 없다는 뜻)
- 당장 먹을 떡에도 살 박아 먹으랬다.
  (무슨 일이든지 적당히 하지 말고, 격식은 제대로 갖추어서 해야 한다는 뜻)
- 떡국값이나 해라.
  (떡국 한 사발에 나이도 한 살씩 먹게 되니까 지금까지 먹은 떡국값, 곧 나이값이나 제대로 하라는 뜻)
- 떡국이 농간을 부린다.
  (설만 되면 떡국을 먹고 나이도 한 살 더 들게 되어 일하는 솜씨도 능숙해짐을 두고 이르는 뜻)
- 떡도 나오기 전에 김칫국부터 마신다.
  (줄 사람은 조금도 생각지 않는데 미리부터 무엇을 바란다는 뜻)
- 떡에 웃기떡이다.
  (떡을 담은 위에 모양을 내기 위해 올려 놓은 웃기떡처럼 필요하지 않은 것이라는 뜻)
- 떡 주무르듯 한다.
  (먹고 싶은 떡을 자기 마음대로 주무르듯이, 무슨 일을 자기가 하고 싶은 대로하며 산다는 뜻)
- 먹다가 보니 개떡 수제비다.
  (내용도 모르고 좋아하다가 정신을 차리고 보니 변변치 않은 것이라는 뜻)

- 못 먹는 떡 찔러나 본다.
  (이왕 내 것이 안 될 바에야 훼방이나 놓겠다는 뜻)
- 밥 위의 떡
  (마음에 흡족하게 가졌는데도 더 주어서 그 이상 더 바랄 것이 없을 만한 상태라는 뜻)
- 봄 떡은 들어앉은 샌님도 먹는다.
  (봄에는 춘궁기가 있어 누구나 군것질을 반긴다는 뜻)
- 선떡 가지고 친정 간다.
  (남의 집에 보내는 선물에 나쁜 것을 골라서 보낼 때 이르는 속담)
- 수수떡을 해 먹어야겠다.
  (두 사람 사이를 친하게 하기 위하여 수수떡을 해 먹어야겠다는 뜻)
- 아니 밤중에 왠 떡이냐.
  (뜻 밖에 행운을 만나게 되었다는 뜻)
- 얻은 떡이 두레
  (남에게서 얻은 떡이 한 두레 하고도 반이나 된다는 뜻)
- 여름비는 잠비요 가을비는 떡비다.
  (여름비가 오는 날은 잠자기에 좋고, 가을비가 오는 날은 입이 심심해서 잘 먹게 된다는 뜻)
- 이 장떡이 큰가 저 장떡이 큰가 한다.
  (이 쪽이 유리한지 저쪽이 유리한지 결정하지 못하고 망설이고만 있다는 뜻)
- 입에 문 떡도 못 먹는다.
  (다 된 일도 마지막에 가서 그르치게 되는 수가 있으므로 조심하라는 뜻)
- 큰 어미 제삿날 작은 어미 떡 먹듯 한다.
  (자기에게 못마땅한 일이 있으면 차라리 자기 실속이나 차리게 된다는 뜻)
- 흰떡 집에 산병 맞추듯 한다.
  (들락날락함이 없이 꼭 같이 맞추는 것을 이르는 속담)

2. 아름답고 맛있는 한과

우리의 한과는 추석이나 설 명절에나 먹는 기회가 많고, 평소 때는 잊고 지내는 음식들이다. 지금도 제사상과 차례상 또는 혼례나 환갑 등 잔치 때는 강정, 다식, 약과 등을 빠치지 않고 차린다. 그리고 특히 한과는 혼례 때 사돈댁에 보내는 이바지음식과 어른들께 올리는 선물 중에 우선적으로 꼽힌다.

1) 과자의 유래

한과는 곡물 가루에 꿀, 엿, 설탕 등을 넣고 반죽하여 기름에 지지거나 과일, 열매, 식물의 뿌리 등을 꿀로 조리거나 버무려서 굳혀서 만든 과자이다. 다른 말로 천연물에 맛을 더하여서 만들었다는 뜻에서 조과(造果)라고도 한다. 과자는 본래 과일을 가리키는 것으로 한자로 과자(菓子)로 표기하고, 이것은 나무의 열매와 풀의 열매(참외, 마름, 연밥, 딸기 등)가 있다. 그리하여 날 과일을 생과(生果)라고, 과일을 본 따서 만든 것은 조과(造果)라 한다. 외래의 과자와 구별하여 한과(韓菓)라고 하게 되었다.

우리나라 과자에 대한 기록이 삼국시대까지 거의 없다. 당시 이웃인 중국과 일본의 문헌으로 미루어서 당시의 과자를 어느 정도 짐작할 수 있다. 중국의 과자는 주재료가 밀가루이고, 일본은 쌀가루가 많이 쓴다. 그러나 우리나라는 그 중간의 형태로 과자에 쌀가루와 밀가루를 모두 사용한다. 오늘날에 전해지는 유밀과(약과), 매작과, 타래과, 산자 등의 원형으로 짐작되는 것들이 중국의 6세기 때 문헌인 『제민요술(齊民要術)』에서 볼 수 있다.

『삼국유사』 가락국기 수로왕조 제수로 과(菓)가 나온다. 『성호사설(星湖僿說)』(1763)에 제사에는 조과를 과실의 열에 진열하였다고 하니 조과는 오늘날의 과자를 뜻한다. 『명물기략(名物紀略)』(1870년경)에 유밀과는 본디 밀가루와 꿀을 반죽하여 제사의 과실을 대신하기 위하여 대추, 밤, 배, 감과 같은 모양으로 만들어서 기름에 익힌 조과 또는 가과(假果)이지만 이것이 둥글어서 제상에 쌓아올리기에 불편하여 방형(方形)이 되었다고 하였다. 『용재총화(傭齊叢話)』에는 유밀과는 모두 새나 짐승모양으로 만든다고 한 것으로 미루어 본디 과실모양뿐만 아니라 새나 짐승의 모양으로 만들었던 것 같다.

과정류는 농경문화의 발전에 따른 곡물산출의 증가와 불교숭상으로 신라, 고려시대에 특히 고도로 발달된 음식으로서 제례, 혼례, 연회 등에 필수적으로 오르는 음식이 되었다. 고려시대에는 불교를 호국신앙으로 삼아 차를 마시는 풍속과 함께 과정류가 한층 더 성행하게 되었다.

궁중의 연회 때 임금이 받는 어상(御床)을 비롯하여 민가에서도 혼례 및 제사 때 상차림에 대표적인 음식으로 등장하게 된다. 과정류는 의례상의 진설품으로서 뿐만 아니라, 평상시의 기호품으로도 각광을 받았는데, 특히 왕실을 중심으로 한 귀족과 반가에서 성행하였다. 그러다가 1900년대부터는 외국에서 설탕이 수입되고 양과자와 일본과자들이 들어오니 우리 고유의 과자는 점차 퇴화되기 시작하였다.

2) 한과의 종류

한과는 유과(강정), 유밀과(약과), 숙실과, 과편, 다식, 정과, 엿강정, 엿 등으로 나눌 수 있다.

(1) 강정

유과(油果)라고도 하며 찹쌀을 물에 오래 담가 골마지가 끼도록 삭혀서 씻어 빻아 술과 날 콩물을 넣어 반죽하여 쪄낸 떡을 꽈리가 일도록 오래 치대어서 얇게 반대기를 지어서 용도에 맞게 발라서 말린다. 이 말린 강정바탕을 낮은 온도의 기름에 넣어 일구어서 꿀물에 담갔다 건져서 고물을 묻힌다. 지방에 따라 과즐 또는 산자라고도 불린다.

강정

강정과 산자는 모양이 다를 뿐 만드는 법은 같으나 모양과 고물에 따라 이름이 다르다. 익힌 찹쌀반죽을 갸름하게 썰어 말렸다가 기름에 튀겨 고물을 묻히면 손가락강정이고, 네모로 편편하게 만들면 산자이고, 반죽을 팥알처럼 잘게 썰었다가 기름에 튀겨내어 엿물로 버무려 굳혀서 썬 것이 빙사과이다. 찹쌀반죽이나 세반고물에 천연물로 분홍·황색·청색 등의 색을 내기도 한다.

『아언각비』에 찰벼 껍질을 튀기면 그 쌀이 튀어 흩어지기 때문에 산(散)이라 하며, 이 산을 입혔기 때문에 산자(散子)라고 한다고 하였다. 고물로 밥풀을 튀겨서 잘게 부순 세반(細飯)을 묻히면 세반강정이라 하고, 쌀나락을 튀겨서 매화꽃 같으니 매화강정이라 하였고 이외에 흰깨, 검정깨, 송화, 계피가루, 잣가루, 당귀가루 등이 고물로 쓰였다.

예전에는 강정바탕을 말릴 때 종이에 정일품, 정이품 등의 관직의 품계를 적어 넣어 말렸다 만든 강정이 설날의 세배상에 놓이면 이를 갈라보아 누구 것이 품계가 높은가를 겨루는 놀이도 있었다고 한다.

중국에서는 누에고치 모양으로 만들어 상원날(대보름) 쓴 종이조각을 꽂아 그해 화복(禍福)을 점친다는 기록도 있다. 민간에서도 유행하여 주로 정월 초하룻날 많이 해 먹었으며 강정을 튀길 때 떡이 부풀어 오는 높낮이에 따라, 서로 승부를 가리는 놀이까지 있었다고 한다. 유래는 고려 때부터 잔치나 제사에 없어서는 아니되며 특히 세배상에는 반드시 올라야 할 과자로 기록이 남아있다. 『동국세시기』에 "오색강정이 있는데 이것은 설날과 봄철에 인가의 제물로 실과행렬(實果行列)에 들며, 세찬으로 손님을 대접할 때 없어서는 안 될 음식이다."라고 하였다.

(2) 유밀과(油蜜果)

유밀과는 모양에 따라 대약과, 소약과, 다식과, 만두과, 모약과, 매작과, 차수과, 요화과 등이 있는데 가장 대표는 약과(藥果)로 과줄이라고도 한다. 다식과는 약과반죽을 다식판에 박아서 튀겨낸 것이고, 만두과는 약과 반죽을 송편처럼 소를 넣고 빚어 기름에 지져 즙청에 담가낸 것이다.

약과

약과 만드는 법은 먼저 밀가루를 고운체로 친 다음 참기름을 넣어 고루 비벼서 생강즙, 술, 꿀, 후춧가루를 넣고 반죽하여 다식판에 누르거나 네모지게 잘라서 기름에 튀겨낸다. 따로 조청이나 물엿에 생강즙과 계피가루를 섞어 집청꿀을 만들어 식힌다. 바로 튀겨낸 약과를 집청꿀에 담가 속까지 단맛이 잘 배이면 건진다. 약과를 쪼개면 속이 노릇노릇하고 마치 여러 층을 포개어 놓은 것 같은 결이 만들어지는 것이 잘된 것이다.

약과는 예로부터 제향(祭享)의 필수음식이었으며 유밀과의 대표이다. 우리나라 음식 중에 가장 사치스러운 음식의 하나로 고려와 조선시대에 유밀과 금지령이 수차 내려졌다.

유밀과가 고려시대 문헌에 많이 등장하는데 연등회, 팔관회 등의 불교행사 때 고임상에 올려졌고, 왕의 행차 시에는 고을이나 사원에서 진상품으로 올렸다. 또한『고려사』에는 충렬왕(1296) 때 왕이 세자의 결혼식에 참석하기 위하여 원나라에 갔을 때 연회에 본국에서 가져온 유밀과를 차렸더니 그 맛이 입속에서 슬슬 녹을 듯하여 인기가 대단하였다는 기록이 있으며, '고려병(高麗餠)'으로 중국에 널리 알려지게 되었다. 유밀과는 당시 귀하고 사치스러운 기호식품으로 당시 왕족과 귀족이 유밀과를 만들기 위하여 곡물, 꿀, 기름 등의 흙이나 모래와 같이 허실함으로써 물가가 오르고 민생이 어지러워서 명종(1192) 때에는 유밀과 사용을 금지하였고, 공민왕(1353)에도 유밀과 사용금지령이 내렸다는 기록이『고려사』에 남아있다.

조선시대 정조 때 민가에서는 잔치와 상례에 약과를 쓰지 못하게 하였고 불사(佛事)에만 허용하였다. 잔치 때는 차려지는 음식 중 박계(朴桂)가 있는데 크기에 따라 대박계, 중박계, 소박계로 나뉜다. 조선시대에 며느리 친정에서 시부모 및 사위의 생일에 보내오는 음식을 일컬어 '생신박계'라 하였다 한다. 약과와 박계는 별개의 것이나 모두 기름에 튀긴 점은 비슷하다.

최남선의『조선상식』에는 "약과는 조선에서 만드는 과자 가운데 가장 상품이며, 또 온 정성을 다 들여 만드는 점으로 보아 세계에 그 짝이 없는 만큼 특색이 있는 과자이다."라고 칭찬하였다.

(3) 숙실과(熟實果)

숙실과는 주로 밤, 대추, 생강 등을 익혀서 만든 과자이다. 원 재료의 모

밤초, 대추초

양을 그대로 꿀에 조린 것은 초(炒)를 붙이는데 밤초, 대추초가 있고, 재료를 다져서 꿀로 반죽하여 다시 원 재료의 모양으로 빚은 것은 난(卵)을 붙이어 율란, 조란, 생강란 등이 있다.

율란(栗卵)은 생밤을 삶아서 으깨어 체에 내린 밤에 계피가루와 꿀을 약간 넣고 뭉친 반죽을 조금씩 떼어 밤 모양으로 빚어 머리 쪽에 꿀을 바르고 그 위에 잣가루나 계피가루를 묻힌다. 예전에는 말린 밤인 황률로 만들기도 하였다.

(4) 과편(果片)

앵두과편

서양의 젤리와 비슷한 과일묵이다. 신맛이 많은 앵두, 모과, 살구, 산딸기 등의 과육을 꿀, 녹말 등을 넣어 조려서 납작한 그릇에 묵처럼 굳힌 다음 네모지게 썬다. 오미자편은 오미자 우린 국물에 녹말을 넣어 묵처럼 쑤어서 굳힌다. 과편들은 생률이나 생과일과 함께 어울려 담는다.

(5) 다식(茶食)

곡물가루, 한약재, 꽃가루 등을 꿀로 반죽하여 덩어리를 만들어 다식판에 넣어 여러 모양으로 박아낸 것이다. 다식의 종류는 깨다식, 콩다식, 진말다식, 강분다식, 승검초다식, 용안육다식, 송화다식 등이 있다. 『성호사설』에 "다식은 필시 중국 송나라의 대소룡단이란 것에서 전해왔을 것이다. 그것은 차가루를 잔에 붓고 차술로 저어서 쓰던 이름이며, 그대로 전하나 내용이 바뀌어 지금은 밤이나 송화가루를 반죽하여 물고기, 새, 꽃, 잎의 형상을 만들어 쓴다"고 쓰여있다. 송나라의 용단(龍團)은 차를 떡덩어리 모양으로 만들어 중국 복건성 특산물로 왕에게 진상하던 것인데 송으로 부터 보내오는 세찬예물에는 꼭 들어있었고, 우리나라에도 제사에 차를 모양내어 쓴 것이 『삼국유사』에 기록되어 있기도 하다.

다식

(6) 정과(正果)

정과는 식물의 뿌리나 열매를 꿀이나 엿을 넣어 조린 과자로 전과(煎果)라고도 한다. 조선시대 요리책에는 정과의 재료로 유자, 모과, 생강, 도라지, 연근, 인삼, 동아, 복분자, 배, 두충, 박고지, 무 등이 쓰였다.

정과

(7) 엿강정

엿강정은 호두, 잣, 콩, 깨, 들깨 등의 볶아서 엿물로 버무려서 굳힌 과자로 추운 겨울의 세찬으로 빠지지 않는다. 쌀강정은 쌀밥이나 찹쌀밥을 말렸다가 튀긴 것을 엿물에 버무려 굳히는데, 엿물에 천연의 색을 넣거나 땅콩이나 대추채 등 고명을 섞기도 한다.

엿강정

엿물은 물엿이나 조청에 설탕을 넣어 끓여서 만드는데, 계절에 따라 비율을 달리한다. 여름에는 잘 굳도록 설탕을 많이 넣고, 추운 철에는 설탕 비율을 줄인다.

쌀강정

(8) 엿과 조청

우리나라에 설탕이 고려시대에 들어 왔으나 귀해서 일반에게는 널리 쓰이지 못했고, 꿀 또한 비싸서 마음대로 쓰지 못했다. 단맛은 주로 집에서 만든 조청과 엿을 사용하였다.

요즘은 단맛을 내는 감미료로 설탕이 가장 일반적이지만 강정·정과 등 한과에는 끈기가 있는 꿀과 엿이나 물엿이 많이 쓰인다. 엿은 간식이나 기호품으로 즐기며 음식에는 조미료로서 단맛도 내면서 윤기를 낸다.

엿의 원료는 찹쌀을 가장 많이 사용하였고, 멥쌀, 옥수수, 조 등으로 만들어 왔다. 곡물의 전분을 엿기름에 들어있는 효소로 당화시켜 오랫동안 가열하면 점성이 있는 조청(造淸)이 된다. 곡식의 고두밥에 엿기름물을 부어 삭힌 것이 엿감주이고, 짜낸 국물이 엿물이며 찌꺼기가 엿밥이다. 조청을 더 달여서 식혀 굳힌 빛깔이 검붉은 것을 갱엿 또는 검은엿이라 한다.

엿을 만들 때는 조청물을 졸이면서 끓어 넘치지 않도록 하고 도중에 더 오르는 거품을 자주 걷어내도록 한다.

물엿(水飴)은 굳어지지 않을 정도로 묽게 곤 엿을 이르는데, 요즘은 고구마나 감자 전분으로 만든 이온물엿이 많이 쓰이고 있다.

흰엿(창평)

엿은 재료에 따라 쌀엿, 좁쌀엿, 수수엿 등이 나누고, 엿물을 삭힐 때 호박을 넣으면 호박엿이 된다. 엿을 굳힐 때 깨, 콩, 잣 등을 섞기도 한다. 곤 엿을 두 사람이 마주 잡고 늘이면서 공기가 많이 들어가 빛깔이 희어진 것은 흰엿이라 하고, 늘여서 가락으로 만든 것을 가래엿이라 한다.

엿은 아직 우리의 일상 풍습에 많이 남아 있다. 입시 때는 '엿을 먹으면 시험에 붙는다'고 하여 합격을 기원하는 엿을 선물하고, 혼례 때에는 엿을 보내면 시집살이가 심하지 않다는 풍습이 아직도 남아서 이바지 음식에 쓰인다.

Chapter ❺ 여유와 멋이 담긴 차와 화채

1. 차

1) 음차문화

본래의 차는 차나무의 어린잎이나 순을 재료로 하여 만든 기호음료이다. 그러나 지금은 식사 후나 여가에 즐겨 마시는 기호음료를 통틀어 '차'라고 말한다. 차는 세계의 음료 중에서 가장 오랜 역사를 갖고 있으며 커피, 코코아와 더불어 3대 기호음료이다. 특히 차는 중국, 일본과 우리나라에서 즐겨 마시고, 티베트나 몽고의 유목민들도 즐겨 마시고 있다. 중국에서는 차를 뜨겁게 하여 일상적으로 많이 마시고 있다. 일본에서는 일상적으로 녹차를 많이 마시지만 가루차(末茶)를 다도(茶道)의 경지로 끌어올린 독특한 차문화를 이루고 있다.

차나무(*Camellia Sinensis* L)는 산다화과(山茶花科)에 속하는 상록 활엽수로 보통 키가 60~90cm로 강우량이 많은 낮은 산간 지방에서 잘 자라는 아열

대성 식물이다. 차는 차나무의 순(筍)이나 어린 잎을 봄철인 곡우(4월 20일)에서 입하(5월 6일) 사이에 채취하여 가열하여 건조시킨 것이다.

중국의 신화시대에 신농(神農)은 "하루에 백여 가지 초록을 씹어서 그 효능을 알아보는 중에 독이 몸에 배이게 되었는데 마지막에 차를 마시고 해독하였다."고 전한다.

찻잎의 수확시기와 가공법에 따라 차의 종류가 다양하게 구분된다. 녹차는 찻잎을 발효시키지 않고 엽록소를 그대로 남기어 녹색인 것이고, 오룡차는 반발효차이고, 홍차는 발효차이어서 우리면 색이 붉은 것이다.

녹차는 찻잎을 따는 시기에 따라 곡우차, 햇물차, 두물차로 나뉘고, 찻잎의 크기에 따라 세작, 중작, 대작으로도 나뉜다. 또는 찻잎의 수확 시기나 가공 방법에 따라 옥로(玉露), 작설(雀舌), 전차(煎茶), 말차(末茶), 번차(番茶), 전차(磚茶) 그리고 현미를 섞은 것은 현미차 등이 있다.

생활다례(명원문화재단)

삼국시대의 기록에는 '다(茶)'와 '명(茗)'을 구별하여 나오는데, 어린 찻잎을 말린 것은 차(茶)라 하고, 이보다 나중에 딴 것은 명(茗)이라 한다.

우리나라에서 차를 마시는 습관이 조선시대 동안 거의 사라졌다가 근년에 녹차의 음차(飮茶)가 늘어났다. 더구나 근래에는 여러 식품회사에서 녹차를 별다른 도구 없이도 간단히 마실 수 있는 티백(Tea Bag)을 만들어내니 일반에서 널리 녹차를 쉽게 마실 수 있게 되었다.

녹차를 일상생활 중에서 즐기려면 우선 부

담감 없이 쓰기에 편리한 다구를 구비하여야 한다. 재질은 백자, 분청, 청자 등의 도자기류로 든든하고 실용적이면서도 취향에 맞는 디자인의 것을 택하도록 한다. 다구로 찻주전자, 식힘 대접, 찻잔, 잔 받침, 개수그릇 등이 필요하다. 요즘에는 일인용 다기가 있는데 안에 구멍이 뚫린 거름망이 들어 있는 것이 쓰기에 편리하다.

2) 차의 전래

차는 중국의 B.C. 200~300년경 촉나라 사람들이 차를 마셨다는 기록이 있다. 그리고 당나라의 육우(陸羽)는 『다경(茶經)』에 찻잎을 떡처럼 뭉쳐서 말려두었던 단차(團茶)를 가루 내어 여기에 끓은 물을 부어서 대나무 젓가락 같은 것으로 휘저어 거품을 일으켜 마신다고 하였다. 이것이 말다(抹茶)의 원조로 당시 차가 성행한 것으로 추측된다.

우리나라에는 신라 선덕왕(632~646) 때 전래되었고, 차의 재배는 흥덕왕 3년(828) 김대렴이 당나라에 사신으로 갔다가 차의 종자를 얻어다 지리산 남쪽인 경남 하동군 쌍계사에 심기 시작하였다고 한다. 그래서 지금도 지리산에 야생 차나무가 남아있고, 남쪽 지방에서 많이 재배되고 있다.

이규보의 『남행월일기(南行月日記)』에는 전라도 부안현 변산의 감천(甘泉)에서 사구가 원효에게 차를 점(點)하여 드렸다는 말이 나온다. 당시의 차 마시는 양식에는 전차(煎茶 : 찻잎을 끓여 우리는 것)와 말차(抹茶 : 찻잎을 곱게 찧어 만든 것을 말려두었다가 가루를 내어 뜨거운 물을 부어 마시는 것)의 두 가지가 모두 있었다.

『삼국유사』 가락국기에 문무왕 원년(661년)에 수로왕묘의 제수로서 차를 올렸다고 나온다. 『동국여지승람』의 강릉대도호부조(江陵大都護府條)에 의하면 한송정(寒松亭)은 동쪽으로 큰 바다에 임했고 소나무가 울창하며 정자 곁에 다천(茶泉), 돌화덕, 돌절구가 있는데, 이곳은 술랑선인(述郎仙人)들이 놀던 곳으로, 이를 보아 화랑들도 차를 즐겼다는 것을 알 수 있다.

우리나라 차의 성쇠는 불교문화와 때를 같이 한다. 신라·고려시대에는 절을 중심으로 많이 재배되다가 조선조에 와서는 점점 쇠퇴하여 재배가 소홀해졌다. 차는 신라시대 주로 왕가와 절에서 마시기 시작하여 관민모두가 절을 중심으로 즐겨 왔으나, 고려 때는 이것이 일부 특권계급의 기호품으로 애용되는 한편 모든 예식에 차를 사용했다.

고려시대에는 음차가 더욱 성행하여 국가의 큰 행사에 반드시 차가 쓰였다. 다촌이라는 차를 재배하는 부락이 생기고, 궁중에서는 차를 공급하는 다방(茶房)이라는 관청이 있었다.

특히 불교의 큰 행사인 연등회와 팔관회 때는 왕에게 차를 올리는 진차(進茶)의식이 있었다. 연등회는 불교의식으로서 정월 보름에 등불을 밝혀 다과를 베풀고 음악과 춤을 군신이 함께 즐기면서 부처님께 복을 빌며 노는 놀이이다. 팔관회는 음력 11월에 등불을 환히 켜놓고 술과 다과를 성대히 베풀고 춤을 추고 풍악을 울리면서 천신(天神)을 위로하고 나라와 왕실의 태평을 비는 행사이다. 차는 외국사신 접대에도 꼭 달여 냈는데 고려시대에는 궁중에서 진차 의식을 맡는 다방(茶房)이라는 벼슬까지 있었다.

『고려도경』 속에 나오는 고려의 음다례속(飮茶禮俗)을 보면 다음과 같다. 무릇 연회가 있을 때 뜰에서 차를 끓이고, 차사발은 연꽃잎으로 덮는다. 차를 손님 앞에 가져올 때에는 아주 천천히 걸어서 가지고 온다. 접대원이 말하기를, '차가 고루 손님 앞에 돌아간 다음에 드십시오.'라고 한다.

관안에 붉은 옻칠을 한 탁자(紅俎)에 다구를 늘어놓고 그 위를 붉은 비단

보자기로 덮어둔다. 하루에 세 번씩 차를 내오고 이어서 뜨거운 물을 내오는데, 고려 사람들은 이것을 약이라고 한다.

차를 마시는 다구는 처음에는 송나라 것을 본 따서 만들었으나 점차 음차가 의식화되니 점점 아름답게 만들어서 드디어 고려청자는 예술품의 최고의 경지에 이르게 되었다.

3) 차의 효능

조선조 실학자인 정약용 선생은 워낙 차를 즐겨 하여 호를 다산(茶山)이라 하였으며, "차를 마시면 흥하나 술을 마시면 망한다(飮茶興飮酒亡)"고 하였다.

녹차는 머리를 맑게 하고 해독, 해열, 이뇨작용, 소화 촉진, 갈증 해소 등에 효과가 있고, 더구나 항암효과가 있다고 하여 건강을 소중히 여기는 현대인들이 즐겨 마시게 되었다.

녹차에 들어 있는 특수한 성분은 카페인, 탄닌, 비타민 C 등이 들어 있다. 차의 효용은 널리 알려져 있지만 허준의 『동의보감』에는 "차는 머리와 눈을 밝게 하고 이변의 효과가 있으며, 잠을 적게 하고 조진 독을 풀어 준다."고 하였다. 녹차는 알코올이나 니코틴을 해독하는 작용도 있고, 특히 현대인의 성인병인 당뇨병, 고혈압, 암 등의 예방과 치료에 효과가 있다고 알려져 있다. 최근에는 항노화작용, 면역 기능의 개선, 지질 강하, 비만 완화, 소장 내 균총개선, 충치 예방 효과 등 인체의 생리적 기능 조절에 효과가 있다는 보고들도 있다.

4) 우리나라 차의 생산

우리나라에서 차나무를 심은 것은 신라 흥덕왕 3년(828)에 김대겸이 당나라 문종으로부터 차 종자를 받아 와서 왕에게 바치니 왕이 지리산에 심게 하였다고 한다. 조선시대 정약용 이 차 종자를 심은 곳도 지리산 남쪽 화개동으로 알려져 있다.

보성차밭

우리나라에서는 차나무가 중남부 이남에서 자생 또는 재배하고 있으며, 녹차 생산량의 70% 이상이 전남 보성군에서 나온다. 특히 보성읍과 호천면 일대에 차밭이 많은데 1941년 일제시대부터 조성되었다. 일본의 차 재배 전문가들이 차재배의 적지로 지정하여 국내 최대의 녹차 생산지가 되었다. 보성군은 봄철에는 안개가 많고 다습할 뿐만 아니라 산으로 둘러져 있어 일교차가 심하고, 더구나 토질이 맥반석 성분이 다량 함유되어 있고 토심이 깊다고 한다. 그러므로 토양과 기후, 지리적 여건이 차 생육에 가장 적합한 곳이다.

차의 재배는 다른 특용작물과는 달리 일단 차밭을 조성해 놓으면 특별한 설비나 기술이 필요하지는 않다. 차농사는 봄철이 가장 바쁘며, 찻잎을 5월부터 9월까지 연중 4번 따는데 5월초에 딴 첫물이 가장 값이 좋다. 차는 잎은 따서 무쇠 솥에 덖기, 비비기, 건조하기, 끝덖기, 선별, 포장을 거쳐서 제품이 된다.

녹차를 우리는 것을 차를 다린다고 한다. 찻물은 좋은 샘물이어야 하고, 충분히 끓인 후에 이를 적당한 온도까지 식혀서 쓴다. 『조선무쌍신식요리제법』 '차 대리는 법'에는 "점다(點茶)라 하는 것은 무슨 차든지 끓는 물을 무슨 그릇에 따라서 조금 끓는 기운이 진할 만하거든 차를 넣으면 우러날 것이니 따라 마시면 또 더운물을 부어서 마시기를 이삼차 하나니라. 만일에 끓는 물을 곧 들어붓고 차를 넣으면 끓는 김에 차가 한 번에 다 우러나서 맛도 쓰고 다시는 물을 부어도 차가 되지를 못하는 고로 딴 그릇에 잠깐 따랐다가 차 우리는 데 붓고 차를 넣었다가 찻종에 따르나니라."고 일러주고 있다.

5) 대용차

녹차는 삼국시대부터 불교와 더불어 전파되었으나 유교를 숭상하는 조선시대에는 음차의 습관이 없어졌다. 말린 찻잎을 우려서 마시는 녹차 대신에 숭늉과 막걸리를 상음하게 되었다.

요즘 우리나라에서는 전통차라 하여 생강차, 유자차, 인삼차, 율무차, 계피차 등 여러 종류의 차를 개발하고 상품화되어 널리 마시고 있다. 차의 재료로 보리, 율무, 옥수수, 현미, 들깨 등의 곡물을 볶거나 가루로 하여 이용하기도 하고, 인삼, 생강, 계피, 오미자, 구기자, 결명자, 칡 등 한약재와 모과, 유자, 대추 등 과일을 이용한다.

차 대신 곡류나 식물의 열매 혹은 뿌리 등의 다른 재료를 뜨거운 물에 우려서 먹으므로 대용차라 부를 수 있다. 대용차(代用茶)는 차가 쇠퇴하기 시작한 조선 중엽 이후 쓰이게 되었으며, 다산 정약용은 우리나라 사람들이

탕(湯), 환(丸), 고(膏)와 같은 약물 달인 것을 '차'라고 습관적으로 부르는 것은 잘못이라고 지적한 바가 있다. 예전부터 한방에서는 끓이는 차를 탕(湯)이라 하여 하여, 대추, 인삼, 매실, 오미자, 당귀, 구기자, 인삼, 계피, 결명자 등의 한약재나 은행, 호두, 배 등의 과실을 한두 가지 또는 여러 가지를 더운 물에 넣어 오래 달여서 마셨다.

- **계지차** : 단단한 육계를 달여도 되지만 계피 나무의 가는 가지인 계지를 이용하면 값이 훨씬 싸다. 잘게 썬 계지를 물에 헹구어서 물을 부어 1시간 정도 달이면 된다. 이를 그대로 마시거나 수정과를 만들어도 된다.
- **생강차** : 생강의 껍질을 벗겨서 얇게 저며 물에 넣어 달인다. 생강은 향신료로 음식에도 많이 쓰이지만 한방의 약재로 건위, 강장, 거담 등에 효험이 있다고 한다. 생강만이 아니고 인삼, 대추, 계피 등을 합하여 달이기도 한다.
- **구기자차** : 말린 구기자 열매를 다려서 마시고, 여름철에는 차게 식혀서 마시면 좋다. 맛이 유별나게 좋지는 않으나 해열과 강장제로 효험이 있다고 하며, 설탕이나 꿀을 타지 않고 마시는 편이 좋다.
- **결명자차** : 결명자 씨앗을 볶아서 쓴다. 종자는 모양이 세모지고 빛이 검불그레한데 잘 말려서 건조하게 보관한다. 차를 하려면 하루 20~30g를 물 3컵에 넣고 뭉근한 불에서 달여서 마신다. 끓인 차를 차게 하여 마시기도 하는데 되도록 설탕이나 꿀을 타지 않고 마시는 편이 좋다. 결명자는 예로부터 눈을 밝게 해주기에 결명자라 부르게 되었고, 각종 눈병과 변비, 소화불량, 위장병과 각종 염증에 유효하다고 한다.
- **대추차** : 대추는 잘 익고 벌레 먹지 않은 것을 고른다. 대추나무가 있는 집은 반쯤 익었을 때 따서 물에 씻어서 말리면 좋다. 대추차는 대추

와 물을 1대 3의 비율로 넣어 대추가 완전히 물렁해질 때까지 오래 끓여서 베보자기에 짠다. 이 즙을 다시 더 물엿 농도 정도 되게 끓이고 꿀을 섞어서 병에 담아두고 뜨거운 물에 타서 마신다. 끓여서 바로 마실 때는 대추를 조금 넣어 끓인다. 대추는 예부터 신경쇠약, 빈혈증, 식욕부진, 무기력, 냉증 등에 유효하다고 한다.

- **오미자차** : 오미자는 단맛(甘), 신맛(酸), 쓴맛(苦), 매운맛(辛), 짠맛(鹹)의 다섯 가지 맛을 고루 갖추고 있다. 오미자는 색이 붉고 끈끈한 햇것을 골라서 하루에 15g를 물 3컵에 넣고 뭉근한 불에 달여서 마신다. 또는 찬물에 오미자를 하룻밤 우려서 설탕이나 꿀을 타서 차게 마시기도 한다. 오미자는 오래 끓이면 쓴맛이 강해진다. 한방에서는 강장제로 알려져 있고, 폐를 보하고 거담, 진해에 효과가 있다.
- **매실차** : 매화나무의 열매로는 매실차를 만들고, 꽃인 매화로는 매화차를 만든다. 매실은 덜 익은 청매를 따서 말린다. 약용에는 오매(烏梅)와 백매가 있다. 오매는 덜 익은 열매를 껍질을 벗겨서 짚불 연기에 그을려서 말린 것으로 신맛이 강하다. 오매차는 오매육을 가루로 하여 꿀에 넣어 끓여 항아리에 담아 두고 냉수에 타서 마신다. 청매는 설탕이나 꿀에 재워서 나온 매실 엑기스를 냉수나 온수에 타서 마신다. 매실에는 구연산이 많이 들어 있어 피로 회복에 도움을 주고 있으며, 특히 강력한 살균 작용이 있어 역리, 적리, 급성 위장염, 기침, 고열 등에 효과가 있다고 알려져 있다.
- **유자차** : 유자차와 모과차는 다른 차들과는 달리 과육을 꿀이나 설탕에 재워 두고 쓴다. 유자는 가을철에 싱싱한 것으로 골라서 네 등분하여 씨와 껍질을 따로 하고 껍질을 가늘게 채 썰고, 알맹이는 씨를 빼고 즙을 짜서 동량의 설탕에 재우거나 꿀을 넣어 병이나 항아리에 담아 두면

유자청이 생긴다. 이를 냉수나 온수에 타서 마신다.

- **모과차** : 모과는 껍질을 벗기고 갈라서 씨를 빼고 얇게 저며서 동량의 설탕에 버무려서 병에 담아 둔다. 약 1주일쯤 있으면 맑은 즙이 생기고 건지가 위로 떠오르는데 이 즙을 모과청이라고 한다. 이를 더운 차로 하려면 건지와 즙을 한 수저씩 찻잔에 담고 뜨거운 물을 부어서 저으면 된다. 진한 차를 원할 때는 물 끓이는 주전자에 건지를 넣어 잠시 끓여 내어도 된다. 여름철에는 냉수에 타서 마시면 어떤 청량음료보다 산뜻하다.

2. 계절의 멋을 담은 화채

우리의 음료 중 끓여서 덥게 마시는 음료는 차(茶)라 하고, 차게 마시는 음료는 화채(花菜) 또는 음청류라 한다. 화채는 꿀물에 건지로 작은 떡을 빚어서 띄우는 음료로는 떡수단, 원소병, 보리수단 등이 있다. 식혜는 밥을 엿기름물로 삭혀서 독특한 단맛이 나는 고유한 음료이다. 수정과는 생강과 계피를 다려서 건지로 배나 곶감을 띄운다. 과실 중 유자, 배, 딸기, 밀감, 앵두, 수박, 복숭아 등은 화채로 쓰이며, 오미자화채는 말린 오미자 열매를 물에 담가 우려낸 오미자국에 배와 진달래꽃 등을 띄운다. 미수는 곡물을 말려서 가루로 하여 냉수에 타서 마시며, 송화밀수는 송화가루를 꿀물에 타서 마시는 음료이다.

과일 화채는 제철 과일을 즙을 내고, 건지를 띄어서 만든다. 오미자 화채는 오미자 열매를 우려서 단맛을 내고 배, 진달래꽃 등을 띄운다. 수단은 꿀물에 떡이나 보리를 띄우고, 식혜와 수정과, 미수, 송화밀수 등도 화채

용도로 쓰인다.

1) 수정과

수정과(水正果)는 생강을 씻어 얇게 저며서 계피조각을 한데 끓여서 충분이 맛이 우러나면 걸러서 건더기를 버리고 꿀이나 설탕을 넣어 단맛을 맞추고 식힌다. 말린 곶감은 꼭지를 따고 먼지를 털어 깨끗하게 손질하여 수정과 국물에 담가두어 하루쯤 불려서 잣을 두세 개 띄워 마신다. 계피와 생강의 맛이 독특하여 우리나라 사람들이 식혜와 더불어 가장 즐겨 먹는 음료이다. 지금의 수정과는 곶감만을 넣은 것을 이르지만, 조선시대 문헌이나 궁중잔치 기록에는 화채의 통칭으로 쓰였다. 궁중의 수정과 재료로는 유자, 왜감자, 준시, 앵두, 산사, 복분자 등이 쓰였다. 『시의전서(是議全書)』(1800년대 말)의 수정과(水昇果)부에 건시수정과, 배숙, 장미화채, 순채화채, 배화채, 앵두화채, 복분자화채, 복숭아화채, 밀수, 수단, 보리수단, 식혜 등이 포함되어 있다.

수정과, 배숙

보리수단과 떡수단

2) 식혜

겨울철에 많이 만드는 식혜는 쌀밥이 엿기름에 있는 효소에 의해 당화되어 내는 독특한 단맛을 내는데, 우리나라 사람들이 가장 즐기는 음청류이다. 만드는 방법은 쌀을 깨끗이 씻어서 된밥을 짓거나 시루에 쪄서 쌀알이 하나씩 흩어지게 식힌다. 엿기름가루를 체에 쳐서 껍질은 버리고 미지근한 물에 담가서 가만히 두어 윗물을 따라 모으고 찌꺼기는 버린다. 밥에 엿기름물을 부어 고루 섞어 따뜻한 곳에 두거나 보온밥통에 담아둔다. 밥알이 삭아서 떠오르면 밥알만 건져서 냉수에 헹궈 건져 놓고, 나머지 물에 생강 조각과 설탕을 넣고 한소끔 끓여서 식힌다. 식혜물은 차게 보관하였다가 마실 때에 따로 둔 밥알을 한 숟가락 쯤 띄워서 먹는다. 식혜에 유자청을 약간 넣으면 유자향이 좋으며, 석류가 나오는 철에는 빨간 석류알을 띄우면 색이 아주 곱다.

3) 화채

화채(花菜)는 꿀이나 설탕을 탄 오미자국에 과실을 썰어 넣거나 꽃잎을 띄운 음료로, 냉수에 꿀이나 엿기름물을 타서 단맛과 향이 나도록 한 것, 한방 약재를 달여 그 물로 맛을 내는 것, 오미자를 우린 물이나 과일 즙을 기본으로 하여 만드는 것이 있다.

오미자 화채는 말린 오미자 열매를 냉수에 담가 우려낸 것을 겹체에 밭여서 설탕으로 맛을 내고 건지로 진달래꽃과 햇보리를, 보통 때는 배를 띄워 놓는 화채도 있다. 녹말을 물에 풀어 쟁반에 얇게 부어 중탕하여 익힌 다음 채로 썰어 국물에 띄운 것을 창면(暢麵), 화면(花麵), 착면(着麵)이라고 한다.

진달래꽃이 피는 철에는 꽃술을 떼고 녹말가루를 묻혀서 살짝 데쳐내어 오미자국에 띄운다.

과실 화채는 과일이 흔할 때 제철 과일인 딸기, 앵두, 수박, 유자, 복숭아 등을 즙을 내고 그 위에 과일 조각을 띄우기도 한다.

진달래화채

4) 제호탕

오매, 백단향, 축사 등 한약재를 고운 가루로 만들어 꿀을 넣고 끓여서 항아리에 담아두고 냉수에 타서 마시면 가슴속이 시원하고 그 향기가 오래 간다고 한다. 조선조 궁중에서는 단오절에 이를 내의원에서 만들어 임금께 진상하면 임금은 이를 기로소(耆老所)의 원로와 신하에 하사하였다고 한다.

5) 송화밀수

송화는 소나무의 꽃가루(花粉)로 오월초에 펴기 시작하여 1주일쯤 지나면 활짝 펴서 꽃가루가 바람에 모두 날아가 버린다. 송화가루는 만들려면 송화가 반쯤 필 무렵에 꽃대째 꺾어서 넓은 그릇에 펴서 3, 4일 말린 후에 보자기에 털어서 가루만을 모은다. 이 송화가루는 불순물에 섞여 있으니 물에 씻어서 잡물과 쓴맛을 없애는 작업을 해야 한

송화밀수

다. 큰 자배기에 물을 가득 담고 송화가루를 넣어 저은 후 바가지를 띄우면 바가지 표면의 바닥에 송화가루가 붙는다. 이를 다시 새물에 떠놓고 저어서 다시 씻어서 바가지에 붙게 하는 작업을 물을 5, 6차례 갈면서 수비(水飛)를 한다. 수비한 송화가루를 한지에 고루 펴서 말려서 고운체로 친 다음 완전히 말려서 두고 쓴다. 송화는 특히 여름철에 갈증을 없애 주는 효과가 있고, 중풍, 고혈압, 심장병에 좋고 폐를 보호하며 신경통과 두통 등에도 효과가 있다.

여름철에 꿀물에 송화가루를 타서 고루 저어 마신다.

6) 찹쌀미수

찹쌀을 씻어서 하룻밤 물에 담갔다가 이튿날 건져서 찜통에 보자기를 깔고 찐다. 쪄낸 찹쌀을 알알이 떼서 널어서 말린다. 말린 밥알을 두꺼운 솥이나 냄비에 노릇하게 볶아서 고운 매나 맷돌 믹서에 곱게 갈아서 고운체에 친다. 찹쌀 이외에 보리쌀, 율무, 콩, 흑임자 등을 각각 볶아서 빻아서 섞어 쓰기도 하며, 여름철에 냉수에 미수를 타서 시원하게 마시면 한 끼 대용도 된다. 요즘은 전문업체에서 만든 다양한 제품이 시판되고 있다.

제1부 관련 음식문화 콘텐츠

문헌 자료

강근옥 외, 한국전통음식개론, 형설출판사, 2003.
강인희, 솔거나라 떡잔치(아동도서), 보림, 1995.
강인희, 한국의 떡과 과줄, 대한교과서, 1997.
강인희, 한국의 맛, 대한교과서주식회사, 1988.
강인희, 한국의 상차림, 효일, 1999.
김경애, 한국의 전통음식, 전남대학교출판부, 2004.
김규석, 전통음식・떡살, 오성출판사, 2002.
김규석, 지혜로운 우리음식-음양이 조화된 한국의 전통음식, 미술문화, 2008.
김덕희, 쉽고 재미있게 만드는 떡 한과 음청류, 백산출판사, 2006.
김민희, 약이 되는 우리음식, 한식(아동도서). 한솔교육, 2006.
김상보, 조선시대의 음식문화, 가람기획, 2006.
김선희 외, 우리겨레의 위대한 상상력-전통음식(아동도서), 씽크하우스, 2008.
김숙년, 김숙년의 600년 서울 음식, 동아일보사, 2001.
김영복, 한국음식의 뿌리를 찾아서, 백산출판사, 2008.
김외순, 365일 맛있는 밥상, 중앙 M&B, 2002.
김은영, 엄마가 주는 숨은 비법 요리책, 학원사, 1997.
김재수, 한국음식 세계인의 식탁으로!, 백산출판사, 2006.

김정숙, 식탁 위의 보약 건강음식 200가지, 아카데미북, 2008.
김하진, 김하진의 365일 밥반찬, 웅진닷컴, 2003.
김하진, 김하진의 반찬·밥반찬·찌개·전골, 주부생활, 2003.
김하진, 요리선생 김하진이 차린 손님상, 시공사, 2001.
김혜영, 한국의 음청류, 효일, 2001.
남경희, 최고의 한식밥상, 서울문화사, 2001.
노영희, 만들기 쉬운반찬, 중앙 M&B, 2003.
노영희, 맛있는 음식, 행복한 식탁, 동아일보사, 2001.
노영희, 쉽게 끓이는 국·찌개·전골, 중앙 M&B, 2003.
노영희, 후루룩 한컵, 후다닥 한그릇, 중앙 M&B, 2003.
농촌진흥청농업과학기술원, 한국의 전통향토음식1-상용음식, 교문사, 2008.
문미옥 외, 유아를 위한 한국전통 음식문화 교육, 학지사, 2001.
문화관광부, 한국전통음식, 창조문화, 2000.
박경미, 박경미의 처음 배우는 떡, 중앙M&B, 2000.
박동자, 요리의 모든 것, 여성자신, 2002.
박종숙, 아침밥상, 저녁밥상, 베스트홈, 2004.
배영희 외, 한국의 죽, 한림출판사, 2001.
봉하원, 한국요리해법, 효일, 2000.
뿌리깊은나무, 겨울음식(빛깔있는 책들 63), 대원사, 1996.
서울문화사편집부, 우리 한과 떡 음료, 서울문화사, 1999.
서천석, 옛날사람들은 어떤 음식을 먹었을까?(아동도서), 채우리, 2004.
손경희, 한국음식의 조리과학, 교문사, 2001.
승정자, 현대인과 한국전통음식, 집문당, 1997.
신민자, 한국병과류 및 음청류, 경희호텔경영전문대학, 1997.
신민자, 한국의 떡 한과 및 음료, 신광출판사, 2002.
신승미 외, 우리고유의 상차림, 교문사, 2005.
심영순, 음식 끝에 정나지요, 동아일보사, 2002.
심영순, 최고의 우리맛, 동아일보사, 2000.
안명수, 한국음식의 조리과학성, 신광출판사, 2000.
양재홍, 우리 나라 바로 알기 5, 너도나도 숟갈 들고 어서 오너라-음식편(아동도서), 대교출판, 2006.
웅진닷컴, 가족 건강, 야채요리, 웅진닷컴, 2003.
웅진닷컴, 먹을수록 건강해지는 밥과 죽, 웅진닷컴, 2001.
웅진닷컴, 식탁에 늘 오르는 우리음식, 웅진닷컴, 2001.
유경희, 한국전통음식, 형설출판사, 2003.

윤서석, 한국음식, 수학사, 2002.
윤서석, 한국의 음식용어, 민음사, 1991.
윤서석, 한국의 전래생활, 수학사, 1983.
윤숙경, 우리말 조리어 사전, 신광출판사, 1997.
윤숙자 외, 한국전통음식 : 떡, 한과, 음청류, 지구문화사, 1998.
윤숙자 외, 한국전통음식연구소의 아름다운 우리 차 - 차 음청류 차음식, 질시루, 2007.
윤숙자, 떡이 있는 풍경, 질시루, 2003.
윤숙자, 알고 먹으면 좋은 우리 식재료 Q&A, 지구문화사, 2008.
윤숙자, 쪽빛 마을 한과, 질시루, 2002.
윤숙자, 한국의 떡 한과 음청류, 지구문화사, 1998.
윤숙자, 한국의 전통음식 - 일어판, 지구문화사, 2001.
윤숙자, Korean Traditional Desserts 한국의 전통음식, 지구문화사, 2001.
이효지, 한국음식의 맛과 멋, 신광출판사, 2005.
이효지, 한국의 음식문화, 신광출판사, 1998.
장선용, 며느리에게 주는 요리책, 이대출판부, 1993.
장소영, 바다가 준 건강음식, 웅진웰북, 2009.
장수하늘소, 빛나는 우리문화유산2 음식편(아동도서), 배동바지, 2005.
전정원, 아름다운 한식 상차림, (주)한국외식정보, 2003.
정순자, 한국의 요리, 동화출판공사, 1968.
정연선, 집에서 쉽게 만드는 떡과 한과, 웅진닷컴(무크), 2002.
정재홍, 누구나 쉽게 만들 수 있는 고품격 한과와 음청류, 형설출판사, 2003.
정해옥 외, 한국전통음식 : 이론 · 실제, 문지사(MJ 미디어), 1999.
정혜경, 천년 한식견문록, 생각의 나무, 2009.
정혜경, 한국음식 오딧세이, 생각의 나무, 2007.
제순자, 꽃차와 꽃음식, 세종출판사, 2008.
조신호 외, 한국음식, 교문사, 2003.
조정강, 손맛 밴 우리 음식 이야기, 웅진닷컴, 2002.
조창숙 외, 한국음식대관 제2권 주식, 양념, 고명, 찬물, 한국문화재보호재단, 1999.
조후종, 대한민국 자녀요리책, 동아일보사, 2002.
조후종, 우리음식이야기, 한림출판사, 2001.
중앙 M&B, 몸에 좋은 야채 제대로 먹는 법, 중앙 M&B, 1998.
차경옥 · 노희경, 의례음식(전라도 폐백과 이바지), 교학연구사, 2003.
차용준, 전통문화의이해2 - 전통복식음식주거문화, 전주대학교출판부, 2000.
채인선, 솔거나라 숨쉬는 항아리(아동도서), 보림, 2001.
채인선, 솔거나라 오늘은 우리집 김장하는 날(아동도서), 보림, 2001.

최경숙, 우리집 요리, 동아일보사, 1999.
최상옥, 개성식 손맛, 디자인하우스, 1997.
최순자, 보기좋은 떡 먹기좋은 떡, 비앤씨월드, 2008.
최순자, 자연을 담은 마실거리 음청, 한국외식정보, 2003.
최순자, 전통한과, 한국외식정보, 1998.
최순자, 한국의 떡, 한국외식정보, 2001.
최준식 외, 한국인에게 밥은 무엇인가, 휴머니스트, 2004.
최준식, 그릇, 음식 그리고 술에 담긴 우리 문화, 한울, 2006.
최준식, 세계으뜸 우리음식(아동도서), 마루벌, 2009.
한국문화재보호재단 편, 한국음식대관 제3권 : 떡, 과정, 음청, 한림출판사, 2000.
한국의 맛 연구회, 건강 밑반찬, 동아일보사, 2004.
한국의 맛 연구회, 한국의 나물, 북폴리오, 2004.
한국전통음식연구소, 아름다운 한국음식 100선, 한림출판사, 2007.
한국전통음식연구소, 아름다운 한국음식 300선, 한림출판사, 2008.
한복려 외, 쉽게 맛있게 아름답게 만드는 한과, 궁중음식연구원, 2000.
한복려 외, 요리1년생, 삼성출판사, 2001.
한복려, 떡과 과자(빛깔있는 책들 62), 대원사, 1999.
한복려, 밥, 뿌리깊은 나무, 1991.
한복려, 쉽게 맛있게 아름답게 만드는 떡, 궁중음식연구원, 1999.
한복려, 우리집 별미국, 주부생활, 1987.
한복려, 토속밑반찬, 주부생활, 1987.
한복려, 한국음식, 중앙일보사, 1990.
한복려, 한복려를 따라하면 요리가 즐겁다, 중앙 M&B, 1998.
한복려, 한복려의 국·찌개·전골, 중앙 M&B, 1999.
한복려, 한복려의 밑반찬 이야기, 중앙 M&B, 1999.
한복려, 한복려의 우리음식 287가지, 중앙 M&B, 2001.
한복려, 한복려의 주제별 한국요리, 중앙 M&B, 2003.
한복려, 한식코스요리, 중앙 M&B, 2000.
한복선, 김치요리, 여성자신, 1999.
한복선, 양념요리, 여성자신, 2004.
한복선, 한복선의 우리음식, 리스컴, 2009.
한복진, 우리가 정말 알아야 할 우리 음식 백가지 1, 현암사, 2001.
한복진, 우리가 정말 알아야 할 우리 음식 백가지 2, 현암사, 2001.
한복진, 우리생활 100년 음식, 현암사, 2001.
한복진, 전통 음식(빛깔있는 책들 60), 대원사, 1999.

허영만, 식객, 김영사, 2003~2009.
홍진숙 외, 고급 한국음식 코스 및 응용 상차림, 교문사, 2003.
황혜성 외, 떡·한과·식혜·수정과, 주부생활(학원사), 2000.
황혜성 외, 음식맛은 손끝에서 나와요, 주부생활, 2001.
황혜성 외, 한국의 전통 음식, 교문사, 1989.
황혜성 외, 내림 솜씨 대물림 요리, 주부생활사, 2001.
황혜성, 떡·한과·한식음료, 효성출판사, 1996.
황혜성, 한국요리백과사전, 삼중당, 1975.

한복진, 우리가 정말 알아야 할 우리 음식 백가지 1-2, 현암사, 2006

「우리가 정말 알아야 할 우리 음식 백가지」는 우리나라 음식문화의 집합체가 될 수 있는 자료이다. 제1권에는 제1부 밥·죽·면, 제2부 탕·국·찌개, 제3부 떡·과자·음료, 제4부 저장음식이 있고, 제2권에는 제5부 육류 찬, 제6부 어류 찬, 제7부 채소 찬 등이 있다. 한국음식의 주식류와 찬물류, 떡류, 음청류의 음식사진과 함께 만드는 법이 기록되어 있을 뿐만 아니라 고문헌과 각종 자료를 바탕으로 각 음식의 유래와 전해오는 이야기, 변천, 맛의 비결, 옛 문헌에 나오는 조리법 등이 기록되어 있어 한국음식 전반의 이해를 깊이 있게 돕고 있다.

참고 웹사이트

국 내	
국립민속박물관	http://www.nfm.go.kr
국립전주박물관	http://jeonju.museum.go.kr
떡 박물관	http://tkmuseum.or.kr
농수산물유통공사 공식홈페이지(국문) 푸드인코리아	http://www.foodinkorea.co.kr/food/index.jsp
농수산물유통공사 공식홈페이지(영문) Food in Korea	http://www.foodinkorea.org/eng_food/index.jsp
명원문화재단	http://www.myungwon.org
아모레 퍼시픽 미술관	http://www.museum.amorepacific.co.kr
문화체육관광부 e뮤지엄	http://www.emuseum.go.kr
(사)궁중병과연구원	http://www.koreandessert.co.kr
(사)궁중음식연구원	http://www.food.co.kr
(사)한국전통음식연구소	http://www.kfr.or.kr
숙명여자대학교 한국음식연구원	http://www.smkf.com
안동소주 전통음식박물관	http://www.andongsoju.co.kr
온양민속박물관	http://www.onyangmuseum.or.kr
어린이식생활교육 프로그램 키디키즈	http://kids_nutri.khidi.or.kr
차박물관 오설록뮤지엄	http://www.sulloc.co.kr/teaStory/tea_green.jsp
한과문화박물관	http://www.hangaone.co.kr
한국관광공사 한국음식 홍보(영문) Korean Food	http://english.visitkorea.or.kr/enu/FO/FO_EN_6_1_1.jsp
한국관광공사 한국음식 홍보(일문) 韓國料理	http://japanese.visitkorea.or.kr/jpn/FO/FO_JA_3_1_1.jsp
한국관광공사 한국음식 홍보(중문) 韓國傳統套餐	http://chinese.visitkorea.or.kr/chs/FO/FO_CHG_6_1_6.jsp
한스타일 공식홈페이지	http://www.han-style.com/index.jsp

해 외	
Asia Recipe.com Korea	http://asiarecipe.com/korea.html
Korean Food	http://koreanfood.about.com
Korea foundation 한국음식 재료 및 조리법	http://oaks.korean.net/n_useful/BasicsofCuisine.jsp?bilD=Cooking
Life in Korea, Food& Drink	http://www.lifeinkorea.com/food/index.cfm
Korean Food(미국 NY, NJ, CT 3개 주내 한국식당 소개 및 한국음식 홍보)	http://www.trifood.com/food.html
韓國語食の大辭典	http://www.koparis.com/~hatta/jiten/jiten.htm

한국의 식품 모두 모여라, '식품포탈, 푸드 인 코리아'

이 사이트는 농수산물유통공사(aT센터)에서 운영하고 있는 식품포탈이다. 식품관련 뉴스, 정책, 식품산업에 관한 광범위한 정보를 비롯하여 전통음식에 관한 내용들이 다양하게 소개되어 있다.

이 사이트 내에 소개된 전통음식에 관한 내용들로는 '전통음식 베스트 10', '발효음식 이야기', '전통음식 이야기', '한국의 음식문화', '향토음식과

문화유산', '한식 세계화사업' 등이 있다. 전통음식 베스트 10에 선정된 김치, 냉면, 떡·한과, 불고기, 비빔밥, 삼계탕, 신선로, 음청류, 잡채, 전통주에 대한 설명으로 우리 음식에 대한 상식을 키울 수 있다.

우리나라 문헌상에 최초로 김치가 등장한 것은 언제였을까를 알고 싶다면 '김치의 정의 및 유래'를 클릭해보자. 또한 전통음식의 상차림을 종류별로 사진을 곁들여 설명하고 있다. 반상차림, 죽상차림, 장국상차림, 주안상차림, 교자상차림 등의 실제 상차림도 볼 수 있다. 이 사이트에서는 한국음식의 다양한 조리법에 대해서도 소개하고 있다.

세계로 가는 한국음식 : 'Food in Korea'

http://www.foodinkorea.org/eng_food/tradition/tradition1_1.jsp

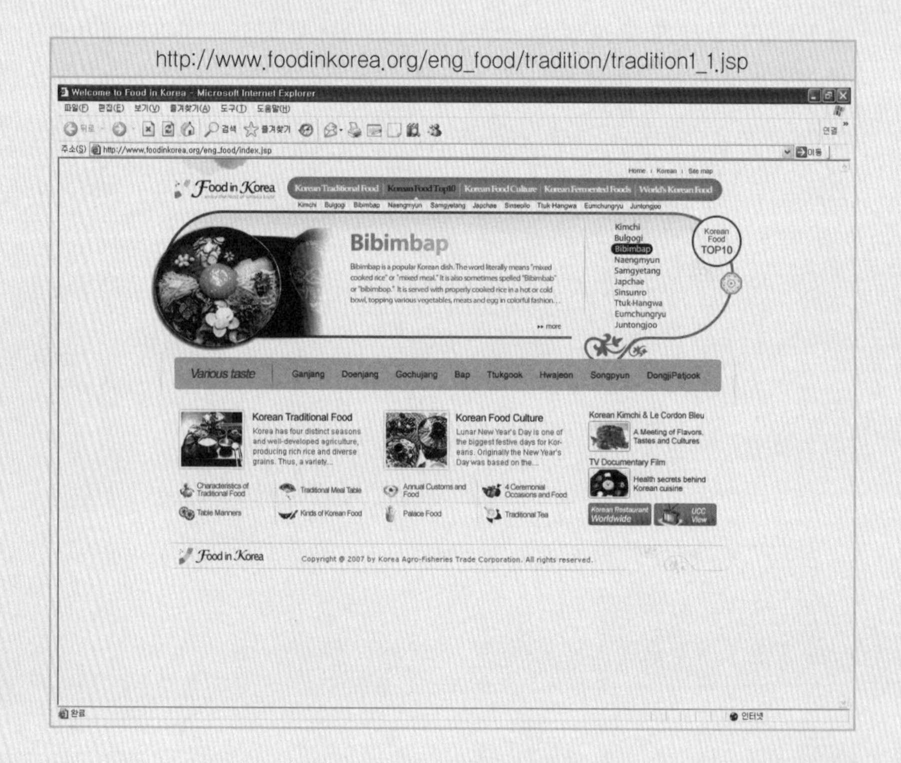

앞서 소개한 식품포털 푸드인코리아의 영문사이트이다. 한국 전통음식의 특징, 한국의 대표음식 10가지(김치, 불고기, 비빔밥, 냉면, 삼계탕, 잡채, 신선로, 떡·한과, 음청류, 전통주), 발효음식, 한국의 음식문화 등에 대해 소개하고 있다. TV에 소개된 영상자료나 영어로 된 한국음식 홍보영상 등도 탑재되어 있어서 외국인들이 한국의 음식과 문화를 이해하는 데 도움이 되도

록 하였다. 또한, 프랑스 유명 요리학교인 르꼬르동블루와 제휴하여 개발한 한국의 김치를 이용한 음식들도 소개하고 있다.

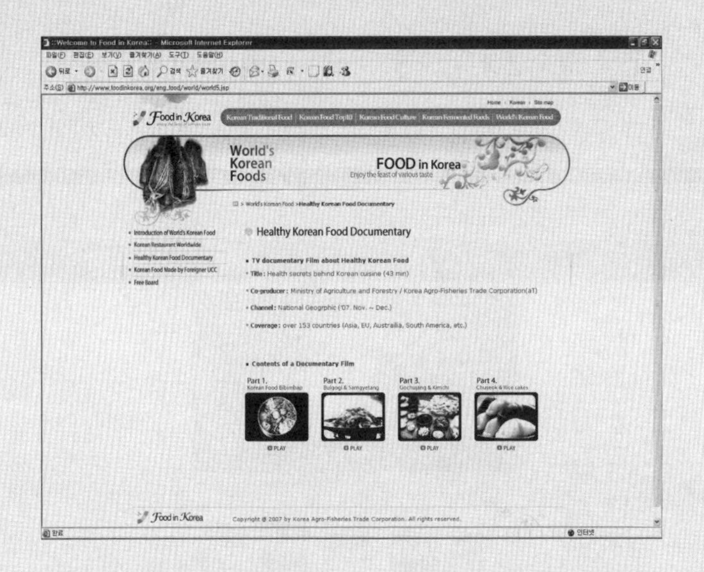

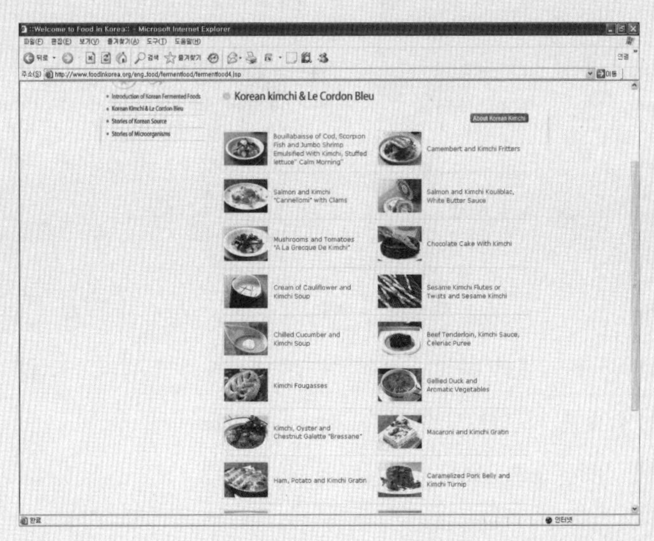

한국 농수산물의 수출 창구 : Foodkorea.org

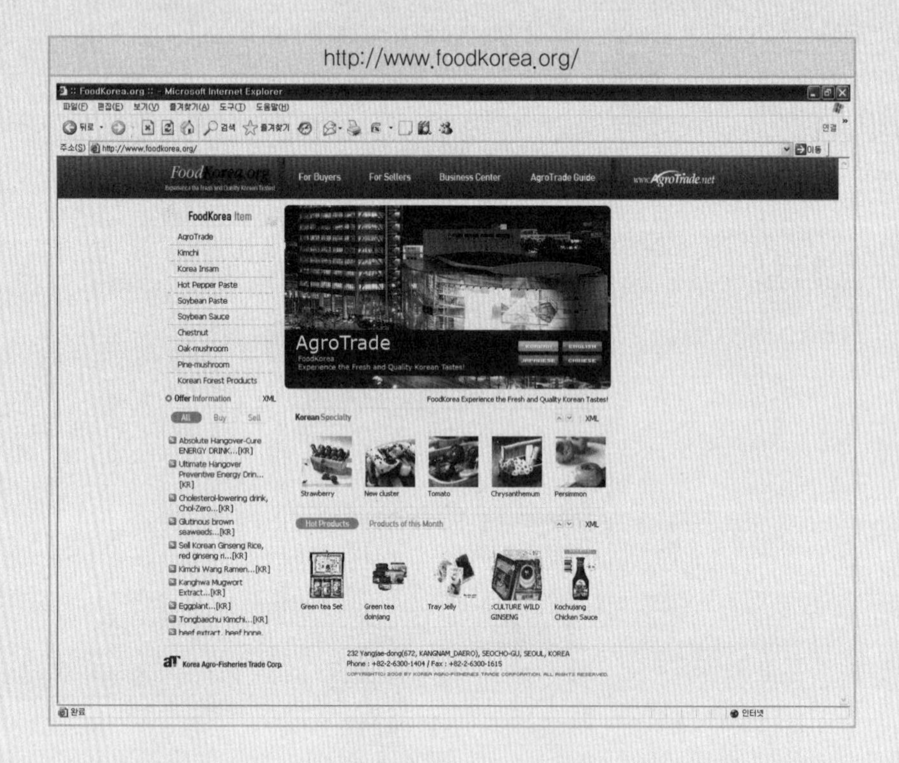

FoodKorea.org는 농수산물유통공사에서 운영하고 있는 농수산물 해외 수출을 위한 포털사이트이다. 특히, 한국 대표식품인 김치, 인삼, 고추장, 된장, 간장 등을 비롯한 각종 식품들에 대해 만드는 법, 효능, 각종 레시피 등에 대한 영문 소개 자료가 탑재되어 있다.

Web 안의
음식 세상

한스타일의 핵심 성공요소, '한식 길라잡이'

http://www.han-style.com/index.jsp

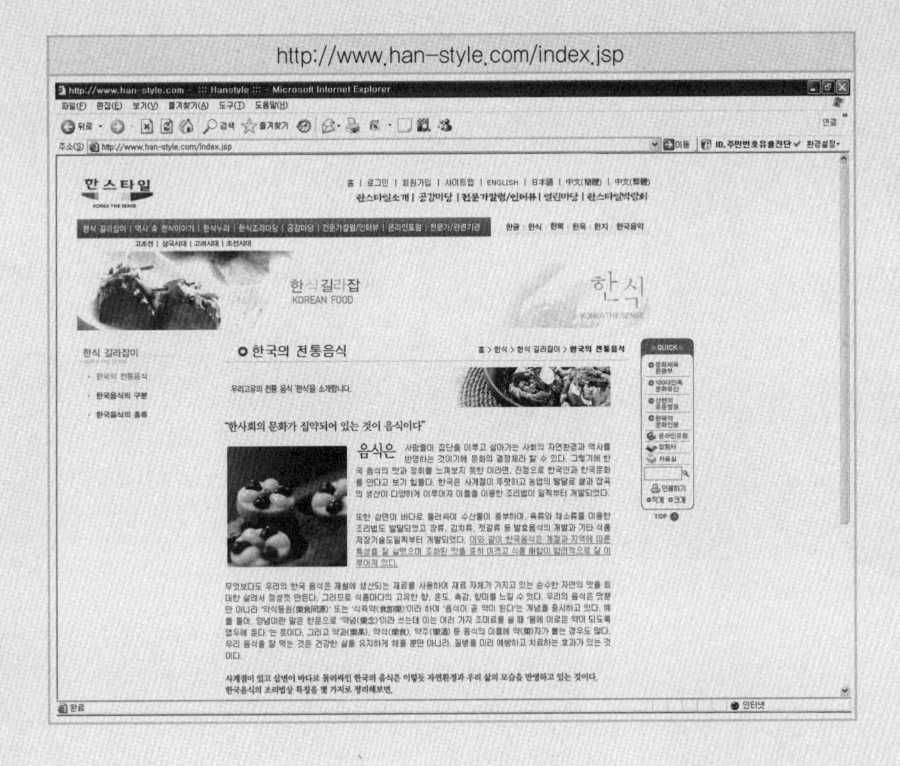

한(韓)스타일이란 우리문화의 원류로서 대표성과 상징성을 띠며, 생활화, 산업화, 세계화가 가능한 한글, 한식, 한복, 한지, 한옥, 한국음악(국악) 등의 전통문화를 브랜드화 하는 것을 말한다.

'세계무대에서 통할 가장 대표적인 전통문화'의 상품화로 경제적 부가가치 및 고용 창출효과를 거두며, 우리문화의 원천인 전통문화에 대한 관심과 저변확대로 대중문화 위주인 한류의 지속 확산에 기여하고자 정부차원에서 한스타일의 육성에 많은 노력을 기울이고 있다.

한스타일 중 핵심 분야를 이루고 있는 한식에 대한 홍보를 위해 문화체육관광부에서 운영하고 있는 홈페이지를 찾아가보자. 한국의 전통음식에 대한 이야기나 각종 사진, 동영상 자료들을 비롯하여 온라인 포럼, 전문가 칼럼, 전통음식 관련 각종 행사 소개 등 알찬 정보로 가득 차 있다.

외국인을 위한 한국음식 소개 : 한국관광공사 'Korean Sparking'

http://www.visitkorea.or.kr/intro.html

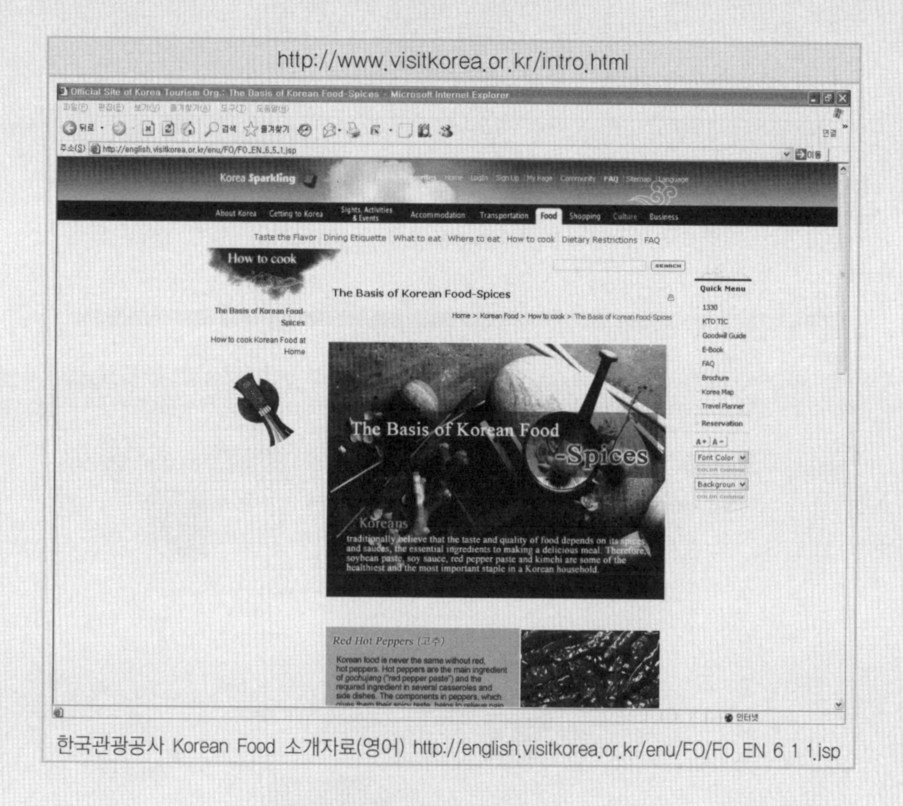

한국관광공사 Korean Food 소개자료(영어) http://english.visitkorea.or.kr/enu/FO/FO EN 6 1 1.jsp

한국관광공사에서는 한국을 방문한 외국인들에게 한국음식을 비롯한 다양한 한국문화와 관광에 대한 안내자료를 영어, 일본어, 중국어, 프랑스어, 러시아어 등 세계 10개국의 언어로 제공하고 있다.

영문 사이트에서는 대표적인 한국음식들에 대한 소개와 함께 식사예절,

대표적인 맛집, 조리법 등을 소개하고 있다. 대표적인 한국음식들의 영문명 표기와 설명, 양념재료들에 대한 소개가 되어 있으며 불고기, 삼계탕, 비빔밥, 잡채 등 대표적인 음식에 대해서는 레시피와 조리과정이 사진으로 제공되고 있다.

아울러 일문 사이트에서는 한국의 궁중음식이나 향토음식에 대한 소개나 지역별 맛집에 대한 정보도 제공하고 있다.

이외에도 중국어, 프랑스어, 독일어, 러시아어, 스페인어 등 여러 나라 언어로 한국음식이 어떻게 소개되고 있는지 하나하나 클릭해보자. 별처럼 신비하게 반짝이는 한국의 다채로운 음식문화를 맛보고 싶지 않은가?

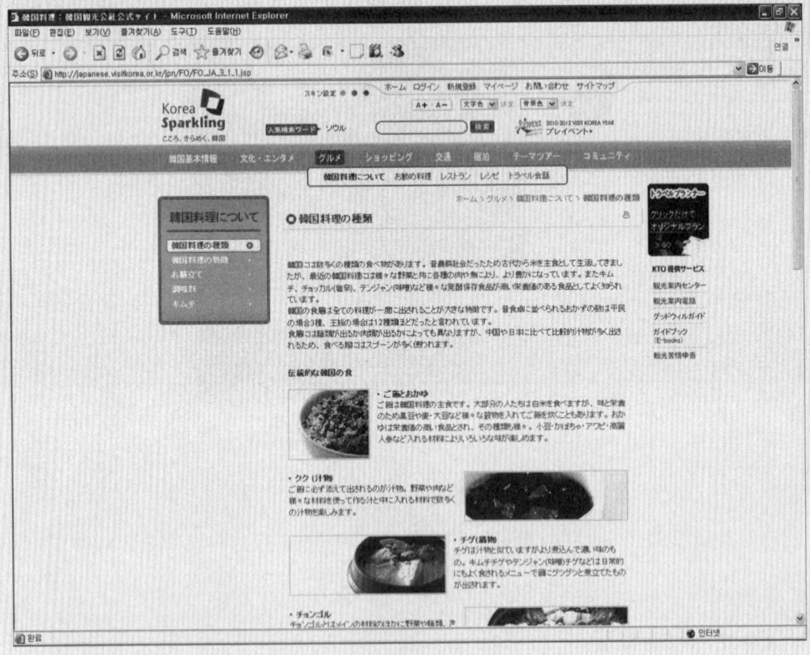

한국관광공사 韓國料理 소개자료(일어) http://japanese.visitkorea.or.kr/jpn/FO/FO_JA_3_1_1.jsp

한과 테마박물관 : '한가원'

한가원은 국내 최초로 한과를 소재로 하여 만들어진 한과문화박물관이다.

한과문화박물관에서는 한과의 역사와 유래, 한과의 제작도구 등 전시 설명과 유물전시를 통해 한과에 대해 모든 것을 배울 수 있도록 하고 있다.

또한 홈페이지에서는 한과에 대한 각종 정보도 제공하고 있다. 한과의 정의, 유래, 한과의 역사, 한과의 재료, 종류 및 만드는 방법 등에 대해 사진과 함께 상세한 설명이 곁들여져 있다.

영상 자료

방송사	프로그램명	제 목	방영일
EBS	요리비전	동해의 여름을 밝히다, 오징어 이야기	2009. 06. 22.
KBS	추석특집	2부 꽃, 식탁에 피다	
KBS	생로병사의 비밀	고추, 그 매운맛의 신비	2005. 11. 08.
KBS	생로병사의 비밀	식탁재발견, 한국음식의 힘	2006. 10. 17.
KBS	한국의 미	차, 마음을 담다	
KBS	30분다큐	평양냉면의 진실	2009. 06. 05.
KBS	생로병사의 비밀	세계인의 건강식품 콩	2008. 12. 04.
KBS	과학카페	94회 천일염은 미네랄이다	2008. 11. 01.
KBS	과학카페	95회 바다의 정수, 천일염은 생명이다	2008. 11. 08.
KBS	과학카페	98회 우리밀 사이언스, 우리밀, 건강과 자연을 지키다	2008. 11. 25.
KBS	과학카페	122회 사이언스 식객, 메밀, 천년의 비밀을 벗다	2009. 06. 13.
KBS	30분다큐	김밥, 도움닫기를 하다	2009. 05. 14.
KBS	30분다큐	식객의 항변	2009. 06. 18.
KBS	과학카페	안토시아닌의 보고, 오디	2009. 07. 04.
KBS	과학카페	포도의 숨은 비밀	2009. 06. 27.
KBS	스페셜	주방의 철학자, 한식을 논하다	2009. 07. 12.
KBS	신화창조	두부한모의 승부, 풀무원의 새로운 도전	2006. 04. 23.
KBS	신화창조	노란 맛으로 러시아의 입맛을 잡아라	2006. 07. 02.
KBS	설특집다큐	세계를 사로잡는 한국음식	2008. 02. 08.
KBS	설특집다큐	辛한류, 한국의 매운맛	2000. 02. 19.
KBS	추석특집	제1부 지혜로운 식품, 떡의 변신	
KBS	드라마	식객	2008
MBC	9사 공동기획 다큐	한국의 맛, 돼지고기	
MBC	9사 공동기획 다큐	한국의 맛, 국수	
MBC	9사 공동기획 다큐	한국의 맛, 불고기	2007. 12. 24.
MBC	9사 공동기획 다큐	한문화, 제5부 한식 기다림과 어울림의 맛	
MBC	드라마	대장금-54부작	2003
SBS	특선다큐	자연의 신약 복어	2004. 07. 06.
SBS	특선다큐	한 그릇의 정취, 해장국	

방송사	프로그램명	제 목	방영일
SBS	다큐플러스	맛있는 음식외교 이야기	2009. 03. 05.
판타지코리아		한국의 음식	
극장영화		식객	

• KBS 추석특집 HD다큐 2부작 지혜로운 식품, 1부 – 떡의 변신, 2부 – 꽃, 식탁에 피다

1. 1부에서는 서구화, 현대화라는 급물살 속에서 잊혀져 가던 떡, 새로운 변신, 새로운 접근을 통해 우수식품으로서 세계적으로 인정받는 현재의 떡에 대해 소개하고 21세기 떡의 trend까지 소개
2. 2부에서는 우리 조상들의 삶 속에 닮긴 꽃 그리고 음식 속에 담긴 꽃을 통해 다양한 꽃의 활용을 소개

• KBS 생로병사의 비밀 – 고추, 그 매운맛의 신비

1. 매운 맛 속에 숨겨진 놀라운 효능, 매운 맛이 가지는 중독성의 원인과 다양한 효능 등에 대해서 소개
2. 매운맛의 중독성을 과학적으로 보여주고, 고추의 성분이 캡사이신의 항암효과, 매운맛을 통한 다이어트 등을 소개

• KBS 생로병사의 비밀 – 식탁의 재발견, 한국음식의 힘

1. 한국인의 기본밥상인 밥, 국, 나물의 영양학적 우수성에 대해서 분석하고, 누구나 실천할 수 있는 한식 건강법을 소개
2. 된장의 우수성, 서양에서 불고 있는 쌀 열풍, 현미밥의 질병 예방효과, 건강한 식탁을 만드는 법을 소개

• KBS 한국의 미-차, 마음을 담다

보성의 차밭 풍경과 그 속에서 만나는 사람, 그리고 차의 향기를 선명한 화면과 생생한 음향으로 소개

• KBS 30분 다큐-평양냉면의 진실

우리뿐 아니라 조선시대 고종도 사랑했다던 음식 냉면. 그 냉면의 원조인 평양냉면 속에 담겨진 냉면의 역사, 냉면의 맛, 추억과 향수 등을 조명

• KBS 생로병사의 비밀-세계인의 건강식품 콩

1. 세계인이 즐겨먹고 있는 콩, 여러 나라에서 장수음식으로 불려지고 있는 콩, 이러한 콩의 숨겨진 효능을 소개
2. 여성을 지키는 건강식, 긴 역사를 지닌 콩 발효식품의 효능 등을 소개

• KBS 과학카페 1부-천일염은 미네랄이다, 2부-바다의 정수, 천일염을 생명이다

1. 20세기 이전만 해도 백색의 황금으로 일컬어질 정도로 귀한 자원이었던 소금. 인류 최초의 조미료 소금. 과학의 힘을 통해 우리 천일염의 우수성을 입증하고 그 속에 숨겨진 생명의 비밀을 조명
2. 미네랄이 풍부한 천일염, 천일염이 가진 발효의 비밀, 천일염이 우리 건강에 미치는 영향 등을 소개

• KBS 과학카페-사이언스 식객, 메밀. 천년의 비밀의 벗다

밀의 2배가 넘는 필수아미노산과 쌀의 23배가 넘는 섬유소, 밀의 6배가 넘은 나이아신을 갖고 있는 메밀의 영양학적 기능학적 우월성을 다각도로 분석하고 메밀에 감추어진 맛의 비밀을 과학적으로 풀어보고 있음

• KBS 과학카페－우리밀, 건강과 자연을 지키다

벼와 밀을 이모작 했을 경우 환경정화 및 토양 보전 효과에 대한 가치를 알아보고, 밀싹에 포함된 노화방지물질의 효능, 면역력을 증가시키는 우리밀의 다양한 효능을 소개

• KBS 설특집－辛한류, 한국의 매운맛

1. 세계인의 입맛을 사로잡은 한국의 매운 맛, 辛한류의 현장, 한국 고추와 매운맛의 비밀을 외국인이 바라보는 시각으로 소개
2. 총 3개의 영상이 소개되고 있으며, 해외에 진출한 매운 한국음식, 한국 매운맛의 비밀 청양고추 등 매운 음식의 열풍을 소개

• SBS 특선다큐멘터리－한 그릇의 정취, 해장국

1. 우리나라 각 지역의 해장국을 소개
2. 청주의 남주동해장국과 서문해장국, 강원도 인제의 황태해장국, 전주의 콩나물해장국, 섬진강 재첩국, 강원도 곰치국, 올갱이 해장국 등을 소개

•MBC 9사 공동기획 다큐멘터리－한국의 맛, 3부 돼지고기

1. 제주 MBC에서 제작한 것으로 혼례식 전날 가문 잔치에서 손님들에게 삶은 돼지고기를 대접할 만큼 제주도에서 대접받던 음식인 돼지고기의 가치를 재조명
2. 돼지고기가 가지고 있는 열독과 독소, 중금속 해소 요소 등 돼지고기의 효능을 깊이 있게 살펴보고 제주산 돼지고기의 맛의 비결을 소개

• MBC 9사 공동기획 다큐멘터리－한국의 맛, 7부 국수

춘천 MBC에서 제작한 것으로 안동퇴계 선생 종가의 유두국수, 경기도 파주의 콩국수, 태안군 고흥면의 조개국수, 전남 순천의 팥칼국수, 제주도의 생선국수, 고기국수 등 다양한 우리나라의 전통국수를 소개하

면서 국수가 우리의 대표적인 맛 중 하나이며 지역의 특색에 맞춰 발달한 국수의 매력과 그 역사를 살펴봄

• MBC 9사 공동기획 다큐멘터리 – 한국의 맛, 9부 불고기

1. 울산 MBC가 제작한 것으로 불 옆에서 직접 구워 먹는 조리법이 전부였던 전통의 불고기가 현대까지 이어 내려오면서 지역마다 다른 다양한 조리법으로 바뀐 불고기 조리법을 소개
2. 너비아니, 소금구이, 주물럭 등 여러 가지 다른 이름으로 불리는 한국의 맛을 대표하는 불고기의 역사와 지역별로 다른 음식방법, 불고기의 음식적 효능, 특징에 대해서 살펴보고 있음

• SBS 다큐플러스 – 맛있는 음식 이야기

이해득실이 가득한 국제 외교 현장에서 강력한 외교수단인 음식에 대한 내용으로 한나라를 대표하는 국빈이 방문했을 때 제공되는 음식의 결정과정, 그리고 그 외 준비해야 하는 것들을 소개하면서 외교음식으로 제공되는 한국음식을 소개

• MBC 드라마 – 대장금

〈대장금(大長今)〉은 이병훈 연출, 김영현 극본으로, 2003년부터 2004년까지 약 7개월간 문화방송에서 방영한 드라마

대장금은 조선시대 중종의 신임을 받은 의녀(醫女)였던 장금(長今)의 삶을 재구성한 팩션(faction)으로, 조선 중기의 역사뿐만 아니라 우리나라의 의술과 궁중음식문화를 보여주는 계기가 됨. 우리나라에서도 50%가 넘는 시청률을 기록하였으며, 중국, 대만, 일본, 미국 등 64개국에 수출되어 많은 인기를 끌어 한류의 초석이 됨. 이것으로 우리나라의 전통음식에 대한 세계인의 관심이 높아지는 계기가 되었고, 한식의 우수성을 알림

• 식객

『식객(食客)』은 허영만 화백의 작품으로, 여러 가지 음식과 요리 만드는 대결을 주제로 한 만화. 동아일보에 2002년 9월부터 2008년 12월까지 총 116개의 이야기가 1438회에 걸쳐 연재된 것을 2009년 8월 현재 총 23권의 단행본으로 김영사에서 출간됨. 원작 만화를 바탕으로 영화 식객(食客)이 전윤수 감독에 의해 2007년 제작되었고, 그 인기를 몰아 2008년에는 서울방송(SBS)에서 24부작 드라마로 제작되어 방영

『식객』은 음식점에 식자재를 납품하거나 일반 소비자들에게 채소 등의 찬거리를 판매하는 트럭장수인 주인공 성찬을 중심으로 이야기가 전개된다. 그는 평범한 채소장수가 아니라 수준급의 음식솜씨와 음식 관련한 전문 컨설턴트 역할을 함. 성찬의 행보를 통해 식품의 생산, 유통, 조리, 음식문화의 모두를 삶의 현장에서 얻은 살아있는 이야기를 만날 수 있음. 특히 지리적 특색에 따른 음식문화의 이해를 높일 수 있는 장점이 있음.

≪식객 1－맛의 시작≫, 김영사, 2003년
≪식객 2－진수성찬을 차려라≫, 김영사, 2003년
≪식객 3－소고기 전쟁≫, 김영사, 2003년
≪식객 4－잊을 수 없는 맛≫, 김영사, 2003년
≪식객 5－술의 나라≫, 김영사, 2003년
≪식객 6－마지막 김장≫, 김영사, 2004년
≪식객 7－요리하는 남자≫, 김영사, 2004년
≪식객 8－죽음과 맞바꾸는 맛≫, 김영사, 2004년
≪식객 9－홍어를 찾아서≫, 김영사, 2005년
≪식객 10－자반고등어 만들기≫, 김영사, 2005년
≪식객 11－도시의 수도승≫, 김영사, 2006년
≪식객 12－완벽한 음식≫, 김영사, 2006년
≪식객 13－만두처럼≫, 김영사, 2006년
≪식객 14－김치찌개 맛있게 만들기≫, 김영사, 2006년
≪식객 15－돼지고기 열전≫, 김영사, 2006년

≪식객 16-두부 대결≫, 김영사, 2007년
≪식객 17-원조 마산 아귀찜≫, 김영사, 2007년
≪식객 18-장 담그는 날≫, 김영사, 2007년
≪식객 19-국수 완전정복≫, 김영사, 2008년
≪식객 20-국민주 탄생≫, 김영사, 2008년
≪식객 21-가자미식해를 아십니까?≫, 김영사, 2008년
≪식객 22-임금님 밥상≫, 김영사, 2008년
≪식객 23-아버지의 꿀단지≫, 김영사, 2009년

제2부
오랜 기다림 슬로우푸드

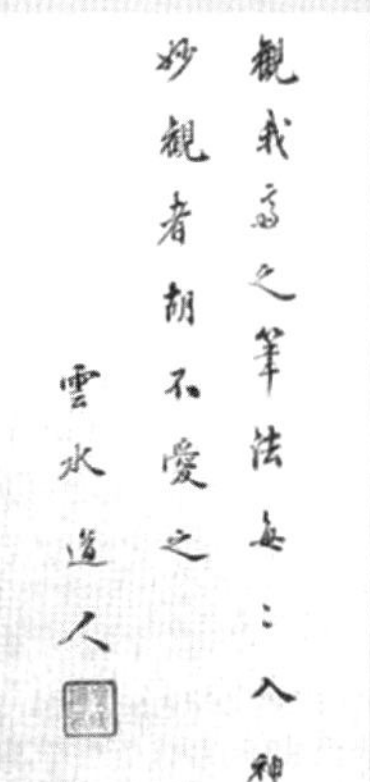

〈절구질〉, 조영석

Chapter ❻ 우리 맛의 근원, 장(醬)

1. 장의 문화

장은 콩을 삶아서 빚어서 띄운 메주를 소금물에 담가 두어 발효시킨 저장식품으로 우리나라 음식의 간을 맞추는 데 쓰이는 기본 조미료이다.

예전에는 집집마다 장 담그기와 김장을 일 년 중 주부들의 가장 중요한 일 중의 하나였다. 간장과 된장은 콩으로 만든 우리 고유 발효식품으로 우리나라 음식 맛을 내는 데 없어서는 안 될 식품이다.

간장의 '간'은 소금의 짠맛을 내고, 된장의 '된'은 되직한 것을 말한다.

전통적인 방법은 메주를 항아리나 독에 소금물을 넉넉히 부어 두었다가 간장을 떠내고 남은 메주 건더기를 으깨어 소금으로 간을 맞추어 다시 독이나 항아리에 담아 숙성시킨 것이다. 된장은 조미료로서 음식의 간을 맞추고 맛을 낼 뿐만 아니라 식물성 단백질 급원 식품이기도 하였다. 전통적으로는 흰콩으로 메주를 쑤어서 알맞게 띄워 소금물에 담가 40~60일쯤 두어 소금물에 콩의 수용성 성분들이 우러나오면 간장을 떠내고, 남은 건더기가 된장이 되었다. 이런 방법으로 만들면 콩의 영양성분이 간장으로 많이 빠져서 된장의 맛이 덜하다. 된장을 맛있게 하려면 소금물의 비율이 간장 담글 때보다 적게 잡아서 메주의 양을 많이 넣으면 간장도 맛이 있고 남은 된장이 맛이 있다.

한국의 장류는 간장, 된장류, 고추장류로 대별되는데, 된장류와 고추장류는 조미료일 뿐 아니라 찬물 자체의 하나이다. 특히 우리는 목축을 할 만한 자연여건을 갖추지 못하고 있으므로 일상식에서 수조육류를 얻기 힘들었다. 이러한 환경에 있었으므로 고기를 대신할 수 있는 콩의 가공법이 크게 개발되었고, 지방에 따라 다양한 된장을 만들어 먹는다.

우리나라 사람들은 된장국이나 된장찌개를 모두 즐겨먹는 음식인데 점차 집에서 만든 전통적인 장이 없어지고 대신에 공장에서 만든 일본식 된장을 쓰게 되면서 된장국과 된장찌개의 맛이 바뀌어졌다. 장류 공장은 일제강점기 때 생기기 시작하였으나 본격적으로는 1940년대 이후에 많이 생겼다. 장류의 제조회사가 대부분이 영세하여 품질이 그리 좋지 않았으나 90년대부터 대형 식품회사들이 장류제조업에 적극적으로 참여하면서 품질이 급격하게 향상되었다. 한편에서는 생활수준이 높아지고 전통적인 우리의 맛을 찾는 이들도 많아지면서 지방의 전통적 장류를 만드는 명인들과 농협공장에서 만든 전통 장류의 제품들이 다양하게 나오고 있다.

2. 장의 역사

장의 주재료인 흰콩은 상고시대 우리 땅이었던 만주지방이 원산지이며, 압록강 이남 지역에서 경작된 것은 기원전으로 알려져 있다. 부족국가 시대『삼국지 위지(魏志)』동이전(東夷傳)에 "고구려(高句麗)의 장양(藏釀)의 솜씨가 좋다"고 알려져 있었고, 우리의 장 담그기 솜씨를 전해 받아서 일본에 고려장(高麗醬)이 전해진 것이 기원전이다. 장이 처음에는 간장과 된장이 분리되지 않았으나 삼국시대에 와서 간장과 된장류를 따로 구분해서 먹게 되었다고 추정한다.

또한 신라 신문왕(神文王) 3년 왕비를 맞이할 때 장(醬)과 시(豉)는 쌀, 술, 기름, 포(脯), 해(醢) 등과 함께 폐백품목에 들어있다. 당시 장은 기본식품으로서 중요한 것이었음을 알 수 있다. 이처럼 장은 상고시대부터 오늘에 이르기까지 우리 민족의 전통적 식생활의 기본이 되어 왔다.

『삼국사기』신문왕 폐백 품목에 나오는 시(豉)는 콩을 삶아서 낱알로 발효시킨 낱알 메주이다. 시는 메주의 원형이라 할 수 있는데 이를 물에 담가서 우려내어 조미료로 쓴다. 우리나라에서는 소금물에 담가서 숙성시켜 된장과 간장을 만든다. 중국에서는 간장을 장유(醬油)라 하고, 또는 시유(豉油)라고 한다. 이는 시로 만들었을 것이다. 콩을 삶아 짚으로 싸서 따뜻한 방에 두면 납두(納豆)균이 번식한다. 이를 말려서 시를 만들지 않고 그대로 먹거나 찌개를 만든다. 그런데 조선시대 나온『명물기략』(1870년경)에는 두시(豆豉)를 청국장이라고 하였다.

조선시대 초기에 나온『구황촬요(救荒撮要)』에 실린 구황장(救荒醬)은 콩과 밀을 섞어 띄운 메주를, 메주 1에 소금물 2의 비례로 진하게 담근 것이다. 구황용인데도 이같이 메주를 쑤어 진한 간장을 담갔던 것으로 미루어볼 때 옛날에는 지금보다 더욱 진한 장을 담갔던 것 같다.

또한 상고시대에는 콩과 밀을 섞어서 담그던 간장이었으나 이것이 조선시대 중기 이후로는 콩만을 쓰는 장으로 변하였다.

3. 장 담그기

1) 메주

메주 말리기

시판 메주

메주는 장의 원료로 콩을 삶아서 으깨어 뭉친 덩이를 발효시킨 식품으로 훈조(燻造)라고도 한다. 재래식으로는 입동 전후 음력 10월경에 콩을 하룻밤 충분히 불린 후 무르게 삶아서, 절구에 찧어서 네모진 목침 모양으로 빚는다. 빚은 메주를 2~3일 건조시킨 후, 따뜻한 곳에 짚을 깔고 곰팡이를 충분히 띄워서 말린다. 또는 메주 한개 씩 볏짚으로 묶어서 매달아 띄우기도 한다. 이듬해의 정월경이면 잘 뜬 것을 꺼내어 바싹 말린다. 예전에 보통 가정에서는 콩 4~5말을 삶아서 찧어 메주 1개당 콩 1되 정도 분량으로 빚는다.

재래식 메주는 콩 만으로 만들고 간장과 된장 겸용으로 쓰이지만 개량식 메주는 간장용과 된장용을 별도로 만든다. 재래식 메주는 야생의 잡균이 많아 번식하여 특유한 향을 내며 숙성 관리가 미비하면 발효와 숙성이 불완전하여 부패되기 쉽다. 개량식 메주는 발효 숙성이 양호하나 균종이 재래식 메주하고는 달라서 장맛이 고유한 맛이 아니다.

근래에는 가정에서 메주를 쑤거나 장을 담는 가정이 줄어들고 있고 반면에 식품 공장에서 만들어진 제품이 점차 많이 쓰여지고 있다. 공장에서는 쌀이나 밀의 전분질을 섞어서 고지균을 번식시키므로 콩만으로 만든 장에 비해 단맛이 많은 편이다. 공장에서 만든 장은 원료와 제조법이 재래식과는 달라서 장맛도 달라지고 있어서 자연히 한국 음식의 맛도 변해 가고 있는 실정이다.

장 담그기

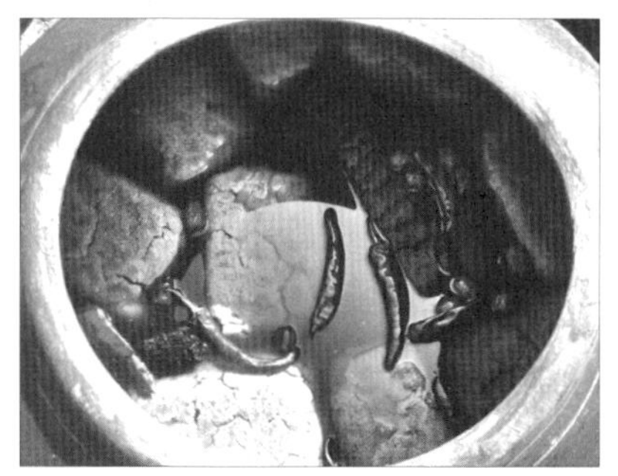

장 항아리

공업적으로는 삶은 콩에 밀가루 등 전분질 원료를 첨가한 것에 메주곰팡이를 접종하여 배양시켜서 만들며, 형태는 낟알, 국수형, 입방체 등이 있다. 개량식 메주는 삶은 콩에 밀가루와 종국(種麴)을 첨가하여 발효시킨 것으로 1960년대 이후 만들어졌다.

2) 장 담그기

장을 담글 때 메주와 소금·물의 비례는 일정하지는 않으나 보통 콩 1말(10리터)로 쑨 메주에 소금물을 2동이(40리터)를 쓰고, 소금물의 비례는 적을수록 간장의 맛이 진하다. 조선시대 중기의 『구황촬요(救荒撮要)』, 『증보산림경제(增補山林經濟)』에서는 메주 1에 대하여 소금물 2의 비율로 되어 있어 훨씬 진하게 담그던 것이 차차 묽어졌다고 생각된다.

재래식 장을 담그는 과정은 우선 양력 11~12월에 콩을 선별→침수→삶기→메주빚기→띄우기(2~3개월)를 한다. 장은 양력 2, 4월에 메주를 씻어 알렸다가 염수에 담그기(메주+염수)→띄우기(2~3개월)→간장·된장 나누기를 한다.

메주 만들기(음력 10월경) : 콩－침수－삶기－메주 빚기－띄우기(2~3개월)
장 담그기(음력 1~3월) : 담그기(메주+염수)－띄우기－간장, 된장(2~3개월)

장의 재료는 메주, 소금, 물의 세 가지가 기본이고, 이밖에 마른 고추, 대추, 숯 등이 필요하다. 메주는 음력 10월경에 흰콩을 하룻밤 정도 충분히 물에 불린 후 무르게 삶아 절구에 찧어서 네모진 목침 모양으로 빚어 볏짚을 묶어서 따뜻한 곳에 매달아 2~3달 동안 잘 띄워서 바짝 말려 둔다.

3) 간장

장 담그기는 음력 정월 말에서 3월초 사이에 메주를 물에 씻어서 말렸다가 항아리나 독에 차곡차곡 담고 18Bé(보메) 정도의 염도의 소금물에 붓는다. 장 담기 하루 전에 소금을 소쿠리에 담고, 위에서 물을 부으면서 소금물을 만들어 가라앉힌다.

40~60일 쯤 지나면 메주의 성분이 우러난 국물을 모아 다른 독이나 항아리 담아 두거나 솥에 부어 달여서 간장으로 쓴다.

불은 메주는 대강 으깨어서 소금으로 간을 맞추어 항아리에 담아서 다시 1달 정도 숙성시켜서 된장으로 쓴다.

전통적 간장은 청장과 진장으로 나눈다. 장은 담근 첫해에 뜬 간장은 햇장이라 하고 색이 옅어서 청장(淸醬)이라고도 하며, 여러 해 묵혀서 점차 색깔과 맛이 색이 진해진 간장을 진장(陳醬)이라 한다.

간장은 숙성되는 동안 짠맛 이외에 콩의 단백질, 당질, 지방 등이 분해하여 생긴 아미노산, 유기산, 유리당 등이 합하여 독특한 맛과 향을 내게 된다. 장의 맛은 메주의 발효 정도와 소금의 양과 메주와 소금물의 비율 그리고 숙성 중의 관리 등의 여러 가지 요소가 복합되어 생기는 맛이므로 집집마다 장맛이 달라지게 마련이다.

음식에 따라 간장의 종류를 구별하여 써야 한다. 국, 찌개, 나물 등에는 색이 엷은 청장(국간장)을 쓰고, 조림, 초, 포 등의 조리와 육류의 양념은 진간장을 쓴다. 간장은 주방에서 조리할 때 조미료로서만이 아니라, 상에서 쓰이는 초간장, 양념간장 등을 만드는 데 쓰인다. 전유어나 만두, 편수 등에 곁들이는 초간장은 간장에 식초를 넣고, 갠 겨자, 고춧가루, 다진 파, 마늘을 기호에 따라 약간씩 넣는다.

4) 된장

된장의 종류는 간장을 빼고 남은 재래식 된장이 가장 대표적이나 지방이나 계절에 따라 여러 가지를 속성 된장으로 청국장, 막장, 담북장, 빰장, 무장 등이 있다.

막장은 날메주를 가루로 빻아 소금물에 질척하게 말아 숙성시킨 것이고, 담북장은 메주가루에 고춧가루를 섞고 물에 풀어서 하룻밤 동안 재웠다가 간장과 소금으로 간을 맞춘다. 빰장은 메주를 굵직하게 빻아서 소금물을

된장 항아리

부어 담그고, 빠개장은 메주가루에 콩 삶은 물로 버무리고 고춧가루 및 소금을 섞어 담는다. 가루장은 보리쌀을 빻아서 찐 것에 메주가루를 버무려 소금물로 간을 맞추고, 보리장은 보리쌀을 삶아 띄운 다음 가루로 빻아서 콩메주가루를 반반씩 소금물로 버무려서 만든다.

근래에 공장에서 만드는 된장은 메주를 만들지 않고 삶은 콩에 밀을 섞어서 고지균을 넣어 발효시켜 만드는데 발효 미생물의 종류가 다르고 숙성 기간이 짧아서 재래식 된장과 맛이 다르고 단맛이 강하다. 재래 된장은 주로 토장국과 된장찌개의 맛을 내는 데 쓰이고, 상추쌈이나 호박쌈에 곁들이는 쌈장과 장떡의 재료가 된다.

된장에 함유되어 있는 레시틴은 유화작용과 완충작용이 있어서 세포막을 통과하는 대사산물의 출입을 조정하며, 혈액 속의 콜레스테롤 침적을 막아 동맥경화를 막는다. 그리고 용혈작용이 있는 콩사포닌 성분은 인삼사포닌과 같이 독성보다는 오히려 지방대사의 활성화, 산화억제 및 노화방지에 기여하고 있다는 것이다.

5) 고추장

(1) 고추장의 역사

고추장은 우리 고유의 간장, 된장과 함께 발효 식품으로 세계에서 유일한 매운 맛을 내는 복합 조미료이다. 고추가 우리나라에 도입된 임진왜란 무렵으로 추정되므로 고추장은 16세기 말 이후로 간장·된장보다는 훨씬 늦게 개발되었다.

허균이 지은 『도문대작(屠門大嚼)』(1611)에는 초시(椒豉)가 나오는데 이는 고추가 널리 퍼지지 이전이므로 천초(川椒)를 넣은 장을 말한다. 『월여농가(月餘農歌)』(1861)에서는 고추장을 번초장(番椒醬)이라 하였고, 『증보산림경제(增補山林經濟)』(1765)에서는 "콩으로 만든 말장(末醬)가루 한 말에 고춧가루 3홉, 찹쌀가루 1되의 삼미를 취하여 좋은 청장으로 침장(沈醬)한 뒤 햇볕에 숙성시킨다."라고 쓰인 것으로 보아 오늘날과 비슷한 고추장이 만들어졌음을 알 수 있다. 『규합총서(閨閤叢書)』(1815년경)에 순창과 천안의 고추장이 팔도 명물로 소개되어 있다.

고추장의 재료

고추장 항아리

고추장은 탄수화물이 가수분해로 생긴 단맛과 콩단백에서 오는 감칠 맛, 고추의 매운 맛, 소금의 짠맛이 잘 조화를 이룬 식품으로 조미료인 동시에 기호 식품이다. 고추장은 대개 날이 더워지기 전인 3, 4월에 담근다. 어떤 곡물을 사용하느냐에 따라 찹쌀고추장, 밀가루고추장, 보리고추장, 고구마고추장 등으로 나눌 수 있다.

(2) 고추장 만들기

고추장의 원료는 메주, 고춧가루, 찹쌀, 엿기름, 소금 등이다. 고추장용 메주는 장 담그는 메주를 쓰거나 아예 따로 고추장용으로 삶은 콩에 쌀가루를 섞거나 보리를 섞어서 작은 공 모양으로 둥글게 빚어서 띄웠다가 가루로 빻는다.

찹쌀을 불려서 빻은 가루를 반죽하여 도넛처럼 구멍떡을 만들어 끓는 물에 삶아 내어 메주가루를 섞고 엿기름물을 섞어서 당화되어 묽어지면 고춧가루를 섞고 소금으로 간을 맞추어 숙성시킨다. 지방에 따라서 찹쌀 대신 멥쌀, 밀가루, 보리가 쓰이기도 하고, 간을 맞출 때 소금 대신 간장을 쓰기도 한다.

찹쌀고추장은 윤기가 나고 매끄러워 고추장 중에서 제일로 친다. 콩과 쌀을 섞어 떡을 쪄서 뭉쳐 띄워 고추장용 메주를 쑨다. 이것을 가루로 하여 찹쌀경단, 인절미 또는 보리밥 등에 소금, 고춧가루와 함께 담근다. 이때에 찹쌀로 풀을 쑤어 엿기름에 삭힌 다음에 담그면 감미가 많아지고 변질의 염려가 없다. 순창고추장은 조청에다 메줏가루와 고춧가루, 소금을 섞어 담그는데 이는 더운 고장에서는 변질을 막고자 엿기름을 많이 쓴 것이 특성이다.

고추장은 넣은 재료나 간의 세기 그리고 보관 장소에 따라 숙성하는 시간이 차이가 있으나 대개는 고추장을 담가 항아리에 담아 가끔 햇볕에 쪼이면서 숙성시키면 1달 쯤 지나면 익어서 먹을 수 있다. 고추장은 해를 묵혀서는 먹지 않으며, 묵은 고추장은 장아찌용으로 쓰면 좋다.

(3) 고추장의 쓰임새

고추장은 된장과 마찬가지로 토장국이나 고추장찌개의 맛을 내고, 생채나 숙채, 조림, 구이 등의 조미료로 쓰이고, 볶은 고추장을 밑반찬으로 하고, 쌈장으로도 많이 쓰인다. 그리고 상에서는 회나 강회 등을 찍어 먹는 초고추장을 만들거나 비빔밥이나 비빔국수의 양념 고추장에도 쓰인다.

한 집안에서도 고추장을 두세 가지를 만들어 두고 음식에 쓰이는 용도를 구별하여 쓰고도 하였다. 그중 찹쌀고추장은 귀하게 여겨서 초고추장을 만들거나 색을 곱게 내야 할 때만 쓰고, 밀가루로 담근 고추장은 찌개나 토장국을 끓일 때나 채소들의 고추장 장아찌를 만들 때 잘 쓰이고, 보리 고추장은 여름철 쌈장으로 먹는다.

일부 경상도와 전라도 지방에서는 메주 가루를 넣지 않고 조청을 고아서 고춧가루를 섞고 소금으로 간을 한 고추장을 엿꼬장이라고 하는데 단맛이 많아서 찌개용으로는 적합하지 않고, 초고추장이나 무침이나 비빔밥에 쓰인다.

6) 별미장

청국장을 만들려면 우선 좋은 콩을 하룻밤쯤 물에 불려서 건진다. 큰솥이나 깊은 냄비에 넉넉히 물을 부어 충분히 익도록 삶는다. 또는 찜통에 보자기를 펴고 쪄도 된다. 삶은 콩을 소쿠리나 시루에 짚을 깔고 고루 펴서 놓고 위를 젖은 보자기로 덮고 헌 담요나 이불을 덮어서 섭씨 30~40도를 유지시켜서 발효시킨다. 이 상태로 2, 3일 두면 콩에 흰 막이 덮이고 진액이 나기 시작하는데 1, 2일 더 두어 콩을 수저로 떠보아 실이 더 생기면 꺼내어 절구에 쏟아서 콩알이 드문드문 남을 정도로 찧는다. 이때 다진 마늘과 생강, 굵은 고춧가루와 소금을 섞어서 작은 항아리나 밀폐 용기에 꼭꼭 눌러 담아서 냉장고나 서늘한 곳에 놓고 쓴다. 두부와 김치, 고기 등을 넣어 찌개로 끓인다.

담북장은 입춘 전후하여 콩을 삶아 두께 3cm 정도, 지름 5~6cm 정도의 작은 크기의 메주를 빚어 3~4일간 띄웠다가 말린다. 작은 항아리에다 한 덩이를 3~4쪽으로 쪼개어 넣고 삼삼한 소금물을 부어 담근다. 따뜻한 장소에서 5~6일간 삭히면 완성되고, 즙액과 덩어리를 햇채소와 함께 끓여 먹는다.

막장은 봄철에 보리밥과 메줏가루로 담근 된장으로서 단맛이 많은 장인데, 영남지방에서 많이 만든다. 막장은 일 년 간을 저장하면서 그대로 반찬으로 쓰고 끓이기도 한다.

집장은 콩과 밀을 섞어서 쒀 띄운 메주와 소금물로 담근 된장을 늦여름에 말똥(馬糞)더미 속에서 6~7일간 삭힌 장이다. 삭힐 때 가지, 오이, 무 등 채소를 넣어 삭힌 된장이다.

- **생황장** : 삼복 중에 콩에 누룩을 섞어서 띄워 담근 장이다.
- **청태장** : 청대콩을 삶아 청국장 만들듯이 띄우거나, 청대콩으로 메주를 빚어 뜨거운 장소에서 띄워서 햇고추를 섞어 간을 맞춘다.
- **팥장** : 팥을 삶아 뭉쳐 띄워 콩에 섞어 담는다.

4. 장에 관련된 풍습

예전에는 집집마다 장을 담그므로 장맛이 다르고, 장맛이 좋으면 음식 맛은 당연히 좋다. 섣달이나 그믐달에 메주를 쑤어서 띄워 정월이 지나면 장을 담는다. 장 담그는 날은 좋은 날을 잡아 택일을 하고 고사를 지내고 산다. 장은 만들 때부터 장이 다되어 장독대에 보관할 때도 정성이 들여야 좋은 맛을 보존할 수 있다. 장맛이 변하면 불길한 일이 생긴다고 주부는 장독대를 극진하게 간수하였다.

이같이 정성껏 간수하면서 장을 담근 후 60일 정도가 되면 용수를 장독에 넣어 맑은 간장을 떠서 달여서 장독에 다시 간수하고, 남은 것은 된장으로 하기 위하여 다시 손질한다. 대체로 그해의 간장을 모두 소비하는 일은 없으며, 남은 것을 차례차례로 묵혀 둔다. 따라서 오래된 간장은 색깔이 매우 검고 약간의 끈기가 생긴 진간장이 된다.

1) 택일

장 담을 때는 우선 길일(吉日)로 택일(擇日)을 하고 고사를 지낸다. 메주는 음력으로는 10월 말쯤 하여 메주를 쑤어 띄우면 이듬해 정월경이면 알맞게 뜬다. 이것을 볕에 바싹 말렸다가 정월 말에서 3월 초 사이에 장을 담근다.

농서인 『사시찬요(四時纂要)』에는 "우수(雨水) 때가 장 담그기에 좋다"고 하였다. 장담그는 시기를 알맞게 택하여야 장이 변하지 않고 맛이 있다.

장 담기에 가장 좋은 날은 정묘일(丁卯日)과 정월 우수일(雨水日)이라고 하며, 반드시 피하여야 하는 날은 신(辛)일과 수(水)일이다. '신(辛)일에 담그면 장맛이 시다' 하고, '수(水)일에 담그면 장이 묽어진다'고 하여 피하고, 무난한 날로 오(午)일을 택하는 경우가 많다.

2) 다홍고추, 대추, 숯 띄우기

장 담글 때는 깨끗이 손질한 장독에 먼저 메주를 차곡차곡 담고 소금물을 가득히 붓고, 위에 빨갛게 달군 참숯과 말린 고추를 넣고 대추도 몇 개 띄운다. 고추와 대추는 자손의 번성을 뜻하고 아울러 제액의 뜻이 있다. 이는 고추와 숯의 살균, 흡착의 효과를 기대하면서 불같이 일어나라는 뜻이다.

3) 버선본 부치기

버선본과 금줄을 맨 장 항아리

장 담는 독에 고추를 낀 금줄을 치고 창호지로 만든 버선본을 부친다. 이는 부정한 요소의 접근을 막거나 혹은 버선 속으로 들어가 버리라는 뜻이다. 장독 둘레에 창호지로 말라낸 버선본을 한독에 하나씩 붙이거나 여러 개의 버선본이 매달린 끈을 둘러놓기도 했다. 그리고 버선본은 예외 없이 코가 위로 가도록 거꾸로 붙인다. 이렇게 하면 노래기, 지네 등 다족류의 벌레들이 하얀 버선에 되쏘이는 빛이 싫어 독 안에 들어가지 못하고 달아나게 된다.

4) 장독대

집안에 해가 잘 드는 곳에 장독대를 설치한다. 예전 부인들은 장독대를 정결히 하는 데에 많은 노력을 기울였다. 그리고 주부의 살림살이 솜씨를 장독대를 얼마나 잘 가꾸는가에 따라 평가하기도 하였다.

대부분 가정에서는 동쪽 마당에 땅바닥보다 한단 높여 만든 장독대를 만든다. 장독대 앞쪽에는 작은 독, 뒤쪽에는 큰독을 놓아 그늘이 지지 않도록 한다. 각기 대체로 맨 뒷줄에 있는 큰독은 '장독'이고, 중들이는 된장독 또는 묵은 간장을 햇수대로 담은 것이며, 구경(口徑)이 큰 항아리에는 고추장, 막장 등이 담겨져 있다.

민가의 장독대

이른 새벽이면 반드시 장독을 열어서 맑은 공기를 쐬게 하고 동쪽에서 떠오르는 아침의 햇볕을 쬐게 하며 매일같이 맑은 물로 장독을 닦는다. 새로운 공기를 쐬고 적당하게 햇볕을 쪼는 일은 장의 숙성과정에서 필요하고 저장 중 변질방지에도 필요한 일이다. 또한 장독을 항상 청결하게 하여야 부패균이 스며들 염려가 없다.

5. 장에 얽힌 일화

1) 이태조와 순창고추장

시판 고추장 중에 순창고추장이 유난히 잘 알려져 있고, 일부 업체에서 순창고추장의 유래에 태조 이성계가 등장한다.

조선을 건국한 태조가 무학대사를 만나러 가다가 허기져서 근처의 농가에 들려서 고추장과 밥을 맛나게 드시고, 나중에 환궁하신 후 그 맛을 못 잊어서 진상시켰다고 한다. 그런데 고추가 우리나라에 들어온 것은 임진왜란 이후이므로 태조가 조선을 건국한 1392년 무렵에 이 땅에는 고추가 있었을 리가 없다. 조선조 후기 문헌에는 궁중의 진상한 특산물로 순창 고추장이 들어있다.

2) 섣달 그믐 무장과 팥죽

조선조 말기 궁중에서는 섣달 그믐날 새벽에 왕과 왕비를 위시하여 아래 하인들까지 '무장'을 마시는 풍습이 있었다. 무장은 '날 메주' 국물인데 백항아리에 소금물 끓인 것을 식혀 담고, 거기에 메주를 뚝뚝 떼어 넣었다가 우러난 물을 마시는 것이다. 이는 섣달 그믐에 묵은해를 보내면서 새해를 맞이하기에 앞서서 벽사의 목적인 듯하다. 고종을 모시던 김명길 상궁의 이야기로는 왕 내외분이 꼭 마셨다고 전한다.

팥죽은 민간에서는 동짓날에 주로 쑤지만 궁중에서는 동지와 삼복날에 쑤어서 왕족과 궁녀들이 모두 먹었다고 한다. 그리고 죽을 쑤던 솥이 지금 창덕궁 대조전 앞 월대 전면에 장식처럼 진열해 놓은 청동 '부견주'이다. 이 솥은 마치 화로처럼 생겼으나 양쪽에 손잡이 고리가 있고 발이 없다.

3) 장맛과 집안의 길흉

장맛이 좋아야 집안에 불길한 일이 없다고 믿어 왔다. 장독의 간수를 게을리 하면 장의 맛이 변질되기 쉽고, 만일 장맛이 변질된다면 그 한 해의 음식은 맛이 없어 먹을 수 없게 된다. 음식을 제대로 먹지 못하면 가족의 건강이 상하고 집안이 평안할 수 없을 것이다.

6. 장에 관련된 속담

- 장독보다 장맛이 좋다
  (장을 담은 독은 보잘것없는데 그 안에 담긴 장맛은 썩 좋다는 뜻으로, 겉모양보다 내용이 실속 있고 훌륭한 경우에 비겨 이르는 말)
- 장은 묵은 장맛이 좋다
  (장은 오래 묵은 장일수록 맛이 좋고 사람은 오래 사귄 벗일수록 좋다는 뜻)
- 움 안에 간장
  (허름한 움집에 맛있는 간장이 있다는 뜻으로, 겉모양은 좋지 않으나 내용이 훌륭한 경우에 비겨 이르는 말→움집에 간장 있다.)
- 움막에 단 장
  (가난한 움막집에 맛이 단 장이라는 뜻으로, 가난한 집의 음식이 맛있을 때 이르던 말)
- 간장국에 마른다
  (짠 간장국을 먹고 몸이 마른다는 뜻으로, 오래 찌들어서 바짝 마르고 단단함을 비겨 이르는 말)
- 한 냥 장설에 고추장이 아홉 돈어치라
  (한 냥 어치의 음식에 아홉 돈어치의 고추장이 올랐다는 뜻으로, 전체에 비하여 그 한 부분에 분수없이 많은 비용이 든 경우에 비겨 이르는 말)
- 고추장이 밥보다 많다
  (밥을 비빌 때 밥보다 고추장이 많아졌다는 뜻으로, 기본이 되는 것보다 그에 소속된 것이 더 많아진 것을 비겨 이르는 말)
- 고린 장이 더디 없어진다
  (맛이 없고 군내가 나는 장은 자연 덜 먹게 되어 더디게 없어진다는 뜻으로, 빨리 없어졌으면 하는 나쁜 것이 도리어 오래간다는 것을 비겨 이르는 말)
- 장독과 어린애는 얼지 않는다
  (어린아이들은 어지간한 추위에도 추워하지 않는다는 것을 장독이

추위에도 얼지 않고 견뎌내는 데 비겨 이르는 말)

- 말 많은 집에 장맛이 쓰다
  (말이 많은 사람은 마치 장맛이 써서 모든 음식맛이 없듯이 하는 일마다가 다 시원치 않다는 뜻으로, 말이 수다스러움을 욕으로 이르는 말. 말이 많은 집안이 화목하지 못하고 편안하지 못하다는 것을 비겨 이르는 말)
- 물방앗간에서 고추장 찾는다
  (물방앗간에 가서 거기에 있을 리 없는 고추장을 찾는다는 뜻으로, 엉뚱한 데 가서 거기에 있을 리 없는 것을 찾는 경우에 비겨 이르는 말)
- 청어 굽는 데 된장 칠하듯
  (청어 굽는 데 된장을 발라 어떤 데는 붙고 어떤 데는 떨어져서 볼꼴없이 되듯 한다는 뜻으로, 무엇을 더덕더덕 더깨가 앉도록 지나치게 발라서 몹시 보기가 싫은 것을 비겨 이르는 말)
- 쉬파리 무서워 장 못 담글까
  (자그마한 장애가 있다 해서 해야 하거나 하고 싶은 일을 아니하겠는가 라는 뜻으로, 할 일은 반드시 해야 한다는 것을 강조하여 이르는 말)
- 단장을 달지 않다고 말을 한다
  (맛이 단 장을 놓고 달지 않다고 억지를 부리며 말한다는 뜻으로, 뻔한 사실을 사실대로 말하지 않고 딴소리로 우기는 경우에 비겨 이르는 말)
- 장맛이 단 집에 복이 많다
  (살림이 알뜰하고 음식솜씨가 있는 집에 행복한 생활이 있다고 하면서 서민의 식생활에서 없어서는 안될 주요한 부식물인 장의 맛과 행복한 생활을 연관시켜 이르는 말)
- 간장이 시고 소금이 곰팡이 쓴다
  (간장이 시어질 수 없고 소금에 곰팡이가 쓸 수 없다는 데서, 절대로 있을 수 없는 일을 비겨 이르는 말)
- 국이 끓는지 장이 끓는지 모른다

(국이 끓고 있는지 장이 끓고 있는지 모르고 있다는 뜻으로, 일이 어떻게 되어 가는지 도무지 형편을 알지 못함을 비겨 이르는 말)
- 싱겁기는 홍동지네 세 벌 장물이라
(싱겁기가 세 번째로 우려낸 홍동지네집의 장물맛과 같다는 뜻으로, 사람됨이 몹시 싱거운 경우에 비겨 이르는 말)
- 주인집 장 떨어지자 나그네 국 마다한다
(주인집에 장이 떨어져 국을 끓일 수 없게 되었는데 마침 나그네가 국을 싫다고 한다는 뜻으로, 우연이기는 하나 일이 공교롭게도 맞아떨어지는 경우에 비겨 이르는 말)
- 자주꼴뚜기를 진장 발라 구운 듯하다
(자줏빛이 나는 꼴뚜기를 진간장 발라서 구운 듯하다는 뜻으로, 살결이 검은 사람을 놀림조로 이르던 말)
- 아이들 고추장 퍼 먹으며 울듯 한다
(아이들이 멋도 모르고 매운 고추장을 퍼 먹으며 매워서 울듯 한다는 뜻으로, 어리석게도 스스로 일을 저지르면서 고생을 사서 하는 경우를 비겨 이르던 말)
- 장맛은 혀에 한 번 묻혀 보면 안다
(장맛이 좋은가 나쁜가 하는 것은 조금만 맛보아도 알 수 있다는 뜻으로, 무엇을 이해하는 데는 그 일부만 가지고도 능히 전반적 특성을 파악할 수 있다는 것을 비겨 이르는 말)
- 가시어머니 장 떨어지자 사위 국 싫다 한다
(가시집에 장이 떨어져서 국을 끓일 수 없게 되었는데 마침 사위가 국은 싫어서 먹지 않겠다고 한다는 뜻으로, 무슨 일이 공교롭게도 때맞추어 일어났을 때 이르는 말)
- 양반도 세 끼만 굶으면 된장맛 보잔다
(점잔을 빼며 위세를 부리던 양반도 세끼만 굶으면 체면도 위세도 다 던져버리고 맛을 보겠다면서 된장을 찍어먹는다는 뜻으로, 위신을 차리던 사람도 고난이 부닥치면 체면이고 뭐고 다 버리고 너절하게 행동함을 비겨 이르는 말)
- 개에게는 장을 주고도 소는 안 준다

(놀고 먹는 개에게는 먹을 것을 주면서도 부려먹는 소한테는 아무 것도 안 먹인다는 뜻으로, 하는 짓이 어리석음을 비겨 이르는 말)

- 보자 보자 하니까 얻어 온 장 한 번 더 뜬다
  (못되게 구는 것을 보고 참으니까 고치기는 커녕 더욱더 밉살스럽게 군다는 것을 욕으로 이르는 말)
- 호박이 떨어져서 장독으로 굴러 들어간다
  (이익 되는 일이 뜻밖에 생겨 그것이 제 주머니 안으로 저절로 들어옴을 비겨 이르는 말)
- 아내 나쁜 것은 백 년 원수이고 된장 신 것은 일 년 원수이다
  (된장 신 것은 새장을 담굴 때까지 일 년 동안 고생하면 되지만 아내를 잘못 맞으면 평생 마음고생하며 지내게 된다는 뜻으로 이르는 말)
- 고추장단지가 열둘이라도 서방님 비위를 못 맞춘다
  (성미가 몹시 까다로워서 비위를 맞추기 매우 어려운 사람을 두고 비꼬아 이르는 말)
- 그 집 장 한 독을 다 먹어 보아야 그 집 일을 잘 안다
  (무슨 일이나 구체적으로 요해하려면 그 환경 속에 깊이 파고 들어가야한다고 뜻으로 이르는 말)
- 장 단 집에는 가도 말 단 집에는 가지 말라
  (달콤한 소리로 빈말을 잘하는 사람을 조심하라고 교훈적으로 이르는 말)

Chapter ❼ 한국인의 건강 지킴이 김치, 젓갈

1. 김치

1) 김치의 문화

김치는 인류가 농경을 시작하여 곡물을 생산하여 주식이 된 이후에 생겨났다. 인체는 생리적으로 비타민이나 무기질이 풍부한 채소의 섭취가 요구된다. 채소는 곡물과는 달리 저장성이 없다. 채소의 건조는 가능하지만 본래의 맛을 잃고 영양적 손실을 발생시킨다. 인류는 채소를 소금에 절이거나 장(醬), 초(醋), 향신료 등과 섞어 두면 새로운 맛과 향이 생기면서 저장하는 방법을 개발하였으니 이것이 김치 무리이다.

김치는 소금에 절여서 저장하는 동안 발효하여 유산균이 생겨서 독특한 신맛과 고추의 매운맛이 식욕을 돋우고 소화 작용도 돕는다. 특히 고추는 비타민 C가 풍부하게 들어 있고, 유산균이 우리 국민의 건강을 지켜 주는 원천이라고 하겠다. 대부분의 사람들은 봄, 여름, 가을에는 제철에 나는 열무, 풋배추, 오이, 부추 등의 채소로 김치를 담근다. 김치에는 채소 자체에 들어 있는 성분보다도 발효과정 중에 더 많은 종류의 비타민과 유산균이 생성되어 영양상 우수한 식품이다.

겨울철에는 날씨가 추워지므로 11월말이나 12월초에 김장이라고 하여 여러 종류의 김치를 저장용으로 한꺼번에 많이 담근다. 그런데 최근에는 김치를 담지 않는 가정이 점차 늘어나고, 공장에 다양한 종류의 김치를 위생적으로 대량 생산하여 매출이 매년 급증하고 있는 실정이다. 예전에는 김치와 장을 얻어먹는 일은 부끄러운 일로 여겼었으나, 세월이 가서 십 수 년 전부터 김치를 사서 먹는 일이 별로 이상스럽지 않게 되었다. 2000년대 들어서서는 가정에서 대형마트, 인터넷이나 TV홈쇼핑에서 구입하고, 외식업소와 단체급식 업체에서도 대부분 김치 전문 업체에서 제조된 것을 사용하게 되었다.

2) 김치의 역사

김치의 문헌적 기원은 약 3,000년 전 중국의 가장 오래된 시집인 『시경(詩經)』에 나온다. "밭두둑에 외가 열렸다. 외를 깎아 저(菹)를 담자. 이것을 조상에 바쳐 수(壽)를 누리고 하늘의 복을 받자."고 하였는데 '저'가 바로 김치 무리이다. '저'의 실체는 알 수 없으나 후한말(A.D. 2000년경)의 『석명(釋名)』이라는 사전에 저(菹)는 조(阻, 막힐 조)에 해당하니 채소를 소금에 절여 숙성시키면 유산이 생기는데 이것이 소금과 더불어 채소가 짓무르는 곳을 막아 주는 것이라 하였다. 또한 그 이전의 옥편 『설문해자(設文解字)』(A.D. 100년경)에서는 초(醋)에 절인 외가 바로 저(菹)라 하였으니 김치 무리는 현재의 피클(pickles)처럼 초에 절이는 것과 소금에 절여 유산 발효시키는 저장법의 두 가지 있었다. 중국의 문헌은 김치 무리를 한결같이 '저'라 하였으나 우리는 지(漬)라고 하였다.

우리나라에서 기록은 고려 중기 1200년대 초 이규보의 시문집 『동국이상국집(東國李相國集)』 중 '가포육영(家圃六詠)' 중에 처음 나온다. '가포육영'은 울안에 심은 외, 가지, 순무, 파, 아욱, 박의 여섯 가지 채소에 대한 시를 썼는데, 그중 순무에 관해서 "담근 장아찌는 여름철에 먹기 좋고, 소금에 절인 김치는 겨울 내내 반찬이 되네"라고 읊었다.

1600년대의 『요록(要錄)』에는 10여 가지의 김치 무리가 나오지만 고추에 대해서는 전혀 나오지 않는다. 고추가 우리나라에 전래된 것은 임진왜란(1592)경이므로 지금처럼 고추를 김치에 넣어 만든 것은 1700년대 이르러서이다. 그 이전에는 천초, 파, 마늘, 생강 등을 넣거나 소금에 절이기만 하는 산뜻한 맛의 김치가 많았던 것 같다.

조선조의 『농가월령가』(1816) 10월조에 "무 배추 캐어 들여 김장하오리다. 앞 냇물에 정히 씻어 함담(鹹淡)을 맞게 하소. 고추, 마늘, 생강, 파에 젓국지 장아찌라. 독 곁에 중두리요 바탱이 항아리요. 양지에 가가(假家) 짓고 짚에 싸 깊이 묻고……"라 하여서 겨우내 식량으로 김장을 담그는 것이 가사 중 큰 행사였다.

김치는 무와 배추가 주재료이지만 여러 푸성귀나 고추, 파, 마늘, 생강 등의 향신 채소와 젓갈이 들어간다. 일제 강점기에는 당시 중국인들이 서대문 밖 아현동과 신촌 일대에는 중국인이 채소를 가꾸어 천평 광주리에 담아 메고 다니며 속이 꽉 들어차고 싼 호배추를 팔았다고 하며 중국인들이 만들어 냈으니 '호배추'라고 불렀다.

일제강점기에는 녹번동, 제기동, 마장동의 배추들이 있었으나 점차 집들이 들어서면서 더 외곽인 양주군이나 파주와 광주의 김장거리가 올라왔다. 김장철에는 산지에서 직접 사서 손수레, 우마차, 또는 지게로 날라다가 쓰거나 임시로 생기는 김장시장에서 사갔다. 김장시장은 남대문, 동대문의 큰 시장과 낙원동, 공평동, 통인동 등에 섰다. 광복 이후에는 충청도와 전라도에서 키운 김장거리를 열차로 수송하였다.

가난한 사람은 배추밭에서 남은 이삭을 주어다 막김치를 담가 먹었고, 무가 덜 된 것은 아주 헐값이므로 이것으로 알깍두기를 담갔다. 알깍두기가 인기가 높아져서 일부러 씨를 늦게 뿌려 계획적으로 어린 무를 만들어 김장거리로 쓰게 된 것이 소위 총각김치이다.

3) 김치의 어원

김치란 말의 유래를 살펴보면, 중국의 옛 경서들은 모두 저(菹)라고 나온다. 『제민요술(齊民要術)』(500년경)에서는 김치 무리를 초절이 김치무리인 함초저(鹹醋菹)와 발효 기질을 이용하는 발효저(醱酵菹)로 크게 나누고, 장에 절이는 김치 무리가 약간 있는데 엄(醃)은 절인 김치의 뜻이다. 우리나라는 고려시대의 『고려사(高麗史)』에 종묘 제사의 제물 중 저(菹)가 있으며, 김치 무리는 지(漬)라고 하였다. 지는 "물에 담글 지"로 저는 지에서 온 것 같다.

고려시대는 김치 무리는 오늘날처럼 고춧가루나 젓갈이나 육류를 쓰이지 않았다. 소금을 뿌린 채소에 천초나 마늘 생강 등의 향신료만 섞어서 재워 두니 채소의 수분이 빠져나와 채소 자체가 소금물에 가라앉는 침지(沈漬) 상태가 된다. 이를 보고 침채(沈菜)라는 특유한 이름이 붙이게 되었다. '침채'가 '팀채'가 되고, 이것이 '딤채'로 변하고 구개음화하여 '김채'가 되었으면 이것이 다시 구개음화의 역현상이 일어나 '김치'가 되었다고 박갑수(朴甲洙) 씨는 풀이하였다.

조선조 중기 때 『벽온방(辟瘟方)』(1518)에 "쉰 무우 딤채국(菹汁)을 집안사람이 다 먹어라"라는 말이 나오며, 『훈몽자회(訓蒙字會)』(1527)에는 조(菹)와 채(虀)의 김치 무리가 나온다. 지는 당시 중국식으로 엄채(醃菜)라 했고, 이것을 우리말로 딤채라 불렀다.

4) 김치의 종류

김치는 지역에 따라 재료와 맛이 다르고, 계절에 따라서 재료도 다르고, 김치 종류가 다양하여 약 200여 가지가 있다.

김치는 크게 보통 김치와 김장 김치로 나뉜다. 보통 김치는 오래 저장하지 않고 비교적 손쉽게 담가 먹는 것으로 나박김치, 오이소박이, 열무김치, 갓김치, 파김치, 양배추김치, 굴깍두기 등이 있고, 김장김치는 추운 겨울의 채소 공급원을 준비하는 것으로 오랫동안 저장해 두고 먹는 김치인데, 통배추김치, 보쌈김치, 동치미, 고들빼기김치, 섞박지 등이 있다.

배추김치, 깍두기, 동치미

주식이 밥인 반상에는 배추김치, 깍두기, 파김치, 갓김치, 고들빼기 등의 간이 센 김치가 적당하다. 국수나 만두가 주식인 장국상이나 교자상에는 나박김치나 동치미 같은 물김치와 배추김치, 오이소박이 등이 어울린다. 곰탕, 설렁탕 등의 탕반에는 깍두기가 제격이다.

(1) 김치의 지역적 특색

김치의 맛은 북쪽 지방과 남쪽 지방이 서로 다르다.

평안도 이북의 추운 북쪽 지방은 덜 맵고 간도 싱겁고 국물을 넉넉히 하고, 젓갈은 새우젓과 조기젓과 조기나 명태 등 담백한 어패류를 넣는다.

남쪽지방의 김치는 고춧가루를 많이 넣어 매운 편이고 비린 맛이 나고 냄새가 강한 멸치젓, 갈치젓 등을 많이 넣고, 소금과 파, 마늘, 생강 등의 양념도 많이 넣어서 맵고 진한 맛이 난다.

김치의 간은 소금 이외에 새우젓, 조기젓, 멸치젓 등의 젓갈로 간이 세지고 농후한 맛이 난다. 중부 이북에서는 조기젓을 다리거나 맑은 육수를 넉넉히 부어서 담기도 한다.

김치에 넣는 젓갈을 지방에 따라 달라서 서울을 비롯한 중부 지방에서는 조기젓과 새우젓을 주로 쓰고, 경상도에서는 멸치젓은 많이 썼다. 6·25전쟁 이후에는 전국적으로 멸치젓을 쓰게 되었고, 고춧가루도 많이 넣는 경향이 생겼다. 1980년대에 액체육젓이 나와서 김치에 많이 쓰이게 되었고, 90년대는 까나리액젓이 유행하였다.

(2) 김치의 계절적 특색

김치는 계절에 따라 쓰이는 재료와 양념이 달라진다. 봄에는 나박김치, 봄배추김치, 짠지를 주로 담가 먹고, 여름에는 오이소박이, 열무김치, 풋배추 김치가 주를 이루고, 가을에는 배추김치, 배추통김치, 겨울에는 김장김치, 동치미, 총각김치, 깍두기가 주류를 이룬다. 그러나 근래에 와서는 사철 언제나 채소를 구할 수 있어 이와 같은 계절성은 점차 사라지고 있다.

김장의 기본은 배추통김치이고 이외에 깍두기, 총각김치, 보쌈김치, 동치미, 고들빼기김치, 파김치, 갓김치, 섞박지 등을 담근다.

무를 주사위 모양으로 썰어 만든 깍두기, 잎이 달린 총각무로 담근 총각김치, 쓴맛이 독특한 씀바귀김치, 여름철에 먹는 산뜻한 오이소박이도 있다.

또 지방에 따라 무, 배추 이외에 채소로 담는 것으로 갓김치, 파김치, 가지김치, 늙은 호박지, 고추김치, 부추김치 등이 있다.

① 통배추김치

일반적으로 가장 즐겨 하는 김치는 통배추김치인데 지방에 따라 들어가는 양념과 젓갈이 다르다. 지금 가장 보편화되어 있는 배추김치는 품종이 속이 찬 결구성 배추가 나기 시작한 1800년대 후반 이후이므로 지금과 같은 통김치를 만들기 시작한 역사는 100년 정도의 짧은 역사를 갖고 있다.

통배추김치

서울 지방은 무채를 고춧가루와 새우젓이나 황석어젓을 넣어 양념한 소를 넣으며, 평안도 지방에서는 고춧가루를 거의 넣지 않는 국물을 넉넉히 잡은 시원한 맛의 백김치를 즐겨 담는다. 전라도나 경상도 지방에서는 무채는 거의 넣지 않고 고춧가루와 멸치젓에 다른 채소 양념들을 모두 합해 찹쌀풀을 넣어 걸쭉한 소를 만들어 절인 배추에 고루 비벼서 담기도 한다. 개성 지방과 궁중에서 잘 담았던 보쌈김치는 절인 배춧잎을 깔고 그 위에 무와 배추를 버무려서 만든 섞박지를 보시기에 배춧잎을 깔고 안에 담아 보자기를 싸듯이 만든다. 김치 안에 낙지, 잣, 대추, 석이버섯, 표고버섯 같은 갖가지 재료가 들어가는 아주 사치스러운 김치이다.

② 국물김치

장김치

건더기보다 국물을 주로 먹기 위해 담그는 국물김치로는 겨울철에 무나 총각무로 동치미를 담고, 봄가을에는 무와 배추를 납작납작하게 썰어 담그는 나박김치를 담는다. 여름철에는 연한 열무나 연한 배추로 국물을 넉넉히 잡고 싱겁게 간을 해 시원한 김치 맛을 즐긴다. 정월에는 소금 대신 간장으로 간을 맞추는 특이한 맛의 장김치도 담가 먹는다.

③ 김장김치의 종류

- **보쌈김치** : 절인 배추와 무 그리고 굴, 낙지, 배, 버섯 등을 한데 넣어 버무려서 길이 4cm 정도로 잘라 속을 넣고 보시기에 배춧잎을 깔고 차곡차곡 싸서 익힌다.
- **배추속대김치** : 배추의 속잎을 절여서 한 장 한 장에 김치속을 조금씩 싸서 접어 익힌다.
- **깍두기** : 무를 입방체 모양으로 썰어 새우젓, 황석어젓 등을 섞어 파, 마늘, 생강, 소금, 고춧가루로 버무려 담는데 김장 때는 깍두기를 큼직하게 썬다.
- **생굴깍두기** : 깍두기에 생굴을 섞어 담근 별미 깍두기이다.
- **비늘깍두기** : 작은 무의 표면을 마치 생선 비늘 일듯이 벌어지도록 칼

집을 넣고 그 사이사이에 배추통김치 속을 넣어 배춧잎으로 싸서 삭힌 것이다. 보기에 소담하다.

- **무청깍두기** : 무청이 달린 아주 작은 무로 담근 깍두기의 하나이다.
- **동치미와 짠지** : 동치미는 작은 무를 삼삼한 소금물에, 소금에 삭힌 풋고추, 파, 생강, 마늘 등 향신료를 섞어 담근 국물 위주의 김치이며, 짠지는 다음해 봄에 쓰려고 소금에만 짜게 절인 것이다.
- **고들빼기김치, 파김치, 갓김치 등** : 전라도의 별미김치로서 겨울 밥상에 별미이다. 고들빼기는 미리 물에 5~6일 가량 담가서 쓴 맛을 빼고 약간 삭힌 다음 젓국과 고춧가루 기타 양념으로 담근다. 파, 갓 등은 약간 절였다가 양념에 버무린다.
- **섞박지** : 배추와 무를 썰어서 향신채와 양념, 젓갈, 소금, 고춧가루에 버무려 담근 김치이다.

5) 김장 풍습

김장철은 입동 전후가 알맞으며, 5℃ 전후에서 급작한 온도의 변화 없이 서서히 익어야 김치 맛이 좋으므로, 예전에는 집집마다 땅을 파고 독이나 항아리를 묻어서 익혔다. 김장철이 되면 도시에는 임시 김장시장이 서며, 배추와 무를 차곡차곡 집더미만큼 쌓아 올려놓고 손님을 맞는다.

'김장은 반년 양식'이라는 말이 6·25전쟁 전까지 듣던 말이다. 서대문밖 아현동과 신촌 일대에는 중국인이 채소를 가꾸어 천평 광주리에 담아 메고 다니며 속이 꽉 들어찬 호배추를 팔아 한국인 배추장수를 위협했다. 서울 교외에 있는 방아다리 근처에서 재배하는 배추는 김장배추 가운데서 가장 좋은 품종이었다.

보통 가정에서는 김장으로 배추 100~150통을 담갔으나 주거양식의 변화, 비닐하우스에서 재배되는 겨울 채소의 보급, 김치냉장고 보급 등으로 김장을 소량씩 담게 되었다. 1960년대 무렵에는 도회지에서는 가까운 김장밭에 나가 배추밭을 도랑으로 사서 두세 집에서 나누어 마차에 실어오는 예가 많았으며, 고추 수확기에는 고추밭에 나가 직접 사오기도 하였다.

(1) 김장 품앗이

김장하는 모습(1900년대 중반)

김장때가 되면 대소가의 여러 동서간, 또는 가까운 친지간, 시골에 사는 한마을의 이웃들이 김장을 하는 날이 서로 중복되지 않도록 의논하여 '품앗이'로 서로 돕는다. 김장거리를 모두 장만해 들어오면 겉잎을 떼고 배추꼬리를 뗀 다음 반을 갈라서 소금물에 담갔다가 큰 독에 절인다. 배추를 절이는 시간은 대체로 10여 시간이 알맞다. 배추를 절이는 동안에 양념거리를 다듬고, 무를 손질하여 배추 속을 준비한다. 알맞게 절여진 배추를 3~4명이 물가에 둘러앉아 차례로 깨끗하게 헹구어 큼직한 채반에서 물기를 뺀 다음 자배기나 양자배기에 속을 담아놓고 3~4명이 둘러앉아 김치 속을 넣는다.

김치속의 기본재료는 무 채 썬 것, 미나리, 갓, 파, 마늘, 생강, 젓국, 소금, 고춧가루, 청각 등이고, 표고버섯, 생굴, 조기젓, 생선의 살(생선, 낙지,

생명태) 등을 넣기도 한다. 배추 속을 넣으면서 배추의 노란 속잎을 한두 장 씩 따서 '속대쌈'을 만든다. 품앗이의 관습은 우리의 공동체 의식에서 생긴 농경생활풍습의 하나이다.

(2) 김치 익히기

김장김치는 5℃ 전후 온도에서 온도의 변화 없는 곳에서 저장하여야 맛이 좋고 변질하지 않는다. 알맞은 온도를 유지하기 위하여 김치광을 따로 두고 그 안에다 김칫독을 묻어 저장한다. 김칫독은 짚방석으로 덮어둔다. 짚방석으로 덮는 풍습은 방한에 좋을 뿐 아니라 김치 숙성에 볏짚에서 잘 번식하는 미생물을 번식시키려는 목적이 있다. 농가에는 볏짚으로 지붕을 세운 김치광을 뒷마당에 따로 만들었다.

운암정 김치광

2. 발효의 명품, 젓갈

1) 젓갈의 문화

어패류를 소금에 절여서 염장하여 만드는 저장 식품이다. 젓갈(醢)은 어패류의 단백질 성분이 분해하면서 특유한 향과 맛을 낸다. 젓갈류 중 새우젓, 멸치젓 등은 주로 김치의 부재료로 쓰이고, 명란젓, 오징어젓, 창란젓,

여러 가지 젓갈

어리굴젓, 조개젓은 찬품으로 한다.

젓갈은 어패류를 염장법을 이용한 것으로 오래 두고 먹을 수 있다. 여러 가지 생선과 새우, 조개 등에 소금을 약 20% 정도를 섞어서 절여 얼마 동안 저장하면 특유한 맛과 향을 내게 된다. 젓갈은 숙성 기간 중에 자체에 있는 자가분해효소와 미생물이 발효하면서 생기는 유리아미노산과 핵산 분해산물이 상승작용을 일으켜 특유한 김칠 맛을 생기게 되는 것이다. 작은 생선의 뼈나 새우나 갑각류의 껍질은 숙성 중에 연해져서 칼슘의 좋은 급원 식품이 되기도 하다.

젓갈과 비슷한 저장식품으로 식해(食醢)가 있다. 식해는 어패류를 엿기름과 곡물을 한데 섞어서 고춧가루, 파, 마늘, 소금 등으로 조미하여 만든 저장 발효 음식으로 가자미식해, 동태식해, 도루묵식해 등이 있다. 재료 중의 전분이 발효하면서 생긴 유산에 의하여 독특한 신맛을 내고 부패를 방지하여 생선의 삭은 맛이 유별나게 좋다.

음식의 간은 기후에 따라 달라지는데 서울을 포함한 중부 지방은 입맛이 중간 정도인데 추운 북쪽 지방으로 올라갈수록 싱거워지고 따뜻한 남쪽 지방으로 내려갈수록 간이 짜 진다. 그래서 짠맛이 강한 젓갈은 남쪽 지방에서 특히 발달하였고, 북쪽 지방에는 거의 없다. 젓갈은 그대로 찬물로 먹지만 일부 젓갈은 김치에 넣거나 음식의 맛을 내는 조미료로서 쓰인다.

예전에는 집집마다 제철에 흔한 생선이나 조개류로 직접 집에서 담그는 일이 당연하였지만 요즘은 산지에서 전문업자가 만들어서 지방의 특산물로 잘 알려져 있어 도회지에서도 여러 가지 젓갈을 구할 수 있게 되었다.

젓갈류 중 가장 흔히 쓰이는 것은 새우젓, 조기젓, 황석어젓, 멸치젓 등인데 주로 김치 담을 때 많이 쓰인다. 찌개나 국의 간을 맞출 때에는 새우젓을 많이 쓰고 나물을 무칠 때는 멸치젓으로 만든 멸장을 넣는데 간장만으로 간을 한 것과는 달리 독특한 맛이 있다.

새우젓은 서해안이 주 생산지이다. 서울과 중부 지방에서는 젓갈이라 하면 새우젓이나 황석어젓이나 조기젓이 많이 쓰였는데 요즈음에는 멸치젓이나 맑은 액체육젓을 더 많이 쓰이고 있다.

동해안에서는 명태가 많아 잡히므로 북어로 말리는 덕장에 보내기 전에 알은 모아서 명란젓을 담고, 창자는 창난젓을 만든다. 대구 아가미젓은 대구모젓이라고도 하는데 얇게 썬 무와 함께 무쳐서 반찬으로 한다. 특히 전라도 지방에 철에 따라 잡히는 어패류로 게, 전어, 볼락어, 돔배, 토하, 낙지, 꼴뚜기, 갈치, 소라, 병어 등으로 젓갈을 담아 각각의 독특한 향미를 즐긴다. 일반적 전국적으로 밥반찬용으로는 조개젓, 어리굴젓, 명란젓, 창난젓, 오징어젓 등이 쓰인다.

2) 젓갈의 역사

젓갈의 역사는 아주 오래되었다. 한나라의 무제(武帝, B.C. 140~87년 재위)가 동이족을 쫓아서 산동 반도에 이르렀을 때 좋은 냄새가 나서 사람을 시켜서 찾아보니 물고기 창자와 소금을 넣고 흙을 덮어둔 항아리가 나타났는데 이것이 바로 젓갈이다. 이것을 이(夷)를 쫓아서 얻었으므로 축이(鱁鮧)라고 하였다. 그 당시의 산동 반도는 우리 겨레의 활동 무대이었으므로 우리 조상이 일찍부터 젓갈을 조미료로 사용하였다.

B.C. 3~5세기의 중국 『이아(爾雅)』라는 사전에는 "생선으로 만든 젓갈을 지(鮨), 육으로 만든 젓갈을 해(醢)라 한다."고 하였다. 그 후 문헌에 지(鮨), 자(鮓), 해(醢) 등이 나타난다. 5세기경의 『제민요술(齊民要術)』에는 장에는 누룩과 메주, 술, 소금으로 담그는 작장법(作醬法)과 수조어육류, 채소, 소금으로 담는 어육장법(魚肉醬法)이 쓰여 있다.

문헌으로는 『삼국사기』 신라본기에 신문왕 8년(683)에 김흠운의 딸을 왕비로 맞이할 때 납폐 품목에 장과 함께 '해'가 적혀 있다. 이 해는 젓갈을 이른다. 우리나라는 고려시대와 조선시대를 거치면서 어패류를 소금에만 절이는 지염해(漬鹽醢), 즉 젓갈과 절인 생선에 익힌 곡물과 채소 등을 한데 혼합하여 숙성시키는 식해(食醢)로 크게 나눌 수 있다.

3) 젓갈의 종류

젓갈은 산출되는 수산물이 가장 흔할 때 염장을 하므로 지방마다 담는 젓갈의 종류와 시기가 각각 다르다. 우리나라의 젓갈의 종류가 약 140여 종이 된다고 한다. 소재별로 분류하면 생선으로 담은 것이 80여 종, 생선의 내장이나 생식소로 담근 것이 50여 종, 게나 새우 등 갑각류로 담근 것이 20여 종이고, 낙지, 문어, 오징어 등의 두족류로 담근 것이 16종, 그 외에 해삼이나 성게로 담은 것이 있다.

(1) 어리굴젓

태안반도 근교 서해안이 생굴의 명산지이며, 그중에서도 서산(瑞山) 어리굴젓은 특히 명물이다. 초가을에 좋은 생굴에 소금과 고춧가루를 섞어서 담그면 10월경부터 먹게 되고, 잘 담근 것은 일 년이 지나도 변질되지 않는다. 서산 어리굴젓은 한해(韓醢)라 일컬어 진미로 여겼는데, 광해조 때 영의정을 지냈던 월탄 한효순의 외손자가 서산으로 낙향하였을 때 그 부인이 특수한 솜씨로 어리굴젓을 만들기 시작하였다고 전한다.

어리굴젓

(2) 참게젓

가을에 벼 추수철에 논에 있는 게를 잡아서 산채로 참게젓을 담근다. 잡은 게는 오지동이에 담고 물을 부어서 흙물을 토해내게 한 다음에 진간장을 부어넣는다. 며칠 후에 그 장을 따라 달이고 다홍고추 말린 것, 마늘 등을 함께 넣어 게에 다시 붓는다. 간장 끓이기를 2~3회 하여 담근 지 1개월쯤 후부터 먹기 시작하는데, 게의 딱지를 떼고 그 안에 있는 새까만 장에 따끈한 흰 밥을 비비면 다른 반찬에 손이 갈 겨를이 없는 좋은 반찬이다.

게젓 담그기는 옛날부터 있었는데 문헌에는 소금으로 담는 염해법(鹽蟹法)과 술지게미, 소금, 식초, 술에 담근 조해법(糟蟹法)과 술과 볶은 소금, 백반가루, 천초 등으로 담근 주해법(酒蟹法)이 나오는데, 현재는 간장에 담그는 장해법(醬蟹法)만 남아있다.

(3) 조기젓

3~4월이면 중부지방 가정에서는 조기젓을 담갔다. 연평도에서 들어온 신선한 조기를 짝으로 들여다 아가미에 소금을 가득 채우고, 독 안에다 조기 한 두름에 소금 한 번씩 채워 돌을 눌러서 꼭 봉하여 시원한 곳에서 삭

힌다.

여름이면 꼬들꼬들하게 된 조기젓을 꺼내어 살을 굵직하게 찢어 식초, 고춧가루를 섞어 반찬으로 하고, 혹은 토막으로 썰어서 파, 마늘, 고춧가루 등 양념을 위에 얹어 밥솥에서 쪄서 밥반찬으로 한다.

(4) 식해

동해안지역에서는 참가자미에 메조밥, 고춧가루, 소금으로 담그는데, 메조밥을 먼저 엿기름으로 삭힌 다음 가자미를 넣고 버무리고 윗국이 생기는 대로 적당하게 떠내어 농도를 조절하여 가자미식해를 담갔다. 밥식해는 강원도에서 지금도 많이 하는 '젓'의 하나이며, 어패류와 밥이 삭는 동안에 생간 독특한 발효맛이 별미로 인기가 있다. '밥식해'는 겨울철의 밥반찬으로 많이 쓰인다.

(5) 그 밖의 젓갈

바지락 조개가 많이 날 때는 살만 발라서 조개젓을 담고, 5~6월경에 멸치젓을 담그고, 겨울철에는 대구의 알, 내장, 아가미젓과 명태알로 명란젓과 창란젓을 담근다. 대부분은 밥반찬으로 쓰이는데 먹을 때는 잘게 썰어서 고춧가루, 다진 파 마늘과 참기름을 넣어 무쳐서 먹는다.

4) 젓갈 저장법

젓갈 담글 때 주의할 점은 첫째 모든 재료는 반드시 소금물로 씻도록 한다. 맹물로 씻으면 저장하는 동안 젓갈의 맛과 색이 변한다. 둘째, 생선의 내장을 빼고 담는다. 멸치나 작은 생선은 그대로 담는다. 셋째, 재료와 소금의 비율이 10 : 3 정도 되도록 한다. 소금이 적으면 저장하는 동안 부패하여 나쁜 냄새도 나면서 못쓰게 된다. 넷째, 젓갈을 담을 때 항아리, 유리 또는 스테인리스 용기에 담는다. 다섯째, 재료가 공기 중에 노출되지 않도록 돌이나 작은 접시로 눌러서 국물 안에 잠겨 있도록 한다. 여섯째, 보관하는 장소는 서늘하고 어두운 곳에 둔다. 일곱째, 젓갈이 숙성하여 꺼낼 때는 물기가 없는 도구나 손으로 덜어낸다.

Chapter ❽ 다양한 우리의 술문화

1. 술의 역사

동서양을 막론하고 신화나 전설에 으레 술이 등장하고 있는 사실로 보아 사람과 술의 관계가 매우 오래되었다는 것을 알 수 있다.

술의 기원은 여러 가지 설이 있다. 술의 역사는 인류의 역사와 거의 역사가 같아서 인류가 농경·목축이 시작되기 전인 원시시대에 이미 술이 있었다는 것이다. 원시 인류가 차츰 기후가 온화하고 자연의 식량이 많이 있는 곳으로 이동하였고, 그들은 산이나 들에서 나무열매나 과일을 마음껏 따서 먹고 남은 것은 버려두었을 것이다. 얼마 지나서 우연히 그들이 버린 과일들이 자연스럽게 발효된 것을 알아차리고 이를 먹은 것이 술의 기원으로 짐작한다. 이 같은 과실주는 움푹 팬 바위나 나무가 썩어서 푹 팬 곳 등에서도 발견되었으며 원시시대나 수렵시대에 있었다고 추측된다.

우리나라 술의 기원에 대한 기록은 거의 별로 없다. 중국의 기원전 고서인 『전국책(戰國策)』에는 술에 대한 기록을 다음과 같이 수록하고 있다.

"옛날 황제의 딸 의적(儀狄)이 술을 맛있게 만들어 우왕(禹王)에게 올렸더니 우왕이 이를 맛보고는 후세에 반드시 이 술로 나라를 망치는 자가 있을 것이라고 말하고는 술을 끊고 의적(儀狄)을 멀리 하였다."고 하였으니 중국에서는 하(夏)나라 때인 B.C. 약 2천 년대에 술이 있었다는 것이다.

우리나라 술에 관련한 문헌은 고구려 주몽신화에 처음에 등장한다. 『제왕운기』에는 주몽의 아버지 해모수는 하백의 세 딸을 초대하여 술을 취하도록 마시게 하니 그녀들이 놀라 달아났으나 큰말 유화는 해모수에 잡혀 그날 밤 해모수와의 인연으로 아이를 잉태하였고 그 아이가 주몽이라고 하였다.

부족국가 시대의 기록인 『삼국지 위지』 동이전에는 이 땅에 영고·동맹·무천 등 군집대회에서는 밤낮으로 음주(飮酒)하였다고 하였는데 여기의 음주는 술을 가리키는 것이다. 하늘을 제사지내는 큰 행사를 부여에서는 정월에 영고라 하였고, 고구려에서는 역시 10월에 제사를 동맹이라고 하였고, 마한에서는 5월에 씨앗을 뿌리는 큰 모임이 있었다고 한다.

『삼국사기』 고구려 대무신왕조에는 맛좋은 술의 뜻인 지주(旨酒)가 나온다. 양조를 잘하는 고구려이나 누룩으로 만드는 술들이 있었다고 추측되나 문헌의 기록이 남아있지 않다.

2. 술의 원리

술의 종류가 어떻든 술이 만들어지는 원리는 모두 같다. 어느 종류의 술이나 반드시 효모균에 의해 알코올이 만들어진다. 이 균이 당분을 분해해서 알코올을 만드는데, 이때 탄산가스가 방출되므로 거품이 나오는 이른바 발효현상이 일어나게 된다.

술의 역사 중에서 과실주가 가장 오래되었다고 추정되는 이유가 있다. 과일은 대개 수분이 90% 가량, 당분이 10% 이상 들어 있는데다 그 껍질 부분에는 효모균이 많이 살고 있다. 즉 발효가 일어날 수 있는 조건 세 가지인 물, 당분, 효모가 존재하기 때문에 온도만 20~30℃로 유지되면 알코올 발효는 잘 일어나게 된다. 이어서 농경생활을 시작하면서 곡류로 술을 만들게 되면서 술의 종류가 다양화되었다.

술은 알코올 성분이 있고, 마시면 사람을 취하게 하는 음료를 통틀어 일컫는다. 술의 종류는 크게 양조주와 증류주, 혼성주 등으로 나눈다.

양조주는 곡주(穀酒)로 쌀, 보리 등으로 만든 청주와 맥주가 있고, 과실주로는 포도, 사과 등으로 만든 포도주, 사과주 등이 있다. 증류주는 일단 만들어진 양조주를 증류하여 만든 것으로 소주, 위스키, 브랜디 등으로 알코올 함량이 높다. 혼성주(混成酒) 또는 재제주(再製酒)는 양조주나 증류주에 향료나 약재, 과실즙 등을 섞어 만든 매실주나 리큐르 등이 있다.

전통주는 누룩과 지에밥을 버무린 술밑을 술독에 빚어 넣어 석임을 해서 술이 익어 괴어오르면 이것을 밑술로 하여 술밑이나 지에밥을 덧 넣어 덧술한 것을 중양주(重釀酒)라 하고, 덧술을 하지 않은 것을 단양주(單釀酒)라 한다. 술이 익었을 때 독의 뚜껑을 열어 속을 보면 술덕지가 앉는다. 가정에서 빚는 술을 가양주(家釀酒)라 한다.

3. 누룩

좋은 술을 만들려면 재료가 좋아야 하고 물이 좋아야 하며 양조관리를

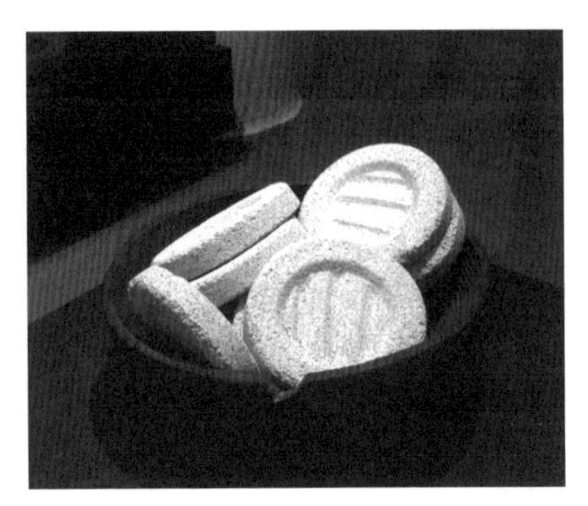
누룩

누룩틀

잘해야 하는 것은 예나 지금이나 같다. 그 중에서 발효의 바탕이 되는 누룩은 매우 중요하다. 누룩이 처음에 만들어진 것은 중국의 춘추전국시대(B.C. 8~3세기)로 알려져 있다.

누룩이란 술을 만드는 효소를 갖는 곰팡이를 곡류에 번식시킨 것이다. 누룩곰팡이에는 그 빛깔에 따라 황국균, 흑국균, 홍국균 등이 있는데, 우리의 막걸리나 약주에 쓰이는 것은 주로 황국균이다. 옛날에는 필요한 곰팡이를 마음대로 옮겨 심는 기술이 없었던 막연하게 솜씨에만 의존할 수밖에 없었던 것이다. 누룩은 분국(粉麴)과 조국(粗麴)으로 크게 나뉘어졌는데, 분국은 약주, 합주, 과하주 제조에 쓰였다. 조국은 막걸리, 소주 제조에 쓰인 것으로 밀을 거칠게 갈아서 만들었다.

누룩 원료의 분쇄에는 물레방아나 사람 또는 소나 말의 힘을 이용했었다. 누룩 만들 때는 원료와 물의 양을 가늠하는 바가지, 혼합용의 나무통, 반죽한 것을 싸는 헝겊, 누룩틀이 필요하다.

분쇄한 밀을 물을 섞어 버무려 바가지로 떠서 누룩틀에 담고 발로 밟는다. 이어서 천을 제거하고 누룩방이나 온돌 또는 헛간에 적당히 배열한다. 틀을 쓰지 않은 생누룩을 부엌 천장에 매달기도 하였다. 짚이나 쑥으로 덮고 자연히 누룩곰팡이가 자라서 뜨는 것을 기다렸다가 뜨기 시작하면 덮었던 짚이나 쑥을 치우고 누룩과 누룩 사이를 넓히면서 차차 건조시켜 누룩을 만들었다. 누룩의 발효는 짧게는 1주일, 길게는 40일 이상 걸렸는데, 지방에 따라서 모양·제조법·계절 등이 일정하지 않다.

누룩은 대부분 밀로 만들지만 누룩에다 쌀을 섞어 한 번 쪄서 섞고 거기에 다시 약초를 넣어 맛을 독특하게 하여 빚는 것도 있었다.

4. 술의 종류

1) 탁주

탁주(濁酒)는 원래 고두밥에 누룩을 섞어 빚은 술을 체에 쏟아붓고 마구 걸러내린 술이다. 탁하게 빚은 술을 탁주라고 하는데 재주(滓酒) 또는 회주(灰酒)라고도 불러 왔다. 삼국시대 이래 양조기술의 발달로 맑은 술인 청주가 등장했지만 그 구별이 뚜렷하지 않았다.

같은 원료를 사용해서 탁하게 빚을 수도 있고 맑게 빚을 수도 있었기 때문이다. 술이 다 익어서 맑은 술을 떠낼 때 용수를 박아서 떠낸 것은 맑은 술이고 물을 더 보태어 걸쭉하게 걸러낸 것이 탁주이다.

일반 탁주류와 일반 청주류를 만들 때는 밀누룩이 쓰이고 있는데, 순 탁주류에는 쌀누룩을 사용하는 것이 다른 점이다. 일반 탁주류는 탁배기라고 불러왔고 특별한 방법으로 빚은 탁주는 고유의 명칭을 붙여 왔다.

고려시대 이래 이화주(梨花酒)로 알려진 술이 대표적인 탁주였다. 가장 소박하게 만들어진 술, 막걸리는 막걸리용 누룩을 배꽃이 필 무렵에 만든 데서 유래하여 이화주라고 부르게 되었다. 그러나 후세에 와서는 누룩을 아무 때나 만들게 되었으므로 이화주란 이름이 사라지고 말았다.

2) 약주

우리나라에서는 맑은 술인 청주를 일반적으로 약주(藥酒)라 한다. 중국이나 일본에서는 약재를 넣어 빚어 약효를 내는 술을 말하는데, 우리는 약재를 넣지 않은 순곡주를 약주라 한다.

『조선왕조실록』 태종 5년(1405) "진약주(進藥酒)"라 나오고, 7년에는 한발 때문에 왕은 약주 이외의 술을 금하고 있다고 하는데 이때는 약양용(藥釀酒)이다. 이는 금주령이 내렸을 때 왕이나 특권층이 청주를 약양주로 사칭하면서 마시고 있어 드디어 백성들은 점잖은 이가 마시는 술을 모두 약주라 부르고, 좋은 술인 청주를 약주라 한 듯하다.

한편 약주 명칭은 중종(1506~1544) 때 서울 약현(藥峴)에 살았던 서성의 어머니 이씨부인이 남편을 잃고 술장사로 나섰는데 그 솜씨가 뛰어난 '약현술집'의 약주로서 소문이 난데서 유래하기도 한다. 『한경지략』(1830)에는 "약전현에는 약봉(藥峯) 서성의 집에 있는데 이곳은 옛날 내국에서 약초를 심던 곳이다"고 하였다.

약주는 구한말에서 일제 강점기 초기까지는 주로 서울 부근의 중류 이상 계급에서 소비했다. 그 제조법은 멥쌀과 누룩으로 밑술을 담그고 그 위에 찹쌀을 쪄서 위를 덮어서 만들었는데, 각 가정마다 비법이 많았고 거기에다 인삼(人蔘)이나 다른 초근목피를 넣어 빚기도 하였다.

이에 속하는 것으로 백하주(白霞酒), 향온주(香醞酒), 녹파주(錄波酒), 벽향주(碧香酒), 유하주(流霞酒), 소국주(小麯酒), 부의주(浮蟻酒), 하향주(荷香酒), 죽엽주(竹葉酒), 별주(別酒), 황금주(黃金酒), 동양주(東陽酒), 절주(絶酒), 행화춘주(杏花春酒), 청명주(淸明酒), 법주(法酒) 등을 들 수 있다.

대표적인 약주 만드는 법은 다음과 같다.

> "멥쌀 2되 반을 잘 씻어서 가루로 내어 백설기로 찌거나 솥에 물을 7식기만 끓여서 가루를 넣고 젓지 않고 물을 조금 넣은 후 익으면 골고루 저어서 퍼낸다. 하룻밤 재워 식힌 다음 좋은 누룩가루 반 되를 넣어 골고루 버무린 후 항아리에 넣고 봉해둔다. 일기가 차면 방에 두되 새끼로 똬리를 만들어 괴고, 일기가 차면 거적을 둘러친다. 일기가 더우면 밖에 두어 술이 맑게 괴면 찹쌀 5되를 잘 씻어 찐 다음 물 1사발만 부어 다시 불을 조금 넣어 하룻밤 재워 식힌다. 냉수 7주발에 찐 찰밥과 밑술을 혼합하여 짚불을 쬔 항아리에 넣고 봉하여 2일 후면 마실 수 있다."

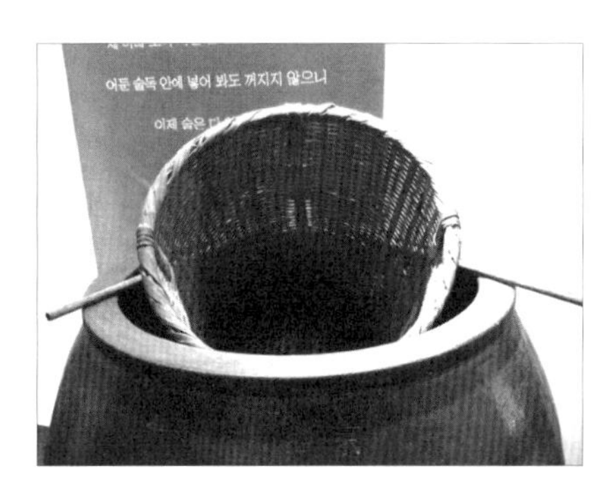

술독과 용수

• **백하주(白霞酒)** : 청주 중에서 대표로 고려시대 이래 가장 애용되어 온 술로 흰 노을과 같다고 백하주라 이름이 붙었고, 후세에 약주의 대명사가 된 술이다. 『고사촬요』에는 '백미 1말을 여러 번 씻고, 가루로 내어 그릇에 담고 끓는 물 3병을 넣고 식힌 뒤에 누룩가루 1되와 밑술 1되를 섞어서 독에 담는다. 3일째 되는 날에 또 백미 2말을 여러 번 씻어 끓는 물 6병을 쳐서 식

힌 뒤에 먼저 술밑과 합하고 거기에 누룩가루 1되를 얹어서 섞으면 7~8일 만에 익는다. 지예(紙蕊 : 종이를 비벼 만든 끈)에 불을 붙여 술독 속에 넣었을 때 불이 꺼지면 덜 익었고, 불이 안 꺼지면 다 익은 것으로 볼 수 있다. 다 익었으면 물을 타지 않는 것이 좋지만 맛있는 술을 만들려면 물 2병만을 타는 것이 좋다.'고 하였다. 이 술은 술밑에 다시 쌀과 누룩으로 덧술을 하여 술맛을 진하게 한 이양법(二釀法)이다.

- **부의주(浮蟻酒)** : 고려시대 이후 알려진 술로 일명 동동주이다. 맑은 술에 밥알이 동동 뜨게 빚어져 개미가 물에 떠 있는 것과 같다고 해서 붙여진 이름이고 부아주 또는 녹의주(綠蟻酒)라는 별명도 있다. 양조법 중 한 가지는 "끓는 물 3병을 식혀서 누룩가루 1되와 섞어 하루를 재우고, 찹쌀 1말을 깨끗이 씻어 밥을 지은 후 항아리에 넣어 식힌다. 누룩가루를 푼 물을 체로 걸러 찐밥과 섞는다. 항아리에 담은 지 3일이면 맑게 익으며 삭은 밥알이 개미같이 뜨니 그 맛이 달고 독하여 여름에 쓰기 좋다."
- **향온주(香醞酒)** : 『고사촬요』와 『음식디미방』에 나오고, 『임원십육지』에는 내국(內局)법으로 "밀을 갈아 체에 치지 않은 것 1말에 녹두 빻은 것 1홉씩 섞어 누룩을 디딘다. 술은 멥쌀 10말, 찹쌀 1말을 술밥으로 쪄 더운 물 15병을 섞어서 물이 다 스며들면 삿자리에 널어 식힌 후 누룩가루 1말 5되와 엿기름 1되를 섞어 빚는다"고 하였다. 이 술은 단양주이고 엿기름을 넣어 당화를 촉진시키는 것이 특징이다.
- **소곡주(少麯酒, 少麴酒)** : 소곡주는 조선 초기부터 많이 알려진 술로 『고사촬요』에는 "멥쌀 1말을 가루 내어 더운 물로 개서 식거든 누룩가루 1되 반을 섞어 빚는다. 7일 만에 술밑이 익으면 다시 쌀로 지에밥을 지어 덧술을 하여 다시 14일이 지나면 익게 된다. 맑아진 후에 마신다"

하였고, 『증보산림경제』에는 "쌀가루로 시루떡을 만들어 누룩물에 풀어 술텀을 만들고, 덧술에 누룩을 쓰지 않은 이양주로 누룩을 적게 쓰기에 소곡주라 한다."고 하였다.

충남 서천군 한산면에 고려시대부터 내려오는 소곡주 빚는 법은 멥쌀로 무리떡을 쪄서 이 떡과 누룩가루를 묽게 섞어 아랫목에 3일 동안 재우면 향긋한 냄새의 밑술이 된다. 찹쌀로 다시 술밥을 쪄서 녹갱이 누룩(보통 누룩을 밀가루처럼 곱게 쳐낸 것)을 준비, 소곡주 시루에 술밥을 놓고 그 위에 누룩가루, 또 그 위에 술밑을 깔아 마치 시루떡처럼 채운 후 100일 동안 땅속에 묻어두면 소곡주가 된다. 1백일 후에 꺼내면 끈끈하면서 노란색의 술이 되는데 며느리가 술맛을 보다가 자신도 모르게 취해서 일어서지 못한 채 앉은뱅이처럼 기어다닌다고 하여 '앉은뱅이 술'이라고 한다.

- **하향주(荷香酒)** : 조선 초기에 많이 유행한 술로 연꽃 향기와 같다고 비유된 술이다. 양조법 중 한 가지는 '백미 1되를 가루로 낸 다음 물송편(구멍떡)을 만들고 삶아 식힌다. 거기에 누룩가루 5홉을 섞어 풀고 그릇에 담아 3일쯤 둔다. 따로 찹쌀 1말을 물을 뿌려 익게 찌고 잘 식혀서 밑술에 섞으면 3~7일로 익게 된다.' 물송편을 만들어 담그는 것이 특이하며, 찹쌀은 2차 담금에서 사용하고 있다.

3) 가향주

술에 독특한 향을 주기 위해 꽃이나 식물의 잎 등을 넣어 빚은 약주류를 말한다. 가향주(加香酒)에는 일반처방에다 가향재료를 넣어서 함께 빚는 것과 이미 만들어진 곡주에다 가향재료를 우려내게 하여 빚는 법이 있다.

고려시대 이후의 문헌에 나오는 것으로 보아 가향주가 만들어진 역사는 상당히 오래된 것 같다. 고려시대의 대표적인 것으로는 여러 가지 꽃을 이용해서 담근 화주(花酒)가 있다.

도화주(桃花酒), 송화주(松花酒), 연엽주(蓮葉酒), 죽엽주(竹葉酒), 국화주(菊花酒), 유자피주(柚子皮酒), 백화주(百花酒), 하엽주(荷葉酒), 두견주(杜鵑酒) 등이 있다.

두견주는 충남 당진 면천이 유명한데 가향재료로 두견화(진달래꽃)가 쓰인다. 두견주의 주방문은 정월 첫 해일(亥日)에 백미 2말을 잘 씻고 가루 내어 물 2말을 쪽박을 띄우고 많이 끓여 쌀가루에 고루 퍼붓고 주걱으로 개서 하룻밤 재우는데 밑까지 얼음같이 차게 식힌 후 누룩가루 1되 3홉과 밀가루 7홉을 섞는다. 이때 누룩은 가루를 만들어 깁체로 쳐서 이슬을 맞혀 빛이 뽀얗게 되도록 바래서 쓴다.

술을 담글 항아리는 짚불을 사르고 그 위에 엎어 항아리 속에 연기가 자욱하게 들어가게 한다. 항아리의 불티가 붙은 것을 깨끗하게 마른 행주로 닦은 다음 술을 빚어 넣고 단단히 봉한 뒤 빈 섬으로 싸서 화기와 양기가 없는 곳에 둔다. 이어 덧술은 백미 3말을 잘 씻고 각각 맑은 물에 담갔다가 다시 맑은 물에 헹구어 건져서 찐다. 우선 멥쌀은 날물을 많이 주어 밥이 뼈 없이 익게 한다. 또 찹쌀 지에밥은 날물 조금씩 뿌리면서 쪄내어 즉시 헤쳐 널어 식힌다. 멥쌀은 소래기에 퍼서 덮어놓고, 물 6말을 지에밥에 2~3바가지 퍼 주고 덮어두었다가 밥이 물을 먹고 김이 들었거든 삿자리에 고루 헤쳐 식힌 다음 온기가 없으면 밑술에 버무린다. 메밥과 찰밥을 각각 버무리되 밑술이 적고 밥이 많아 고루 버무리기 어렵거든 잘 끓인 물을 식혀서 술밑에 타서 2가지 밥에 나누어 붓고 고루 버무린다.

술독에 메밥 한 켜, 찰밥 한 켜, 두견화 한 말을 한 켜씩 놓고, 맨 위에는 메밥 버무린 것을 덮는다. 물 6말을 끓여서 식힌 후 모두 지에밥에 버무리는데 1사발쯤은 남겼다가 버무린 그릇을 모두 부셔서 붓는다. 두견화는 꽃술을 빼고 정하게 다듬어 넣는데 꽃이 너무 많으면 술 빛깔이 붉어진다. 덧술을 해 넣고 14일이나 21일이 지난 후에 뚜껑을 열고, 밤에 종이 심지에 불을 켜 술독에 넣어 보아 불이 꺼지게 되면 술이 덜 된 것이고, 불이 꺼지지 않으면 술이 다 된 것이다. 위에 뜬 것을 살짝 걷어내고, 가운데를 헤치면 청주가 솟아나는데 그 향취가 매우 좋다.

4) 소주

일반 양조주는 알코올 도수가 낮아서 오래 두게 되면 대개 식초가 되거나 부패하게 된다. 이러한 결점을 없애기 위해 고안된 것이 증류주인 소주(燒酒, 燒酎)이다. 소주는 양조주를 증류하여 이슬처럼 받아내는 술이라 하여 노주(露酒)라고도 하고, 화주(火酒), 한주(汗酒), 백주(白酒), 기주(氣酒)라고도 한다. 한자로 소주라고 표기하는데 주(酎)자는 세 번 고아서 증류한 술이라는 것이 본뜻이다.

소주는 본래 곡식으로 만들었는데 찹쌀로 만든 것을 찹쌀소주, 멥쌀로 만든 것을 멥쌀소주라고 했다. 소주에는 증류식과 희석식이 있는데, 증류식은 예전부터 있었던 간단한 증류기로 증류한 원료와 발효 중에 생긴 술로 각종 알코올 발효부산물 중 휘발성의 물질을 불순물로 함유하기 때문에 특수한 향미를 강하게 풍긴다.

희석식 소주는 고구마, 감자 등의 전분을 연속식 증류기에서 만든 순수 알코올(주정)을 물로 희석하여 알코올분을 20~35%로 낮추고 단맛을 가미한 것이다. 1960년대에 부족한 곡물의 대체 조치로 고구마, 감자 등 전분으로 만든 저렴한 희석식 소주가 인기를 얻게 되었다.

증류주는 페르시아에서 시작이 되었고 그 증류법이 12세기에 십자군의 영향으로 유럽으로 건너가 포도주를 증류한 브랜디를 낳게 되었다. 증류주는 아랍어로 아라키(Arag)이고, 몽고어로 아라키(亞剌吉)로 불리고, 만주어로 알키라 하고, 우리나라에서는 아락주가 되었다.

소주 제조는 고려시대에 시작하여 조선시대를 지나는 동안 양조과정이나 방법은 별다른 변화발전이 없었다. 가정에서 만들 때는 솥과 시루, 그리고 솥뚜껑 따위가 이용되었다.

가장 초보적인 제조법은 다 익은 술이나 술지게미를 솥에 담고 솥뚜껑을 뒤집어 덮는다. 뒤집어 덮은 솥뚜껑의 손잡이 밑에는 주발을 놓아둔다. 대개 가정에서는 익은 술 2말가량을 3말들이 가마솥에다 넣고, 위에 소주고리를 안친 후 위에 솥뚜껑을 거꾸로 덮고 냉수를 부어둔다. 아궁이에 불을 때면 술이나 지게미가 끓으면서 알코올분이 먼저 휘발하여 솥뚜껑에 닿게 된다. 기체 상태로 올라 간 알코올은 솥뚜껑에 채운 찬물 때문에 다시 액체가 되면서 솥뚜껑의 경사를 따라 아래로 흘러서 가운데 손잡이에 모이고, 다시 이것이 솥안에 놓았던 주발에 소주가 고이게 된다.

소주고리

소주 증류기를 '는지'라고 불러왔다. 이보다 조금 발전한 것이 소주고리라는 것인데, 이 증류장치는 아래위의 두 부분으로 되어 있다. 밑의 것은 아래가 넓고 위가 좁으며, 위의 것은 반대로 밑이 좁고 위쪽이 넓게 벌어져 있다. 이 고리는 흙으로 만든 것과 구리나 쇠로 만든 것이 있는데, 흙으로 만든 것을 토고리 구리로 만든 것을 동고리, 쇠로 만든 것을 쇠고리라 한다.

소주의 종류는 일반소주, 찹쌀소주, 밀소주, 보리소주 등이 있다. 보통 소주를 이용하여 약용으로 특별히 만든 소주를 약소주라고 한다. 소주를 다시 여러 번 고아서 약재와 함께 제조한 것도 있고, 소주에다 직접 약재를 넣고 고아낸 것도 있다. 조선 초기 이후 문헌에 나온 소주는 다음과 같다.

- **감홍로(甘紅露)** : 소주를 한두 번 다시 고아서 마지막에 고리의 바닥에 꿀과 자초(紫草)를 깔고 이슬을 받아낸 것인데 빛깔이 연지와 같고 맛이 달며 독한 것으로 이름난 술이다.
- **죽력고(竹瀝膏)** : 한방에서 죽력고는 아이들이 중풍으로 갑자기 말을 못할 때 구급약으로 써온 것인데 죽력을 섞어서 만든 소주에다 생지황(生地黃), 꿀, 계심(桂心), 석창포(石菖浦) 등과 함께 조제하여 만든 것이다. 이 술은 대나무 산지인 전라도에서 만들어진 것이 유명한데, 조선 중엽 이후의 술방문은 소주에다 왕대를 쪼개서 불에 구워 스며 나오는 즙과 벌꿀을 알맞게 넣어 그 그릇을 끓는 물속에 넣고 중탕해낸다.
- **이강고(梨薑膏)** : 배 껍질을 벗기고 기와돌 위에서 갈아 즙을 내어 고운 헝겊으로 밭쳐 찌꺼기는 버리고 생강도 즙을 내어 밭친다. 이 두 가지와 흰 벌꿀을 잘 섞어 소주병에 넣은 후 중탕하였다.

5) 세시 절기주

일 년 중 특별한 절기에 즐겨 만들어 마셔 온 술이 있었는데 이를 절기주

(節期酒) 또는 세시주라고 한다. 대표적인 것으로는 다음과 같은 것이 있다.

- **도소주(屠蘇酒)** : 정월 초하루에 마시는 술로 소(蘇)라는 악귀를 물리친다는 뜻으로 도라지, 방풍, 산초, 육계를 넣어 빚는다. 도소주를 마시는 풍습은 중국에서 시작되었으며 『동국세시기』에는 설날에 조상에게 차례를 지내고, 초백주(椒栢酒)를 마시고, 도소주와 교아성(膠牙餳)을 올린다고 하였다. 고려 후기 안축(1282~1348)의 시문집 『근재집』에 설날 아침에 도소주를 마시고 읊은 시문이 있다.
- **과하주(過夏酒)** : 이 술은 소주를 원료로 하여 그 속에 여러 가지 꽃을 따다 넣어 땅속에 묻어 숙성을 시킨 것이다. 원래는 삼오주(三五酒)라 하여 3일에 탁주를 만들어 땅속에 묻었다가 5일이 되면 술을 꺼내어 이것을 원료로 하여 소주를 뽑고, 다시 그 소주에 여러 가지 과일 혹은 꽃을 넣어 묻어두었다가 7일에 마신다고 한다.
- **사마주(四馬酒)** : 오일(午日)만을 택해 네 번에 걸쳐 술을 담그기 때문에 생긴 말이다. 대개 용안이나 진피가 들어가고 또 엿기름가루를 넣어 단맛을 돋우고 있는데, 만드는 데 한 달 이상 걸리고 다시 3개월 이상 땅속에 묻어두어야 한다.
- **청명주(淸明酒)** : 청명날 밑술을 담그고 다시 보름이 지나 곡우날 덧술을 만든다. 따라서 21일이 되어야 술이 되는데 단맛이 세어서 술을 잘 못하는 사람도 즐겼다고 한다.
- **유두주(流頭酒)** : 6월 보름 유두일에 동쪽으로 흐르는 물에 머리를 감고 시원한 개천가에서 술을 마시는 것을 유두음이라 한다. 그러나 기록이 없어 어떠한 술이었는지 알 길이 없다.
- **국화주(菊花酒)** : 식용국화인 감국(甘菊)의 의 꽃과 잎을 소주에 넣어 한

달 쯤 두면 약효와 향기가 우러나서 담황색의 국화주가 된다. 예로부터 불로장수의 약용주로 애음하였다. 고려시대 이규보의 시문 『촌가삼수(村家三首)』에 국화주를 읊은 것으로 보아 오래된 절기술이다.

6) 이양주

보통 술은 처방대로 재료를 혼합해서 항아리에 빚는데 숙성과정에 특별한 방법을 써서 만드는 경우가 있다. 즉 술덧을 담는 그릇을 생나무통을 이용하는 경우도 있고 산 대나무의 대롱을 사용하는 수도 있었다. 어떤 경우에는 술항아리를 땅속에 묻거나 물속에 담가 술덧을 숙성시키는 등 특별한 방법을 쓰는 경우가 있다. 이러한 방법에 따라 숙성시켜 만드는 술을 이양주(異釀酒)라고 한다. 이러한 술은 중국에도 많이 있는 사실로 보아 중국에서 전래한 것이 아닌가 한다. 조선 중엽 이후의 문헌에는 와송주(臥松酒), 죽통주(竹筒酒), 지주(地酒), 청서주(淸暑酒), 송하주(松下酒) 등이 있다.

제2부 관련 음식문화 콘텐츠

문헌 자료

강순의, 한국의 맛 김치, 한국외식정보, 2001.
권태완, 콩 건강여행, 성하출판, 1995.
김귀영 외, 발효식품, 교문사, 2009.
김만조 외, 김치 천년의 맛, 디자인하우스, 1996.
김문숙, 김치네 식구들, 삼성당아이, 2005.
김숙년, 105가지 김치(한식요리 대가의 손맛 3인3색), 동아일보사, 2003.
김한복, 청국장 다이어트 & 건강법, Human & Books, 2003.
나오미치 이시게 저, 김상보 역, 어장과 식해의 연구, 수학사, 2005.
도완녀, 도완녀의 된장요리, 서울문화사, 2003.
박록담 외, 우리술 103가지(전통명주 빚는 법), 오상, 2002.
박록담, 다시 쓰는 주방문-한국의 전통명주 1, 코리아쇼케이스, 2005.
박록담, 명가명주, 효일문화사, 1999.
박록담, 버선발로 디딘 누룩-한국의 전통명주 4, 코리아쇼케이스, 2006.
박록담, 양주집-한국의 전통명주 2, 코리아쇼케이스, 2005.
박록담, 우리술 빚는법(술 빚는 법의 기초), 오상, 2002.
박록담, 전통주 비법 211가지-한국의 전통명주 3, 코리아쇼케이스, 2006.
박록담, 전통주, 대원사, 2004.

박상혜, 김치백서(대한민국 생활백서), 영진닷컴, 2006.
백명식, 젓갈네 식구들, 삼성당아이(아동도서), 2005.
벼릿줄, 나는야 미생물요리사(아동도서), 창비, 2008.
서부승, 김치(잘먹고 잘사는 법 42), 김영사, 2004.
안광, 빨강파랑문고 2-4 김치 전쟁(아동도서), 자유지성사, 2005.
안용근 외, 전통김치, 교문사, 2008.
웅진출판 편집부, 맛있는 김치(기초요리무크 8), 웅진닷컴, 2002.
원융희, 한의 술(우리의 술 이야기), 백산출판사, 1999.
유한문화사 편집부, 김치백과사전, 유한문화사, 2004.
윤숙자 외, 아름다운 우리 술, 질시루, 2007.
윤숙자, 굿모닝 김치, 질시루, 2007.
윤숙자, 한국의 저장 발효음식, 신광출판사, 2003.
이금이, 김치는 영어로 해도 김치(아동도서), 푸른책들, 2006.
이미화 외, 젓갈(잘먹고 잘사는 법 57), 김영사, 2004.
이서래, 한국의 발효식품, 이화여대 출판부, 1986.
이성규, 밥상에 오른 과학(아동도서), 봄나무, 2007.
이정호, 알콩달콩 신비한 된장이야기, 오성출판사, 2001.
이춘자 외, 김치(빛깔있는 책들 215), 대원사, 1998.
이춘자, 장(醬)(빛깔있는 책들 253), 대원사, 2003.
이하연, 이하연의 명품김치, 웅진지식하우스, 2006.
이한창, 발효식품, 신광출판사, 1991.
이한창, 장 역사와 문화와 공업, 신광출판사, 1999.
이효지, 한국의 김치문화, 신광출판사, 2000.
이효지, 한국의 전통 민속주, 한양대학교출판부, 2004.
장지현 외, 한국음식대관 제4권 : 발효 저장 가공식품, 한림출판사, 2001.
장지현, 한국 전래 발효식품사연구, 수학사, 1989.
전희정 외, 전통저장음식, 교문사, 2009.
정미라, 김치를 한 입에 쏙 우리 문화 그림책 김치 담그기(아동도서), 아이코리아, 2007.
조재선, 김치의 연구, 유림문화사, 2000.
조정형, 다시 찾아야 할 우리의 술, 서해문집, 1999.
조호철, 우리 술 빚기, 넥서스, 2004.
지호진, 우리 김치 이야기 : 세계 5대 건강음식, 청년사, 2007.
최승주, 몸에 좋은 된장요리65, 리스컴, 2003.
최홍식, 한국의 김치문화와 식생활, 효일, 2002.
한국의맛 연구회, 가장 배우고 싶은 김치 담그기 40, 북폴리오, 2006.

한복려 외, 맛김치, 김장김치, 주부생활, 1987.
한복려 외, 종가집 시어머니 장 담그는 법, 둥지, 1997.
한복려, 우리가 정말 알아야 할 우리 김치 백가지, 현암사, 2002.
한홍의, 김치 위대한 유산, 한울, 2006.
허시명, 비주 숨겨진 우리 술을 찾아서, 웅진닷컴, 2004.

장지현 외, 한국음식대관 제4권 : 발효 저장 가공식품, 한림출판사, 2001

「한국음식대관」은 전통생활문화의 전승, 보존사업과 관련해 고금 문헌기록을 포함한 전통음식에 대한 학계의 연구결과를 집대성한 한국음식대관 시리즈이다. 이중 제4권은 발효 저장 가공식품 부분이다. 장류문화부터 시작하여 식초, 젓갈, 김치, 술 등의 발효식품은 제1부에, 장아찌와 같은 저장식품은 제2부에, 묵, 우무 · 한천 · 각종가루, 각종 식용유지 등의 가공 식품은 제3부에 실려 있다. 이들 식품 전반에 대한 역사, 변천, 만드는 법, 생산현황, 최근의 연구동향 등이 상세히 설명되어 있다.

참고 웹사이트

강순의 여사의 김치	http://www.kangskimchi.com
국순당-전통주와 음주문화	http://www.ksdb.co.kr/culture/mywine/winestory.asp
김치사랑축제 공식 홈페이지	http://www.kimchifestival.org/main.asp
농수산물유통공사 김치사이트	http://www.kimchi.or.kr
농수산물유통공사 장류사이트	http://www.koreasauce.or.kr
농촌진흥청 식품정보 발효음식	http://www2.rda.go.kr/food
리쿼리움 술박물관(충북 충주 소재)	http://www.liquorium.com/
배상면주가	http://www.soolsool.co.kr
샘표식품 장박물관	http://www.sempio.com
순창고추장마을 공식 홈페이지	http://sunchang.invil.org
전주국제발효식품 엑스포 공식 홈페이지	http://www.iffe.or.kr
전주전통술박물관	http://urisul.net
전통주 영문사이트	http://www.lifeinkorea.com/culture/alcohol/alcohol.cfm
풀무원 김치박물관	http://www.kimchimuseum.co.kr
한국식품연구원 김치사이트	http://kimchi.kfri.re.kr
한울김치 블로그	http://kimchiblog.com/183

한국의 전통장 : 고추장, 된장, 간장의 모든 것

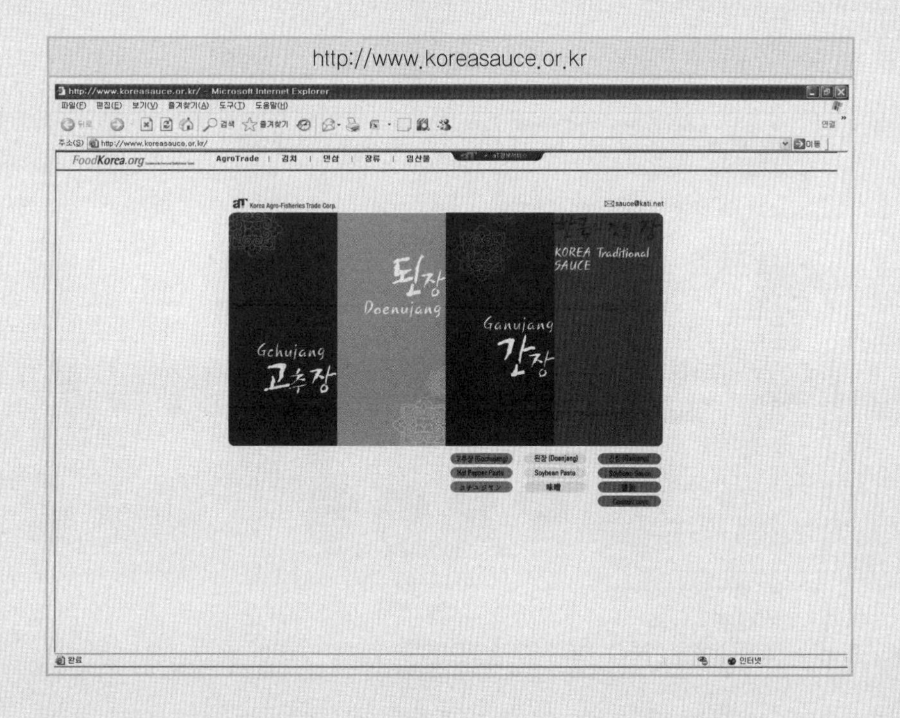

농수산물유통공사에서 운영하는 장류 홍보를 위한 홈페이지에서는 고추장, 된장, 간장에 관해 다국어 정보를 제공하고 있다.

고추장, 된장, 간장의 각각의 장류에 대해 유래와 종류, 제조방법, 효능을 소개하고 있으며 장류를 이용한 요리 정보, 해외 한국음식점 소개, 장류 수출입 절차와 통계자료, 국내외 정보, 국내 업체의 제품 목록 등에 관한 정보가 실려 있다.

고추장의 제대로 매운맛을 볼 수 있는 순창 전통고추장 마을

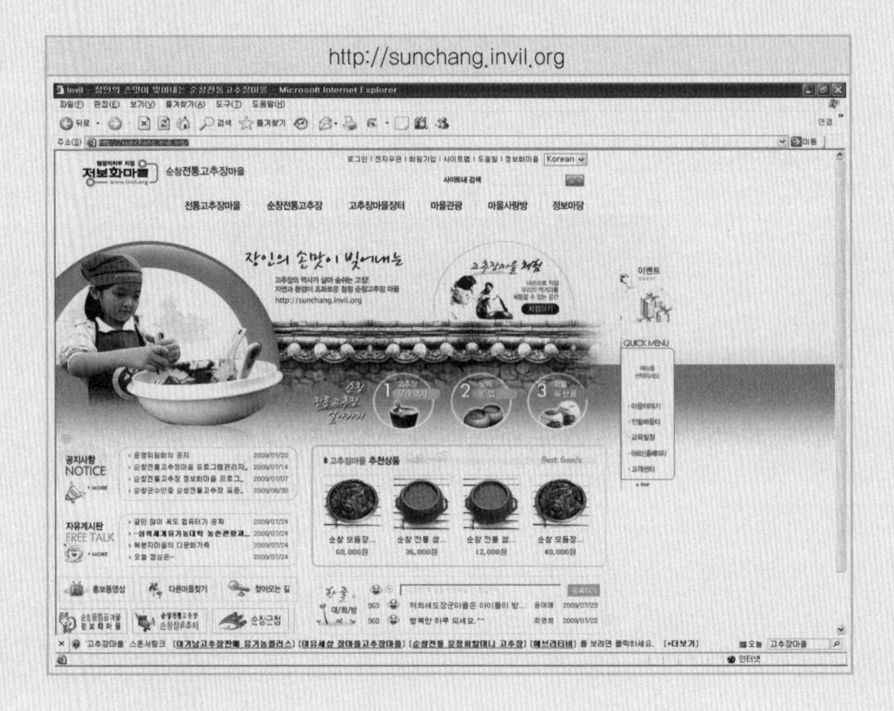

순창전통고추장 마을 공식 홈페이지에서는 순창전통고추장에 대한 모든 정보를 제공하고 있다. 순창 고추장의 역사와 유래, 순창 고추장 맛의 비법에 대한 설명을 찾아볼 수 있으며, 고서의 문헌 자료나 과학적인 자료를 통해 고추장에 대한 인식을 새롭게 제공하고 있다. 이외에도 순창 전통고추장마을에 대한 소개와 체험 프로그램 안내, 고추장마을 장터 등의 내용을 탑재하고 있다.

풀무원 김치박물관

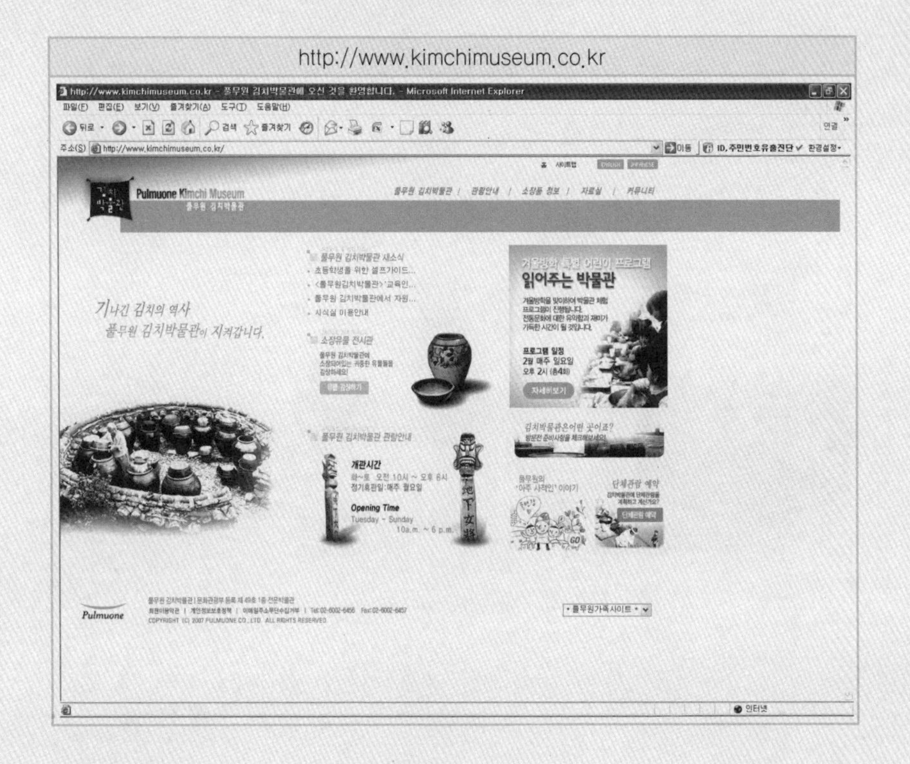

풀무원에서 운영하는 김치박물관은 김치에 대해 관심 있는 일반인, 한국의 대표 문화인 김치를 알고 싶어 하는 외국인에게 김치의 우수성과 역사를 알려주는 곳으로 김치의 역사와 가치를 알리는 상설 전시실을 운영하고 있다. 박물관 홈페이지의 자료실에는 김치를 비롯하여 김치 담그는 재료에 대한 자료들을 탑재하고 있다.

세계에서 인정받은 우리 김치 : 김치의 과학기술

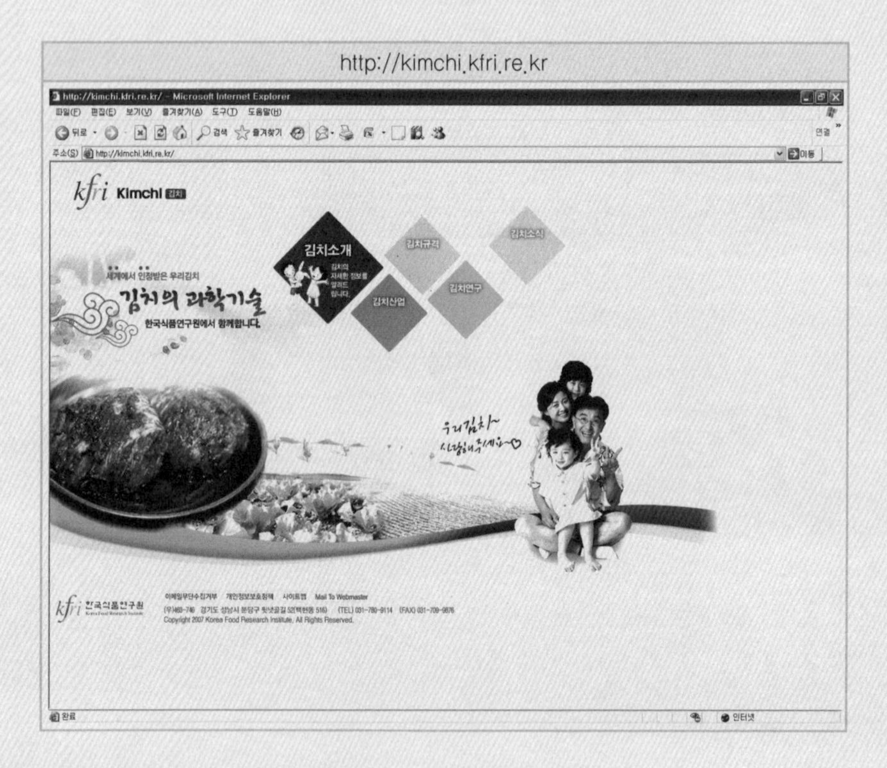

한국식품연구원에서 운영하고 있는 김치 홍보 사이트로서 김치에 대한 소개, 김치 산업, 김치 규격, 김치연구, 김치 소식의 5가지 주제에 관한 상세한 내용들이 탑재되어 있다. 김치 소개에 관해서는 김치의 기원과 발달, 영양성분과 가치, 김치종류와 원료의 특징, 김치를 이용한 요리, 김치제조 원리, 김치 제조공정 등에 대해 설명하고 있으며, 김치 산업에 관해서는 일

반 현황, 김치 수출입현황, 김치 제조업체 현황, 해외 김치산업에 대해 소개하고 있다. 이외에도 김치에 관한 각종 규격, 즉 한국전통식품표준규격, 한국산업규격, 식품공전 규격, CODEX 규격에 대한 정보도 제공하고 있으며, 김치에 대한 연구현황이나 특허목록도 정리되어 있어서 김치 제조업체나 연구자에게 유용한 정보를 제공하고 있는 곳이다.

우리 술의 향기가 그윽한 전주 전통술박물관

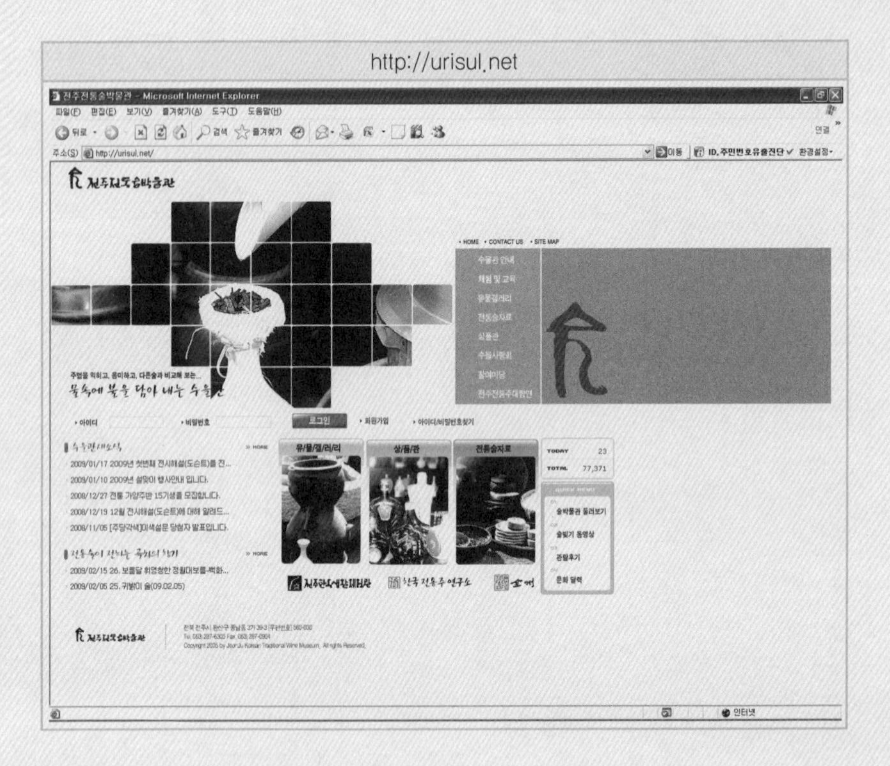

전주한옥마을에 소재한 전주 전통술박물관 홈페이지에는 전통술과 관련된 각종 자료나 동영상이 탑재되어 있다. 특히 대대로 이어져온 가양주(家釀酒) 문화의 맥 잇기를 위해 전통술박물관에서는 가양주 강좌를 지속적으로 운영하고 있으며, 홈페이지에도 가양주 문화와 역사를 비롯하여 다양한 한국 전통주들에 대한 자료들을 살펴볼 수 있다.

영상 자료

방송사	프로그램명	제 목	방영일
EBS	다큐프라임	원더풀 사이언스-발효	2008. 07. 10.
EBS	요리비전	생명의 맛 제주음식기행, 1부 대지와 바다의 만남	2009. 03. 09.
KBS	생로병사의 비밀	1만년의 지혜, 식초	2005. 11. 15.
KBS	KBS스페셜	스시, 똠양꿍, 김치	2008. 06. 01.
KBS	생로병사의 비밀	세계인의 건강식품 김치	2007. 11. 27.
KBS	30분다큐	막걸리 정상에 오르다	2009. 05. 22.
KBS	신화창조	2℃ 숨 쉬는 김치를 만들어라, 코리안 김치 일본 진출기	2004. 04. 23.
KBS	생로병사의 비밀	1부 오래된 마을에서 찾은 비밀, 발효	2008. 10. 05.
KBS	생로병사의 비밀	2부 시간이 빚은 축복, 느린 음식	2008. 10. 19.
KBS	생로병사의 비밀	느림의 건강학-제1부 인생을 바꾸는 맛의 비밀, 슬로푸드	2009. 01. 08.
MBC	특집다큐	설특집, 우리의 술 세계를 꿈꾼다	2006. 01. 26.
MBC	특집다큐	오감의 매혹, 우리 술 1부, 우리 술, 색에 취하다	2008. 02. 03.
MBC	특집다큐	오감의 매혹, 우리 술 2부, 우리 술, 맛에 취하다	2008. 02. 17.
MBC	9사 공동기획 다큐	한국의 맛 막걸리	2007. 09. 28.
MBC	9사 공동기획 다큐	한국의 맛, 젓갈	
MBC	9사 공동기획 다큐	한국의 맛, 묵은지	2007. 10. 31.
SBS		생명산업 이제는 발효다	2005. 11. 20.
히스토리 채널	한중일문화삼국지	김치, 파오차이, 쯔께모노	2008. 01. 25.

•EBS 다큐프라임-원더풀 사이언스-발효

수백 년간 음식에 사용되어온 발효, 미생물이 가지고 있는 효소를 이용해 분해시키는 과정인 발효 속에 숨어 있는 발효의 비밀을 살펴보고, 복분자주, 전통주, 와인 등 발효를 이용한 식품속의 과학을 알아보고 우리 생활 주변에 응용할 수 있는 발효의 분야와 그 발전 가능성을 예상해 봄

• KBS 생로병사의 비밀 – 1만년의 지혜, 식초

인류의 식생활에서 가장 오랜 역사를 자랑하는 발효식품, 식초. 술이 변해 우연히 만들어진 식초의 건강 효능 등 식초의 비밀을 소개

• KBS 생로병사의 비밀 – 식탁의 재발견, 한국음식의 힘

1. 한국인의 기본밥상인 밥, 국, 나물의 영양학적 우수성에 대해서 분석하고, 누구나 실천할 수 있는 한식 건강법을 소개
2. 된장의 우수성, 서양에서 불고 있는 쌀 열풍, 현미밥의 질병예방 효과, 건강한 식탁을 만드는 법을 소개

• KBS스페셜 – 스시, 똠양꿍, 김치 : 세 나라 밥상의 경제학

1. 한국음식문화의 세계화라는 주제를 그것이 가져올 수 있는 경제적 효과 측면에서 풀어내어 한국음식문화의 세계화에 대한 논의를 전개해 나가고 있음
2. 일본의 스시, 태국의 똠양궁의 세계화가 가져다 준 경제적 효과를 제시하고 한국의 현주소와 요식업계의 세계화 노력을 보여줌

• KBS 생로병사의 비밀 – 세계인의 건강식품 김치

하루 세끼 우리 밥상에서 빠지지 않는 1500년의 역사를 가진 대한민국 대표음식, 김치, 그 속에 담겨진 발효과학의 비밀을 통해 김치의 놀라운 효능을 조명하고 있음

• KBS 생로병사의 비밀 – 미래를 위한 과거의 선물, 우리음식

제1부 오래된 마을에서 찾은 비밀, 발효

1. 오래된 마을, 오래된 음식 : 대만, 스페인 등의 발효를 시켜 만든 오랜 전통을 가진 음식인 취두부와 하몽을 소개
2. 제 3의 맛, 발효를 주목 : 프랑스, 스위스 등의 발효를 통해 만들어진 발효의 맛을 소개
3. 발효, 베일을 벗다 : 우리나라의 전통발효음식인 된장, 고추장, 청

국장의 효능
4. 과학의 다른 이름, 발효 : 발효음식이 가진 무한한 가능성을 과학적으로 분석하여 소개

• KBS 생로병사의 비밀

제1부 미래를 위한 과거의 선물, 우리음식
제2부 시간이 빚은 축복, 느린 음식
1. 우리가 버린 것, 우리가 잃은 것 : 과거에 먹어왔던 느린 음식을 버리고 빠른 음식을 택하면서 생긴 건강의 위기 상황을 심층 분석
2. 음식, 삶의 희로애락을 담다 : 삶의 기쁨과 슬픔을 함께하는 음식, 느린 음식의 미학에 대하여 소개
3. 건강을 위한 선택, 발효 : 발효식품의 건강과 장수에 대한 영향을 과학적으로 분석하여 소개
4. 느린 음식이 대안이다 : 자연과 시간의 흐름을 거스르지 않고 살아가는 농촌의 식생활, 슬로푸드

• KBS 생로병사의 비밀－느림의 건강학 제1부 인생을 바꾸는 맛의 비밀, 슬로푸드

1. 12명의 슬로푸드 캠프도전기를 통해 슬로푸드가 우리 건강에 어떠한 변화를 가져오는지 소개
2. 우리나라의 다양한 슬로푸드를 소개하면서, 슬로푸드가 가진 다양한 기능 예를 들어 잃어버린 미각을 되찾아주고, 생활 습관병 등을 치료하는 다양한 효능을 소개

• MBC 특집다큐－오감의 매혹 우리 술, 제1부－색과 향, 제2부－맛과 멋

1. 예부터 내려오는 우리의 전통술을 색과 향, 맛과 멋으로 구분하여 우리 술이 가진 다양한 색과 향을 소개하고, 맛과 멋을 지닌 우리의 술을 이야기
2. 1부에서는 면천 두견주, 소주, 담양 댓잎주, 진도 홍주, 한산 소곡주, 방향주, 인삼주, 죽력고, 백화주, 2부에서는 5미를 가진 잎새곡주, 누룩, 약주, 소주, 탁주, 송화백일주, 아산 연엽주 등을 소개

• MBC 9사 공동기획 다큐멘터리－한국의 맛, 1부 막걸리

1. 청주 MBC에서 제작한 것으로 우리나라 전통술인 막걸리의 가치를 재조명하고 있음
2. 일제시대 쌀로 술을 빚는 것을 금지시키면서 잘못 제조된 막걸리 때문에 생긴 막걸리에 대한 좋지 않은 인식, 그러나 최근 재조명 받고 있는 막걸리를 소개

• MBC 9사 공동기획 다큐멘터리－한국의 맛, 2부 젓갈

대전 MBC에서 제작한 것으로 3면이 바다하고 접하고 있는 우리나라의 지역 및 계절별 다양한 종류의 젓갈을 소개하고 전통 젓갈의 용도와 담그는 방법, 각기 다른 맛을 비교 소개

• MBC 9사 공동기획 다큐멘터리－한국의 맛, 5부 묵은지

1. 광주 MBC에서 제작한 것으로 3,000년이나 되는 우리나라만의 김장의 역사 속에서 남도지방의 전통 토속김치인 묵은지의 맛의 비결과 효능에 대해서 살펴보고 있음
2. 조상의 전통식이 21세기에 새로운 모습으로 발전하여 구세대와 신세대가 공감하는 음식으로 거듭나는 동시에 천년의 세월을 이어오게 한 원동력이 무엇인지 알아보고 자연 숙성 발효 김치인 묵은지와 다른 다양한 김치들을 비교, 분석하여 조상의 지혜와 그 비법을 살펴보고 있음

• 히스토리채널 한중일 문화삼국지－김치, 파오차이, 쯔께모노

1. 농경문화였던 한국, 중국, 일본 사람들이 사시사철 야채를 먹기 위해 선택했던 저장음식인 김치, 파오차이, 쯔께모노를 소개
2. 정성과 손맛으로 지켜온 한국의 김치, 소금으로 야채의 물기를 제거하고, 독특한 보관법으로 만든 쯔께모노, 소금과 식초를 이용해 만드는 파오차이 등 절임식품에 대한 소개

제3부

한국인의 정서와 품격이 나타나는 음식

〈신부연석〉, 김준근

Chapter ❾ 우리의 명절과 계절음식

예부터 우리 조상들은 명절과 춘하추동 계절에 나는 새로운 음식을 즐겨 먹는 풍습이 있다. 다달이 있는 명절날에 해먹는 음식은 절식(節食)이라 하고 다달이 끼어 있는 명절음식이고, 시식(時食)은 춘하추동 계절에 따라 나는 식품으로 만든 음식을 통틀어 말한다.

우리의 세시풍속은 모두 세시적 절후성을 지니고 있다. 농촌에서 바쁠 때는 협동을 다지고, 한가할 때는 생산물의 풍성한 수확, 액막이 및 건강 등을 염원하였고, 또 풍류를 즐기기도 하였다. 농번기인 여름철에는 일손이 바쁘기에 농한기에 명절을 즐긴다.

예부터 홀수이면서 달과 날이 같은 날은 큰 명절로 여겼는데 단일(端一), 단삼(端三), 단오(端午), 칠석(七夕), 중구(重九)가 있다. 우리 조상들은 태음력을 기준으로 1년을 24절기로 나누고, 15일마다 한 절기가 돌아온다. 절기와 생활이 결부되어 여러 명절이 정해지고 그날은 맛있는 음식으로 조상에게 제사를 올리고 가족과 이웃이 서로 나누어 먹으니 이를 절식이라 하며,

계절에 산출되는 식품으로 만든 음식을 시식이라 한다.

[표 9-1] 24절기의 의미와 시기

계 절	절 기	우리말이름	음력달	양력달
봄	입춘(立春)	봄설	정월	2월 4, 5일
	우수(雨水)	비내림	정월	2월19, 20일
	경칩(驚蟄)	잠깸	이월	3월 5, 6일
	춘분(春分)	봄나눔	이월	3월20, 21일
	청명(淸明)	맑고밝음	삼월	4월 5, 6일
	곡우(穀雨)	단비	삼월	4월 20, 21일
여 름	입하(立夏)	여름설	사월	5월 6, 7일
	소만(小滿)	조금참	사월	5월 21, 22일
	망종(亡種)	씨여뭄	오월	6월 6, 7일
	하지(夏至)	여름이름	오월	6월 21, 22일
	소서(小暑)	조금더위	유월	7월 7, 8일
	대서(大暑)	한더위	유월	7월 23, 24일
가 을	입추(立秋)	가을설	칠월	8월 8, 9일
	처서(處暑)	더위머뭄	칠월	8월 23, 24일
	백로(白露)	이슬맺힘	팔월	9월 8, 9일
	추분(秋分)	가을나눔	팔월	9월 23, 24일
	한로(寒露)	이슬맺힘	구월	10월 8, 9일
	상강(霜降)	서리내림	구월	10월 23, 24일
겨 울	입동(立冬)	겨울 설	시월 상달	11월 7, 8일
	소설(小雪)	조금눈	시월 상달	11월 22, 23일
	대설(大雪)	한눈	십일월 동짓달	12월 7, 8일
	동지(冬至)	겨울이름	십일월 동짓달	12월 22, 23일
	소한(小寒)	조금추위	십이월 섣달	1월 7, 8일
	대한(大寒)	많이추위	십이월 섣달	1월 20, 21일

춘하추동의 절기마다 시식(時食)을 차리는 풍습은 궁이나 서울이나 시골이나 마찬가지이다. 대개는 농사의 월령에 관계되는 세시 풍속이 많다. 우

리나라의 연중행사와 풍속과 시절식에 대하여는 유득공의 『경도잡지(京都雜志)』와 『한양세시기(漢陽歲時記)』, 김매순의 『열양세시기(洌陽歲時記)』, 홍석모의 『동국세시기(東國歲時記)』에 나온다.

최남선은 『조선상식문답』에서 "제철에 나는 재료를 그 때에 맞추어 조리하여 먹는 음식을 시식(時食) 또는 절식(節食)이라 이르니 흔히 명일(名日)을 중심으로 하여 이를 각미(覺味)하였다."고 하였다.

연중의 다달이의 시식과 절식 음식을 살펴보기로 한다.

1. 정월

설은 원단(元旦), 세수(歲首)라 하여 일 년의 시작이라는 뜻이다. 설의 참뜻은 확실하진 않으나 '삼가다', '설다', '선다' 등으로 해석하니, 묵은해에서 분리되어 새해에 통합되어가는 과정에서 근신하여 경거망동을 삼가야 한다는 뜻이 있다.

(1) 설날(正朝)

차례(茶禮)는 원래 차(茶)를 올리는 예로서 정월의 조상숭배를 뜻하는 중요한 행사이다. 본래는 조상의 생일 또는 매월 초하루, 보름에 지내던 간단한 아침 제사를 의미하던 것인데 지금은 설날과 추석에만 지낸다. 정월차례는 떡국차례라 하는 것은 메 대신에 떡국을 올리기 때문이다.

떡국

• 설음식

설에 차례와 명절을 지내기 위해 만드는 음식을 세찬(歲饌)이라 한다. 설날 아침에 흰색의 음식으로 새해를 시작함으로써 천지만물의 신생을 의미하는 종교적인 뜻이 담겨있다고 하고, 떡국을 먹는 것이 한살을 더 먹는다는 상징으로 첨세병(添歲餠)이라고 한다.

세찬 중에는 흰떡으로 만든 음식으로 떡국, 떡만두국, 떡볶음, 떡찜, 떡산적, 떡잡채 등이 있다. 고기 음식으로는 갈비찜, 사태찜, 생선찜, 편육, 족편, 지짐으로는 녹두빈대떡, 각색전, 채소 음식으로는 삼색나물, 겨자채, 잡채 등이 있다. 신선로와 떡과 함께 먹는 장김치가 있고, 후식류로는 약과, 다식, 정과, 엿강정, 강정, 산자, 식혜, 절편, 인절미, 수정과 등이 있다.

(2) 대보름(上元)

오곡밥과 묵은 나물

1년 명절 중에 세시행사가 가장 많은 달이 정월이며, 이중 대보름날 행사가 가장 많다. 대보름 풍속 중에 사람의 건강과 음식에 관한 것으로는 귀밝이술, 부럼깨기, 더위팔기, 묵은 나물, 복쌈, 백가반 등이 있다.

대보름 절식에는 오곡밥, 묵은 나물과 더불어 약식, 부럼, 귀밝이술, 복쌈, 원소병, 팥죽, 김구이 등인데, 대보름절식의 으뜸은 약식이다.

상원채는 지난해 말려 둔 묵은 나물들

을 삶아서 나물을 만드는데, 오곡밥과 같이 먹으면 여름에 더위를 안탄다고 한다. 9가지 나물은 호박오가리, 가지고지, 시래기, 묵나물, 취나물, 박나물, 표고 등이다. 『동국세시기』에는 이를 진채(陳菜)라 하였다. 오래 산다고 하여 배춧잎, 취, 김으로 쌈을 싸서 먹는데 이를 복쌈 또는 명쌈이라고 한다.

또 이른 새벽에 밤, 호두, 은행, 잣, 무 등을 깨물며 1년 동안 무사태평하고 종기나 부스럼이 나지 않게 해달라고 축수한다. 이를 부럼 또는 작절(嚼癤)이라고 한다. 치아를 튼튼하게 하기 위한 목적도 있다.

정월 보름 무렵 씨를 뿌리기 전의 풍년을 기원하는 행사로 화적(禾積)이 있다. 이는 시골 민가에서는 보름 전날 짚을 묶어 깃대모양을 만들 때 그 안에 벼, 기장, 피, 조의 이삭을 집어넣어 싸고 목화를 그 장대 위에 매단다. 그것을 집 앞에 세우고 새끼를 늘어뜨려 고정시킨 것을 말한다.

(3) 입춘(立春)

입춘이 되면 산수가 좋은 경기도 육읍(六邑 : 양근, 지평, 포천, 가평, 삭녕, 연천)에서 움파, 메갓, 당귀싹(辛甘草), 미나리싹, 무싹 등의 오신반(五辛盤)을 궁중에 진상하는데 이를 진산채(進山菜)라 하여, 민가에서도 서로 선물로 주고받았다.

메갓은 이른 봄에 눈이 녹을 때 산속에서 자나는 겨자이고, 당귀싹은 움에서 키운 것으로 깨끗하기가 은비녀의 다리 같은데 꿀을 찍어 먹으면 맛이 좋다고 하였다.

입춘날은 새봄의 미각을 돋우게 하는 산채로 음식을 만든다. 대표적인 음식으로는 탕평채, 승검초산적, 죽순나물, 죽순찜, 달래나물, 달래장, 냉이나물, 산갓김치 등이다.

2. 이월

(1) 중화절(中和節)

노비송편

농사철의 시작을 기념하는 음력 2월 초하루를 일컬어 노비일, 머슴날 등으로 불렀다. 조선조 정조 때 당나라 중화절을 본 따서 정한 날로 이날에 임금이 재상과 시종들에게 잔치를 베풀고, 중화척(中和尺)이라는 자를 나누어 주면서 비롯되었다. 이날 농가에서는 그 해의 풍년을 빈다는 뜻으로 정월 대보름날 세워 두었던 볏가릿대를 내려서 큰 송편을 만들어 노비에게 나누어 주어 농사일을 격려하였고, 노비들에게 나이 수만큼 송편을 만들어 주며 하루 쉬게 한 풍습이 있었다.

노비송편은 김장철에 말려두었던 시래기를 양념하여 송편의 소로 넣거나, 콩, 팥, 대추 등을 많이 넣어 만들어 먹으면 일 년 내 고약한 병과 액운을 면할 수 있다고 하여 액막이로 먹기도 했다.

그리고 곡식을 한 솥에 볶으면서 여러 곡식 중에 먼저 볶아지는 곡식이 새해에 풍년이 든다고 볶은 점을 치기도 하였다.

3. 삼월

(1) 삼짇날(上巳日)

음력 초사흗날은 삼짇날로 상사(上巳), 중삼(重三) 또는 답청절(踏靑節)이라고 하여 초봄의 가장 큰 명절로 삼는다. 삼동을 꼭 갇혀 살다가 화창한 봄을 맞은 기쁨을 만끽하는 날로 이날은 강남에서 제비가 돌아오고, 뱀이 나오기 시작하는 날이다. 이 날은 동으로 흐르는 내에 나가 불계(佛戒) 행하여, 모든 묵은 때를 없애버린다는 뜻으로 제액을 제거하는 의식을 행한다. 들판에 나가 무성한 풀을 밟고 새로운 생명을 반기고 풍류를 즐기는 인사들은 냇가에 모여서 유상곡수연(流觴曲水宴)을 벌였다.

진달래화전, 화채

탕평채

삼짇날 절식으로는 찹쌀반죽에 진달래꽃을 붙여서 지지는 화전, 두견화주, 청주, 육포, 절편, 녹말편, 탕평채, 조기면, 화면 등이 있다. 화면(수면) 오미자를 찬물에 담가서 우려낸 빨갛고 신맛이 나는 오미자국에 꿀을 타서 녹말국수를 띄운 화채인데 제철에는 진달래꽃을 띄우기도 한다.

• 화전(花煎)

놀이화전은 찹쌀가루를 반죽하여 번철에 지질 때 진달래꽃(참꽃)을 따서 꽃술은 빼고 붙인다. 이를 먼저 가묘에 천신하고 모두 함께 먹는다. 『동국세시기』에는 당시 서울에서는 필운대의 살구꽃, 북둔의 복사꽃, 흥인문 밖의 버들이 아름다워서 이곳에 모여서 꽃놀이도 하고 하루를 즐겼다고 한다. 조선 말기 궁중에서는 창덕궁 후원의 옥류천에 나가서 궁녀들이 진달래꽃을 따서 그 자리에서 화전을 부치면서 즐겼다고 한다. 가을에는 국화전을 부치며 꽃놀이를 했다.

(2) 곡우(穀雨)

봄철 시식

농사에서 모판을 만들기 시작 할 무렵으로 이때 한강에는 공미리가 한창이고, 연평도 조기는 가장 기름이 많이 오른 때로 맛이 좋았다. 음력 3, 4월이면 밴댕이(蘇魚)와 웅어(葦魚)가 많이 잡혔다. 한말 궁중에서는 이즈음 웅어를 한강 하류인 고양군 양주 근처의 사옹원의 관망으로 잡아서 진공하면 이를 고추장을 넣고 감정을 만들어 올렸다. 밴댕이는 안산 군자만에서 많이 잡았고, 회, 구이, 전, 찌개 등을 해먹었다.

곡우 시식은 증편, 개피떡, 화전(花煎), 어채(魚菜), 어만두, 복어, 도미, 조기 등이 있다.

(3) 한식(寒食)

한식은 동지에서 105일째 되는 날로 음력 2월 하순이나 3월초에 드는데, 청명과 겹치거나 하루 다르기도 하여 청명절이라고도 하고, 조상의 묘소에 성묘를 한다. 민가에서는 설날, 한식, 단오, 추석의 네 명절에 제사를 올리고, 궁중에서는 동지를 보태어 오절사(五節祀)를 지낸다. 제물로 술, 과일, 포, 식혜, 떡, 국수, 탕, 적 등을 차린다. 민가에서는 닭싸움, 그네 등의 유희를 즐기며, 미리 장만해 둔 찬 음식과 쑥탕과 쑥떡을 먹는다.

4. 사월

(1) 초파일(燈夕節)

석가모니 탄생일을 욕불(浴佛)일이라 하고, 신라 때부터의 풍습으로 이날 절에 찾아서 재(齋)를 올리고, 가족의 평안을 축원하는 뜻으로 가족 수대로 등을 만들어 바치고 밝히면서 큰 불공을 올린다. 연등의 풍습은 고려 때 성행하여 절은 물론 가가호호 등을 달고 거리에도 달아 관등(觀燈)을 밝혔다. 민가에서는 등간(燈竿)을 세우고 위쪽에 꿩의 꼬리를 장식하고, 깃발을 만들어 자녀의 수대로 등을 달아 올렸다.

초파일에는 고기를 먹지 않는 소연(素宴)을 베푼다. 소찬(素饌)으로 삶은 콩, 미나리강회, 느티떡 등이 있다. 느티떡은 유엽병(楡葉餠)이라 하는데 느티나무의 연한 잎을 따서 멥쌀가루에 섞어 찐 시루떡이다.

느티떡

5. 오월

(1) 단오(端午)

5월 초닷새를 단오 수릿날, 중오절(重五節), 단양(端陽)이라 하고, 여름을 알리는 시작으로 여겼다. 이 무렵 더위가 시작되므로 부채를 사용하기 시작한다. 그래서 조선시대는 공조에서 왕에게 진상한 부채를 재상이나 시종들에게 하사하는데 이를 단오선이라고 하였다. 그리고 이날은 쑥을 뜯어 말려 일 년 내내 약용으로 쓰고, 부녀자들은 창포 삶은 물로 머리를 감고, 창포뿌리를 깎아 비녀를 만들어 수복(壽福) 글자를 새겨 꽂기도 하고, 그네뛰기를 하였다. 단오날 오시(낮 12시)에는 쑥과 익모초를 뜯어서 응달에 말려 일 년 내 약용으로 쓰고, 대추나무의 두 가지 사이에 돌을 끼워 놓으면 대추가 많이 열린다하여 대추나무 시집보내기라 하였다.

단오 절식은 수리취떡, 앵두화채, 준치국, 붕어찜, 제호탕, 앵두편, 도행병, 준치만두 등이 있다.

수리취떡

수리취떡은 절편 찧을 때 삶은 수리취를 함께 쳐서 수레바퀴 문양 떡살을 박아 만들어서 차륜병(車輪餠)이라고도 한다. 때로는 쑥을 넣은 쑥떡도 만든다.

제호탕(醍醐湯)은 약이면서 청량음료에 속한다. 재료는 꿀, 오매, 백단향, 축사, 초과 등인데, 먼저 꿀을 끓이다가 가루로 빻은 약재들은 넣어 되직하게 될 때까지 달여서 백항아리에 담아둔다. 단오부터 여름 동안 냉수에 타서 마시면 더위를 타지 않고 건강하게 지낼 수 있다고 한다. 속이 시원하고 향기가 오래도록 가시지 않는다.

앵두편은 앵두를 살짝 삶아 체에 걸러 살만 발라서 설탕을 넣고 졸이다가 녹두녹말을 넣어 굳힌 과편이다. 앵두화채도 이때 만든다.

6. 유월

(1) 유두(流頭)

유월 보름에 동으로 흐르는 냇물에 머리를 감아 모든 부정을 다 떠내려 보내고, 액막이를 한다. 산골짜기나 물가 등 경치 좋은 곳에 모여 마시는 술자리를 유두연(流頭宴)이라 하여 시를 짓고, 자연을 즐기는 풍류놀이를 하였다.

편수

천신(薦新)은 철에 새로 나온 식품을 조상이나 신에게 올리는 일을 뜻하는데, 유두 무렵에는 햇과일인 참외, 오이, 수박, 피, 기장, 조, 벼, 보리단술, 수단, 건단, 유두면 등을 천신하였다.

준치만두

유두 절식으로 편수, 준치만두, 화전(봉선화, 색비름, 맨드라미), 밀쌈, 구절판, 깻국탕, 어채, 복분자화채, 떡수단, 보리수단, 참외, 기주떡 등이 있다. 유두면은 밀가루로 만든 국수를 닭국에 만 것으로 이것을 먹으면 더위를 안탄다고 하였다. 떡수단은 멥쌀가루를 가래떡을 만들어 구슬처럼 빚어서 오미자국에 띄워낸 것이고, 건단은 국물에 넣지 않은 것이다.

기주떡은 증편 또는 상화병이라고도 하는데, 쌀가루를 막걸리를 넣어 반죽하여 부풀려서 쪄낸 떡으로 여름철에도 쉬지 않고 새콤한 맛이 여름철 구미를 돋운다.

(2) 삼복(三伏)

민어탕

여름철 시식

하지 후 셋째 경일(庚日) 초복, 넷째 경일을 중복, 입추 후 첫 경일을 말복이라 하여 합하여 삼복이라 하여 더위의 극치를 이루는 때이다. 복날은 양기(陽氣)에 눌려 음기(陰氣)가 엎드려 있는 날이라고 한다.

더위를 대처한다는 뜻으로 조선조에는 복중에 높은 벼슬아치들에서 얼음표를 나누어 주고 장빙고에서 얼음을 타가게 하였다.

더위에 지친 몸과 마음을 보양하는 데 복 음식으로 계삼탕, 개장국(보신탕), 닭죽, 육개장, 임자수탕, 민어탕, 팥죽 등이 있다.

보신탕(補身湯)은 더위를 견디고 기를 돋우고 몸을 보하는 음식으로 『동국세시기』에는 삼복에 "개를 삶아 파를 넣고, 푹 끓인 것은 개장이라 한다. 닭이나 죽순을 넣으면 더욱 좋다. 또 개국에 고춧가루를 타고 밥을 말아서 시절음식으로 먹는다. 그렇게 하여 땀을 흘리면 더위를 물리치고 허한 것을 보충할 수가 있다."고 하였다. 육개장은 쇠고기로 개장국처럼 파를 많이 넣고 매운 맛으로 끓인 국이다.

서울사람이 복중음식으로 즐기는 계삼탕(鷄蔘湯)은 어린 닭의 내장을 빼고, 뱃속에 인삼, 찹쌀, 마늘, 대추 등을 넣어 푹 고운 보양식으로 지금은 삼계탕이라고 한다. 임자수탕은 닭 국물에 볶은 깨를 갈아서 밭친 국물을 합하고 미나리, 오이, 버섯, 달걀지단 등을 건지로 넣은 냉국이다. 민어국은 여름 제철인 민어와 애호박을 고추장으로 간을 한 매운 국이다.

7. 칠월

(1) 칠석(七夕)

칠월 칠일은 견우와 직녀가 오작교에서 일 년에 한번 만나는 날이다. 부녀자들은 마당에 바느질 차비를 하고, 음식을 차려 놓고, 길쌈과 바느질을 잘하게 해 달라고 직녀에게 빈다. 이 날은 집집마다 책을 볕에 쬐는 쇄서포의(曬書曝衣) 풍습도 있고, 집집마다 우물을 퍼 정갈히 한 다음 시루떡으로 칠성제를 지낸다.

증편

칠석 절식에는 밀전병, 증편, 육개장, 게전, 잉어구이, 잉어회, 오이김치 등이 있고, 복숭아나 수박으로 과일 화채를 만들어 먹는다.

(2) 백중(白中)

칠월 보름은 중원이라 하고 백종(百種)일 또는 앙혼일이라고 한다. 불가에서는 먼저 세상을 떠난 망혼을 천도하는 우란불공(盂蘭佛供)을 드린다. 도가(道家)에서는 천상의 선관이 일 년에 세 번씩 인간의 선악을 기록하는 때를 원이라 하고, 정월 보름이 상원(上元), 칠월보름은 중원(中元), 시월 보름을 하원(下元)이라 하여 이 삼원에 제사를 지낸다.

민가에서는 이른 벼(올벼, 早稻)를 가묘에 천신하고, 술자리를 마련하고 팔씨름내기를 즐긴다. 또한 백중놀이는 머슴들이 일 년에 단 하루 자유를 누릴 수 있던 축제이다. 머슴들이 세벌 논매기를 끝내고, 백중을 전후해 지주들이 마련해 준 술과 음식으로 하루를 즐겁게 노는데서 유래한 두레굿이다.

8. 팔월

(1) 추석(秋夕)

추석정식

한가위 또는 가배일(嘉俳日)이라 설과 더불어 가장 큰 명절이다. 오곡이 여물고, 모든 과일이 다 익고 풍성한 추수절이므로 햇곡식으로 신곡주(新穀酒)를 빚고 햇과일을 따고 제물을 차려 조상께 제사를 올리는 추석차례를 지낸다. 계절적으로도 살기에 알맞으니 '더도 말고 덜도 말고 한가위만큼만'이라는 말이 생긴 것이다.

토란탕

추석 차례에는 철 이르게 익는 벼인 올벼로 만든 오려 송편과 햅쌀로 만든 술과 햇과일, 햇곡식으로 만든 음식과 토란국 등을 올린다.

근친은 시집가서 떨어져 살던 딸이 친정으로 가서 친정 부모님을 뵙고 문안드리는 것을 말한다. 추석 때면 농사도 한가하고 인심이 풍부한 때이므로 며느리에게 말미를 주어 친정에 근친을 가게 했는데 떡을 하고 술병을 들고 달걀꾸러미를 들고 간다. 근친을 갈 수 없을 때에는 반보기라 하여 딸과 친정어머니가 중간 지점에서 만나서 맛있는 음식을 나누면서 그리운 정을 나누는 풍습이 있다.

추석 시식으로 오려 송편, 토란탕, 송이구이, 화양적, 누름적, 배숙 등이 있다. 햇과일은 밤, 대추, 사과, 배, 감 등이 있다.

9. 구월

(1) 중양절(重陽節)

양수(陽數)가 겹치고 구(九)가 겹친 날로 삼짇날 돌아온 제비가 다시 강남으로 떠나는 날로, 황국전을 지져서 가묘에 천신하고, 제삿날을 모르는 사람과 연고자 없이 떠돌다 죽은 주인없는 귀신의 제사를 지냈다. 이 날은 향기가 좋은 국화꽃이나 잎으로 화전을 지지고, 산과 들로 나가 단풍을 감상하고 국화주를 마시면서 시를 읊었다. 이달 절식으로는 감국전, 국화전, 국화화채, 밤단자, 유자화채, 생실과 등이 있다.

국화주는 초가을에 찹쌀로 술을 빚어 다 익어 갈 때쯤에 국화 꽃잎을 따서 깨끗이 씻은 후에 함께 섞어 넣었다가 며칠 후에 걸러서 뜬다. 또는 국화 꽃잎을 말려서 주머니에 넣어 담가서 밀봉하여 두었다가 건지면 술에 국화향이 가득히 서린다.

국화전

물호박떡

10. 시월

(1) 무오일(戊午日)

성주신은 가내의 안녕을 관장하는 신으로 생각하므로 시월 중 말일(午日)이나 길일을 택해서 성주에게 제사를 지내왔다. 대개는 주부가 고사떡을 해서 지내지만 때로 크게 하려면 무당을 데려다가 성주(안택)굿을 한다. 햇곡식으로 술을 빚고 붉은 팥 시루떡을 만들어 마구간에 갖다 놓고 무병하기를 빈다.

시제는 시월 보름을 전후하여 문중에서 한데 모여서 제사를 지내는데 시사(時祀) 또는 시향(時享)이라고 한다.

이날 절식으로는 무시루떡, 물호박떡, 만둣국, 신선로(열구자탕), 연포탕, 쑥단자, 밀단고, 강정 등을 먹으며 김장을 담근다.

연포탕은 두부를 가늘게 잘라 꼬챙이에 꿰어 기름에 부친 것에 꿩고기나 닭고기를 섞어 국을 끓인 것이다. 김장은 겨우내 먹을 김치를 담그는 가정의 중요한 행사로 '겨울의 반양식'이라 하였다.

팥시루떡

유자화채

11. 동짓달

(1) 동지(冬至)

일 년 중 밤이 가장 길고 낮이 가장 짧은 날로 아세(亞歲) 또는 작은설이라 부른다. 하지 때 가장 짧았던 해가 동지를 지나면서 조금씩 길어지는 현상을 고대인은 태양이 죽었다가 부활하는 것으로 생각하여 생명과 광명의 주인인 태양신에 대한 축제를 열었다.

전약

팥죽

붉은 색은 액을 막고, 잡귀를 없애 준다는 뜻이 있어, 동짓날은 온갖 귀신과 잡신을 쫓는다는 벽사의 뜻으로 팥죽을 쑤어 사당에 올려 차례를 지내고, 다음에 방, 마루, 광에 한 그릇씩 떠 놓고, 대문이나 벽에다 팥죽을 뿌리고, 동네의 고목에도 뿌린다. 동지팥죽은 팝을 삶아 거르고, 찹쌀가루를 반죽하여 새알모양의 단자를 만들어 함께 끓인다. 동지 팥죽에는 반드시 나이 수만큼 새알심을 넣어 먹는 풍습이 있다.

겨울철 시식

조선조 궁중 내의원에서는 타락죽과 전약을 만들어 진상하였는데 타락죽은 쌀을 갈아서 우유를 넣고 끓인 죽으로 궁중의 내의원에서 10월초부터 정월까지 왕에게 진상하였고, 전약(煎藥)을 겨울의 보양식으로 올렸다. 전약은 소족, 소머리, 소가죽, 대추고, 계피, 후추, 꿀을 넣고 고아서 굳힌 겨울철 보양음식이다.

12. 섣달

(1) 납일(臘日)

동지로부터 세 번째 미일(未日)을 납일이라 했고, 그해 지은 농사형편에 여러 가지 일에 대하여 신에게 고하는 제사를 납향(臘享)이라 했다. 제물로 쓰는 납육은 산짐승 고기로 산돼지와 산토끼를 말한다.

또 민가에서는 참새고기를 먹으면 무병하다고 해서 참새를 잡는다.

(2) 그믐날(除夕)

선달 그믐날은 새해 준비와 한해의 마무리로 분주한 날로서 조상의 산소에 성묘를 하고, 집안 어른과 일가를 찾아 묵은세배를 한다. 또한 집안 구석구석 밤새도록 불을 밝히고 자지 않는 것은 잡귀의 출입을 막고 복을 받는다는 도교적 풍속인 수세(守歲)에서 비롯된다. 한편 먹던 음식과 바느질하던 것은 해를 넘기지 않는다고 한다.

겨울철의 시식으로 전골, 꿩만두, 인절미, 족편, 돼지고기찜, 내장전, 설렁탕 등을 즐긴다.

각색전골

꿩만두

Chapter ⑩ 우리의 일생과 음식풍습

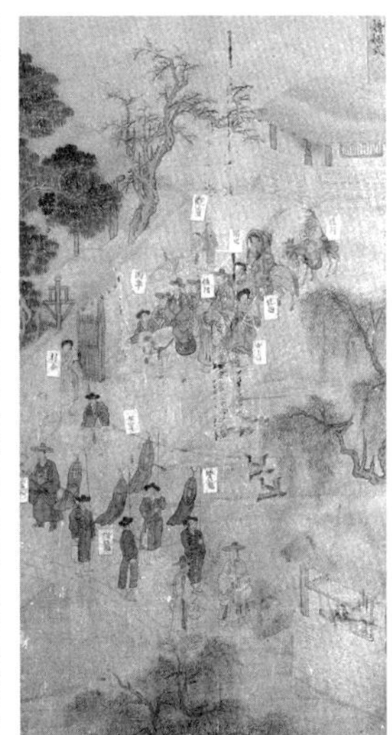

〈평생도〉(김홍도) 중 초도연(돌), 혼례식, 회갑연

인간이 태어나서 저승 갈 때까지 넘기는 여러 기념할 만한 일들을 통과의례(通過儀禮)라고 하며 이때에는 의례 음식을 마련하게 된다. 우리나라에서는 일찍이 중국의 유교문화의 유입에 따라 생활의 대부분의 영역이 유교적 의례가 지배적인 생활기준으로 되어 왔다. 동양 문화권에서는 인륜지대

사라 하여 사례(四禮)를 치르는 일을 매우 중요하게 여긴다. 사례란 곧 관례, 혼례, 상례, 제례를 말하는데, 그중에서 상례와 제례는 그 자손이 치르게 되는 의례이다.

우리나라에서는 아기의 출생, 삼칠일, 백일, 첫돌, 자녀의 혼례(婚禮), 부모의 회갑(回甲), 희년(稀年), 회혼(回婚), 생신날 등 경사스러운 날이면 각기 특성에 맞는 특별한 음식상을 차리고 대소가 친척, 마을의 친지들을 청하여 잔치를 베푼다. 한편 상(喪)을 당하거나 기일(忌日)을 당하여 행하는 제례에는 규범으로 정해져 있는 제례상(祭禮床)을 차린다.

통과의례 상차림은 태어나기 전에 순산을 비는 삼신상부터 백일상, 돌상, 관례상, 혼례상, 큰상, 회갑상 등의 경사스러운 때의 상차림과 조상께 올리는 제상(祭床)과 차례상 등이 있다. 조선시대에는 유교의 기본 사상인 효를 중시하여 조상의 제례를 엄격히 지키고 제상 차리는 일이 매우 중요하게 여겼다. 모든 의식 절차는 의례법으로 정해져 있고, 모든 의식에는 빠짐없이 특별한 식품이나 음식을 반드시 차리는데, 여기에는 기원, 복원, 외경, 존대의 뜻이 따른다.

1. 일생동안의 의례

백일, 돌, 생일에 대한 습속은 산아(産兒)에 대한 육아의 과정에서 해당된다. 영아가 그날에 이르기까지 무사히 성장하였음에 대한 축의있는 행사(行事)인 동시에 장래 더욱 충실한 성장과 수명장수와 건강을 축원하여 주는 여러 가지 행사의 습속을 말한다.

우리나라에서 관행으로 내려온 전래의 습속은 지방과 생활의 차이에 다소 다른 점도 있으나 주로 치성을 드리는 행사와 축하연을 베풀어줌으로써 유아의 성장을 지켜준 삼신에 감사드리고, 아울러 화와 액을 면하기를 도모하며 더 나아가서 유아의 장수, 복을 축원함이 주된 목적이다. 이 같은 행사의 습속은 비단 우리나라에만 고유하게 존재하는 것이 아니고, 중국과 일본에도 유사한 습속이 있다.

1) 출생

아기를 갖게 되면 태아를 위하여 행동을 조심하고, 태교를 시작한다. 임부는 먹는 것도 가려서 먹고 태아에게 나쁘다고 일컬어지는 일은 극히 꺼리게 마련이다. 산월 전에 시부모나 남편이 산모를 위하여 산미(産米)와 산곽(産藿)을 마련한다. 장에 가서 길이가 긴 미역을 골라 사서, 꺾지 않고 둘둘 말아 어깨에 메고 와서 시렁이나 선반에 매달아 놓는다. 미역을 꺾는다는 것은 "사람이 꺾인다"로 통하여 꺼리는 것이다. 쌀은 특상미로 골라서 소반에 놓고 일일이 돌과 뉘를 가려 정한 자루에 담아서 정한 곳에 마련해 둔다.

산기가 있으면 산실 윗목을 정히 하여 소반에 백미를 소복이 담아 놓고 정화수 한 그릇과 미역을 올려놓은 삼신상(三神床, 産神床)을 차린다. 산곽을 쌀 위에 걸쳐놓고 산간을 하는 어머니가 순산을 빈다. 아기가 태어나면 그 쌀로 밥을 지어서 사발에 세

삼신상

그릇을 가득 담고, 미역국도 세 그릇을 떠서 다시 삼신상을 차린다. 아기가 출생하여 처음 산모에게 먹이는 미역국과 흰밥을 첫국밥이라 하는데 산모의 필수음식은 흰쌀밥과 미역국이므로 임부의 산월이 가까워지면 흰쌀과 좋은 미역을 준비하여 두었다가 '첫국밥'을 끓이는 데 쓴다. 첫국밥을 끓일 때에는 산모를 위한 흰밥을 따로 하고 장독에서 새로 간장을 떠다 미역국을 끓인다.

2) 삼칠일과 백일

백일상

출생 후 삼칠일(21일)이 지나면 가족들이 산실에 들어가 축수한다. 이날 금줄은 떼어 살라 버리고 음식을 흰밥, 고기를 넣지 않은 소미역국에 삼색나물 정도로 차린다.

삼칠일에는 흰쌀밥과 미역국이 주된 음식이며, 백일에는 쌀밥과 미역국 외에 흰쌀로 백설기를 찐다. 백설기는 흰쌀로 빻은 가루로 찐 백색의 설기떡으로 출생의 신성함을 경건한 마음으로 축하하는 뜻을 갖는다.

아기 백일에는 친척과 친지를 불러 축하한다. 백설기, 수수경단, 오색송편을 만들어 이웃에 고루 돌리는데 백일떡은 백 사람에게 나누어주어야 장수한다고 믿는다. 손님께는 흰밥에 미역국과 찬물은 삼색나물, 김구이, 고기구이, 생선전, 마른 찬으로 반상을 마련하여 대접한다.

3) 첫돌

만 일 년을 첫돌이라 하여 아기에게 새 옷을 마련하여 입히고 돌상을 차린다. 남아는 색동저고리에 풍차바지를 입히고 복건을 씌우며, 여아는 색동저고리에 다홍치마를 입히고 조바위를 씌운다.

남아돌상

돌상은 아기의 첫 생일, 즉 첫돌을 축하하는 뜻으로 차리는 특별한 상차림이다. 돌상은 둥근 원반이나 12각반에 음식과 각종 물건을 차린다. 돌상에는 백설기와 수수팥떡 외에 오색으로 물들인 송편을 빚어놓고 사과, 배, 감 등 제철의 과일을 놓고, 그 앞으로 쌀, 실, 붓, 책, 활, 돈 등을 놓아준다. 이렇게 차린 돌상 앞에 돌맞이의 어린이가 서서 '돌잡이'로 재롱을 부리고, 어른들은 이것을 지켜보면서 장수를 빌고 문(文)·무(武)의 활달과 부귀를 기원하여 준다.

아기 밥그릇에는 백미를 담고, 대접에 국수를 담고 과일과 송편, 백설기, 수수경단 등의 떡을 목판에 담는다. 백설기는 순수 무구함을 뜻하는데 큰 덩어리를 소담스럽게 그대로 담는다. 붉은 색은 역귀를 물리친다고 하여 수수팥떡을 놓고, 송편은 소를 꽉 채워 빚는데 이는 머리에 학문을 꽉 채운다는 뜻이 있다. 과일은 자손 번창의 뜻을 담고 있다. 그밖에 남아의 돌상에는 무예와 학문을 닦으라는 뜻으로 활, 붓, 두루마리 종이, 천자책 등은 놓고 여아의 돌상에는 바느질을 잘하라는 뜻으로 청홍비단실, 자를 놓는다. 또 수저와 밥그릇을 마련하는데 이는 아기가 일생 먹고살아 가는 일을 대비한다는 뜻이 있다. 돌날 손님상은 백일과 마찬가지로 흰밥에 미역국과 찬물을 반상으로 차려 대접한다.

4) 생일

아이들 생일(生日)을 보통 10살까지는 흰무리떡과 수수팔떡을 만들어 축하한다. 생일날은 흰밥에 미역국 그리고 찬물은 김구이, 고기구이, 나물, 김치 등을 차려서 식구가 한데 모여서 먹는 풍습이 일반적이다. 나이 드신 부모나 조부모의 생신은 자손들이 정성껏 마련하여 대접하고 손님도 청하여 대접하고 축하드린다.

5) 관례

관례(冠禮)는 남자, 계례(笄禮)는 여자의 성년식으로 갑오경장 이후 없어졌지만 남아는 15~20세에 정월 중에 택일하여 장가를 가지 않았어도 관례를 행하였다. 관례날을 택일하고 이삼일 전에 사당에 고유(告由)하는데 제수는 주(酒), 과(果), 포(脯) 또는 해(醢) 등 간소하게 차린다. 현재는 민법상으로는 20세를 성년으로 하며, 성년식은 5월 셋째 월요일을 성년의 날로 정하고 있다.

6) 혼례

통과의례 가운데 가장 중요한 의식이 혼례(婚禮)이다. 모든 의례가 사회,

경제, 정치 등의 영향으로 그 형식이 달라지고 있듯이 혼례에도 많은 변화가 있었다. 최근에는 다시 고풍을 찾아 옛날의 교배석을 마련하고 합환주를 주고받는 일이 많아졌다.

혼례는 사례의 하나로 의혼(議婚), 납채(納采), 납폐(納幣), 친영(親迎)의 절차를 밟아야 한다. 납채는 신랑집에서 신부집에 청혼에 대하여 허혼을 하여 감사하다는 회신을 보내는 것이다. 지금은 사주단자를 신부집에 보내고 신부집에서 택일하여 보내는 것이 납채의 절차이다. 납폐는 친영 전에 신랑집에서 신부집으로 함에 채단과 혼서지를 넣어 함진아비에게 지워 보내는 것이 통례이다. 신부집은 대청에 상을 놓고 붉은 보를 펴서 떡을 찐 시루 째 올려놓고 기다렸다가 함이 도착하면 시루 위에 향을 올린다. 친영은 신랑이 신부를 맞이해 온다는 뜻으로 혼례에서 가장 중요한 절차이다.

교배상

혼례날이 되면 신랑은 안부(雁父)의 안내를 받으며 신부집으로 향한다. 신랑이 신부집에 도달하면 신부 어머니에게 기러기를 바치고 신부 어머니는 기러기를 치마에 싸서 안방에 들어가 안치한다. 이 자리를 전안청(奠雁廳)이라 하고 예를 전안례(奠雁禮)라고 한다.

전안이 끝나면 신랑이 장인께 재배하고 초례청(醮禮廳)에서 초례를 지낸다. 먼저 신랑 신부가 상견례(相見禮)를 하는데 절을 하는 순서나 횟수는 지방에 따라 다르다. 다리가 높은 붉은 상에 곡물과 과실 등을 차리고 절을 하므로 이를 교배상(交拜床)이라 한다. 절을 한 후에 둥근 박을 반으로 갈라서 만든 잔에 술을 담아 세 번씩 교환하는 합근례(合巹禮)를 행한다. 교배상차림은 지방이나 가정에 따라 다른데 사철나무와 대나무, 청홍색 초를 양쪽에 꽂는다. 살아 있는 닭 암수 한 쌍을 보자기에 싸서 놓거나 숭어를 쪄서 놓기도 한다.

대례가 끝나면 신부집에서는 신랑에게 큰상을 차려서 축하한다. 큰상은 음식을 높이 고이므로 고배상(高排床), 또는 바라보는 상이라 하여 망상(望床)이라고도 한다. 큰상에는 각색편과 강정, 약과, 산자, 다식, 숙실과, 생실과, 당속류, 정과 등의 조과류와 전유어, 편육, 적, 포 등의 찬품을 차린다. 신랑과 신부 앞에는 찬과 국수를 차린 장국상을 따로 차려 주는데 이를 입매상이라 한다. 큰상에 차렸던 음식들을 채롱이나 석작에 담아 신랑집에 봉송으로 보낸다. 신랑집에서도 신부에게 큰상을 차려서 대접한다.

〈신부연석〉, 김준근

7) 회갑례

부모가 육순이 되면 자손들이 모여 연회를 베풀고 축하드린다. 혼례 때의 큰상과 같이 떡, 과자, 생과, 숙실과와 찬물들을 높이 고이는 고배상을 마련한다. 고배상에 차리는 음식의 종류의 품수나 높이는 정해진 규정은 없으며 놓는 위치도 꼭 정해져 있지는 않다. 일반적으로 유과, 조과, 생과 등을 앞줄에 놓고 상을 받는 편에 찬물과 떡 등을 차린다. 잘 사는 집에서는 며칠 전부터 방을 하나 치우고, 과물전, 건어물전에서 사온 재료를 전문

숙수를 데려다가 고이는 작업을 하였다. 옥춘, 귤병, 다식, 약과, 생률, 실백, 호도, 은행, 각색연사, 매화산자, 강정, 사과, 배 등 15종 이상을 높이 7치, 9치, 1자 2치로 고여서 고임상을 차린다.

회갑상

상을 받는 이 앞에는 임매상이라 하여 잔치가 끝나면 잡수실 찬물과 국수 등을 작은 상에 차려서 드린다. 큰상에 차린 것 중에 국물 있는 음식을 뺀 병과, 과실, 마른음식들은 이웃과 친척 등 내객에게 나누어 준다. 이를 반기라 하는데 반깃반(작은 목판)에 담고 백지에 음식을 고루 싼다.

요즘은 제대로 큰상을 차리려면 비용과 품이 많이 들어 제대로 차리는 일이 드물어졌으나 큰 식당이나 호텔 연회장에서 각색 과일과 과자를 고인 것을 차려 놓고 기념사진을 찍는 풍속은 아직도 남아있다.

8) 회혼례

회혼례(回婚禮)는 혼인하여 만 육십 년이 되는 결혼 기념 예식이다. 결혼 후 자녀가 성장하고 번성하고 부부가 장수하여 다복한 것을 기념하여 혼례식을 다시 올리는 예이다. 부부가 결혼을 할

〈회혼례도〉, 작자미상, 18세기

때처럼 신랑 신부의 복장을 하고 자손들이 차례로 술잔을 올린다. 권주가와 춤도 마련하여 흥을 돋운다. 큰상은 혼례 때와 마찬가지로 높이 고배상을 차리고 손님 대접은 다른 잔치와 마찬가지로 한다.

9) 상례

〈기일상례〉, 김준근

사람이 세상을 떠났을 때 향하는 의식으로 임종부터 소상, 대상, 고제(告祭)까지 모신다. 부모가 운명하시면 자손들은 통곡하며 비탄 속에서 시신을 거두어 상례(喪禮)를 치른다. 마지막으로 입에 버드나무 수저로 쌀을 떠 넣어 이승의 마지막 음식을 드리고 망인을 저승까지 인도하는 사자를 위해 사잣밥을 해서 대문밖에 차린다. 입관이 끝나면 혼백상을 차리고 초와 향을 피고, 주(酒), 과(果), 포(脯)를 차려 놓고 상주는 조상(弔喪)을 받는다. 출상 때는 제물을 제기에 담아 여러 절차를 치르고 봉분을 하고 돌아와서는 상청을 차린다. 예전에는 만 2년간 조석으로 상식(上食)을 차려 올린다. 특히 초하루와 삭망은 음식을 더욱 정성껏 마련하고 곡성을 내고 제사를 지낸다. 상중에 돌아가신 분이 생신이나 회갑을 맞으시면 큰제사를 지낸다. 점차 간소화되고는 있지만 아직도 전통적인 관습으로 복식이나 의식절차가 까다롭다. 현재의 가정의례 준칙으로는 백일에 탈상을 한다. 1980년대 이후에는 도회지에서 상례는 거의 종합병원 영안실이나 장례식장에서 치르게 되니 문상객을 맞이하는 풍습도 바뀌어 공공시설에서는 조문객을 위한 식사를 제공하는 전문업체가 등장하였다.

10) 제례

기제사는 조상의 돌아가신 전날 자정에 올린다. 시간이 임박하면 대청으로 위패를 모시고 나와서 교위에 안치한다. 그 앞에는 제상에 제물을 설찬(設饌)하고 직계와 일가친척이 법대로 엄숙하게 제례를 행하는데 사대조와 불천지위(不遷之位)로 모시는 선조의 기일에 지낸다. 그보다 윗대의 선조는 시제(時祭)로 10월에 묘소에서 문중에서 올렸다.

안동 장씨부인 불천위 제사상

차례(祭禮)는 정조와 추석 두 차례만 행하지는 데 설날 아침에는 떡국으로 올리고 추석에는 햅쌀로 지은 밥과 술, 송편과 햇과일을 올린다. 차례를 한문으로 다례(茶禮)로 쓰는 것으로 보아 옛날에는 차를 올리던 의례이었음을 알 수 있다.

2. 경사 때의 상차림

1) 큰상

큰상은 혼례 때 신랑과 신부와 회갑이나 희년 또는 회혼(回婚)을 맞이하는 어른께 축하의 뜻으로 차리는 가장 경사스럽고 화려한 상차림이며, 일생을 사는 동안에 2~4번 큰상을 받을 수 있는 날을 갖는다.

큰상은 넓고 네모난 모양의 상에다 앞줄에는 여러 가지 과정류와 생과일, 건과일을 놓고, 뒷줄에 떡, 전과, 포, 숙육, 전, 적 등 각종 음식류를 높이 약 10~30cm까지 고임을 하여 색깔을 맞추어 늘어놓는다. 큰상 양옆에는 색떡과 화수(花樹)로 장식한다. 큰상은 전체 길이가 약 2m 전후의 것으로 규모가 크고 화려하며 경건한 느낌을 주는 차림이다. 상을 받는 당사자 앞에는 먹을 수 있도록 장국상을 따로 차려놓는다.

(1) 고임음식의 종류

- **유과류** : 빈사과, 강정, 세반연사, 산자 등
- **유밀과류** : 약과, 다식과, 만두과
- **다식류** : 송화다식, 녹말다식, 밤다식, 흑임자다식 등
- **당속류** : 옥춘, 팔보당, 원당, 귤병 등
- **전과(정과)류** : 모과전과, 동아전과, 생강전과, 연근전과, 산사전과, 청매전과 등
- **숙실과** : 밤초, 대추초 등
- **생과실** : 사과, 배, 감 등 제철 과일
- **건과실** : 밤, 대추, 곶감, 실백, 호도, 은행 등
- **떡류** : 백편, 꿀편, 승검초편, 잡과편, 경단, 단자, 주악, 인절미, 절편, 증편 등
- **포** : 여러 가지 육포와 어포, 건문어, 건전복 등
- **숙육류** : 양지머리편육, 제육편육, 족편 등
- **전유어류** : 생선전, 육전, 간전, 처녑전, 채소전, 갈랍 등
- **구이** : 쇠고기, 닭고기, 돼지고기 구이 등

(2) 음식고임의 솜씨

큰상을 차릴 때 여러 가지 음식을 원통형으로 높이 고임을 하는 데는 전문적인 기능을 갖춘 숙수(熟手)가 담당하였다.

둥근 모양을 한 얕은 접시를, 괼 음식의 수대로 준비하고 윗면을 평평하게 하기 위하여 접시에 쌀을 담아 받치고, 윗면이 평평해지도록 백지에 풀칠을 하여 접시 주변을 싸서 붙인다. 또한 음식을 고일 때 안전하게 고정될 수 있도록 둥근 모양으로 오린 백지를 매 층의 주변에 붙이면서 쌓아올린다. 음식은 쌓아올리기에 편하도록 손질하고, 대추와 곶감에는 실백을 박아 장식하고, 곶감은 동글납작한 모양으로 손질한다. 실백은 솔잎에 꿰어서 준비하는데, 실백의 일부를 붉은 색으로 물들여 고여 올리면서 수(壽)・복(福)자가 새겨지도록 하는 매우 섬세한 기교를 쓰기도 한다.

또한 떡을 고일 때에는 소래기나 편틀에 각색편이나 절편, 인절미 등을 층층이 높이 담고, 그 위에는 주악, 화전, 단자와 같은 웃기떡을 장식으로 올려놓는다.

(3) 큰상의 명물 색떡과 어물새김

우리나라의 큰상 양 옆에는 '색떡'이라고 불리는, 절편으로 만든 조화가 장식되었다. 색떡은 흰쌀로 만든 절편에 여러 가지 색을 들여 꽃잎, 나뭇잎의 모양을 빚어 만들고, 이것을 마치 나무에 꽃이 핀 모양으로 전체구성을 하면서 붙여 올린다. 색떡을 담는 그릇은, 양푼에 다리가 붙은 고배형의 놋그릇이며 높이가 20~25cm 가량이고 양푼의 직경은 25~30cm 가량의 것이다. 여기에다 큰 덩어리의 절편으로 받침을 하고 그 위에 구성을 한다. 색떡을 만드는 기술은 특별한 것이었으며 그 기능을 보존한 사람을 현재로는 찾기가 어려워졌다.

평안도 지방에서는 앞에 말한 색떡과 같이 화려하게 만들지 않고 가로 세로 20cm 가량의 크기로 두꺼운 절편을 만들어 고배형의 큰 그릇에 수북하게 담고 꽃 모양으로 몇 개 만들어 붙여 큰상에 놓는 풍습이 있다.

어물새김은 잔치 때 큰상에 말린 문어나 오징어를 아름답게 오려서 상차림이 더욱 화려한 것을 이른다. 큰상이나 제상에는 말린 어육을 올리는데 이를 흔히 포(脯)라고 하는데, 궁중에서는 절육(截肉)이라고 한다.

문어오림은 문어 다리를 여러 개로 꽃이 핀 나무 모양을 구성하여 칼로 꽃과 새 등을 아름답게 오리고, 마른 전복은 봉황을 오리거나 꽃 모양의 새김을 한다. 이런 솜씨는 옛날부터 있던 풍습으로 1600년도 허균이 지은 『도문대작』에는 특히 경상도에서 유명하였다고 하였으나, 지금은 전라남도의 지방에서 그 기술이 이어져 무형문화재로 지정되어 전수되고 있다.

2) 폐백과 이바지 음식

폐백이란 혼인하고 시부모를 처음 뵙는 의식인데 이때 술과 대추와 포를 갖추고 절을 올린다. 폐백음식은 지방에 따라 다른데 고기와 대추는 빼지 않는다. 서울 지방은 육포나 편포를 마련하지만 대신 통째로 찐 닭이나 색지로 닭을 올리기도 하고, 대추에 밤과 함께 고이기도 한다. 시아버지께는 대추를 올리고, 시어머니께는 고기를 올린다. 이때 대추는 일명 백익홍(百益紅)이라 하여 장수를 뜻하고, 득남을 기원하는 뜻이 있어 신부가 절을 하면 대추를 신부 치마에 던져 주고 축복과 훈계를 한다.

이바지는 '잔치하다'라는 뜻을 가진 옛말 '이받다'에서 유래되었다. 정성을 들여서 음식을 보내 주는 일과 그 음식을 뜻하는데, 지방마다 풍습이 다르다. 제주도에서는 혼례에 쓸 물품을 신부댁에 보내는 것을 이바지라 하고, 경상도에서는 혼례 전날 또는 당일에 혼례음식으로 서로 주고받는다. 예단음식으로 백설기, 각색인절미, 절편, 조과, 정과, 과일, 편육, 소갈비, 돼지다리, 건어물, 술 등을 서로 주고받는다.

폐백음식은 신부가 시부모님과 그 외의 시댁의 가족에게 처음으로 인사를 드리는 구고의 예를 올리기 위하여 신부가 준비하여 가지고 가는 특별 상차림이다.

폐백상은 가풍과 지역에 따라서 그 풍습이 각기 다르나 서울·충청도를 중심한 것을 소개하면, 대추와 쇠고기포를 중심으로 한다.

(1) 폐백대추

굵은 대추로 골라서 깨끗하게 씻어 건진 것을 양푼에 담고 표면에다 술과 꿀을 훌훌 뿌려서 따뜻하게 한나절 보온하면 대추가 불어나고 검붉은 색으로 부풀어 보기 좋게 된다. 이렇게 손질한 대추에 실백을 아래위로 박은 다음 다홍실에 한 줄로 꿴다. 대추를 꿰는 실은 도중에서 끊지 말고 한 줄로 꿰어야 하며, 이것을 원형의 쟁반에 소복하게 담는다.

폐백음식

(2) 폐백산적

쇠고기를 살 부위로 골라 3근이나 5근 또는 7근 홀수대로 준비한 다음 곱게 다져서 여러 가지 조미를 하고 반을 짓는다. 가로 20~25cm, 너비 8~10cm, 두께를 3~5cm의 크기로 만들어 햇볕에서 꾸덕꾸덕하게 말린다.

반 정도 말린 것을 모양을 다듬고 실백을 다져서 윗면에 고루 뿌린다. 편포 대신에 쇠고기를 얇게 저며 양념하여 말려서 만든 육포를 여러 장 포개어서 청홍피로 묶어 만들기도 한다.

(3) 폐백닭

닭의 배를 가른 다음 목의 부위를 약간 세우는 듯이 하여 모양을 만들고 편안하게 앉은 모양으로 손질하여 삼삼하게 간을 하여 찐다. 찌는 도중에 닭의 등 부위에다 알지단, 표고버섯을 곱게 채로 썬 것과 실고추와 실백으로 고명을 얹어 장식한 다음 다시 한 김 들인다.

이렇게 만든 폐백음식은 쟁반에 담고 각각 청홍의 겹보자기로 싼다. 보자기의 네 귀에는 '금전지'를 달고, 폐백음식을 쌀 때에는 잡아매지 않고 중심으로 쥔 다음 '근봉(謹封)' 간지를 3cm 정도를 허리를 매듯이 돌려 모아 붙인다.

축하의 뜻과 결록의 뜻이 담긴 음식이므로 얽매이지 않고 풀기 쉽게 하려는 뜻에서 생긴 풍속이다.

3. 제례상차림

1) 제사상

제례는 가가례(家家禮)라 하여 집안이나 고장에 따라 제물과 진설법이 다르다. 제물은 주, 과, 포가 중심이고, 떡과 메, 갱, 적, 전, 침채, 식해 등 찬물을 놓는다. 제상과 제기는 평상시에 쓰는 것과는 구별하여 마련한다.

제상은 검은 칠을 한 다리가 높은 상이고, 제기는 굽이 있는 그릇으로 나무, 유기, 백자 등으로 한 벌을 맞추어 마련한다. 신위를 모시는 독을 넣는 교의와 향로, 모사기, 향합, 퇴주기, 수저 등도 준비한다. 신위가 없을 때는 백지에 따로 지방을 써서 병풍에 붙이고 제사 후에 태운다.

제사상

제물은 여자들이 목욕재계하고 정성을 다하여 정갈하게 마련한다. 제물의 운반, 설찬은 남자 분들이 담당하고, 높이 고이는 제물이나 생률 치는 일은 남자가 맡는 경우가 많다.

제사 후 참례자들이 제사음식을 나누어 먹는 것을 음복(飮福)이라 한다. 각가지 제수음식과 제주를 내는데, 식사는 밥을 탕국에 말아 고기적, 나물 등을 얹은 장국밥이나 나물을 넣고 비빈 비빔밥을 내는 경우가 많다.

2) 제례음식

제삿날에 제수를 준비하는 사람들은 몸과 옷차림을 깨끗하게 하고 정성껏 차린다. 차례에는 주, 과, 포와 해(醢)를 기본으로 하고, 기제사에는 여기에다 편, 적, 나물, 전유어(간남), 반, 면, 갱, 김치 등을 더 차린다. 제수의 범절은 지방이나 가문에 따라 각기 다르다.

- **편(떡)** : 제사에는 설기떡은 하지 않고 대개가 녹두백편, 피팥백편, 흑

임자백편 등을 하여 편틀에다 포개어 고이고, 주악, 단자 등을 얹는다.

- **과정류** : 흑임자강정, 깨강정, 백산자, 다식, 약과 등을 고인다.
- **건과일** : 밤, 대추, 곶감 등을 고인다. 밤은 껍질 벗긴 생률을 고인다. 생률은 겉껍질을 벗겨 물에 담가놓고 잘 드는 작은 칼로 둘레는 경지게 치고 위아래 양면을 반듯하게 친다.
- **생과일** : 사과, 배, 감 등 제철에 나는 과일을 준비한다. 생과실은 위, 아래를 약간 도려내어 고이기 쉽게 한다. 이는 신(神)이 와서 먹을 수 있다고도 하지만, 이보다는 고이기에 쉽도록 하는 풍습이다.
- **적** : 제례의 주요 음식으로 오적 또는 삼적을 준비한다. 육적은 쇠고기를 두껍고 넓게 저며 양면에 잔칼질을 한 다음 양념하여 3~5장을 꼬챙이에 꽂아 굽는다. 봉적은 통닭은 넓적하게 펴서 찌거나 지진다. 어적은 조기를 절였다가 온마리로 굽는다. 적틀에 가장 아래에 바다에서 나는 생선, 그 위에 땅에서 자라는 수육, 그리고 가장 위에 날개 가진 닭을 차례로 놓고 달걀지단을 채 썰어 고명으로 얹는다.
- **간납** : 소고기, 채소 등을 길이 10~12cm로 좁게 썰어 꼬챙이에 꽂아 밀가루와 달걀을 씌워 기름에 부친다. 이것을 포개어 담고 그 위에 전유어를 부쳐 포개어 고인다.
- **탕** : 쇠고기를 푹 고다가 다시마, 건문어, 두부 등을 함께 넣고 끓여 건더기는 각각 따로 그릇에 떠서 육탕(肉湯), 어탕(魚湯), 소탕(素湯)으로 하고, 국물은 국그릇에 따라 한 그릇만 뜬다.
- **포** : 육포, 어포, 건문어, 북어포 등을 크게 만들어 포개어 담는다.

이 외에 나물, 김치, 식혜, 편청, 간장, 초간장을 갖추어 놓고 메(밥)는 흰밥으로 한다.

Chapter ⓫ 팔도의 향토음식

우리나라는 남북으로 길게 뻗은 반도에 삼면이 바다로 둘러싸여 있고, 사계절이 뚜렷해서 자연히 각 지역마다 특산물이 다양하게 생산되고 특색 있는 향토음식들이 발달되어 왔다.

우리나라의 지세는 남북을 종주하는 태백산맥 줄기를 척추로 하여 동서로 가지가 뻗어 있고, 동해안과 서해안은 지세에 큰 차이가 있으며 대지, 분지, 평야, 다도해 등 다양성을 이룬다. 특히 서부와 남부에 펼쳐진 평야는 토지가 비옥하여 벼농사를 비롯한 각종 농작물 경작에 적당하다.

기후를 볼 때 대륙적인 기온에 계절의 배분이 뚜렷하고 강우량, 온도, 일조량에서 다면적 기후구를 이루고 있으므로 농업의 입지적 여건이 다양하다. 이와 같은 지세와 기후를 배경으로 하여 농사에 다양성을 이루면서 계절별, 지역별로 농산물이 특성 있게 수확되었다. 또한 삼면이 바다에 면하고 해안선이 남북으로 길고 굴곡이 심하여 좋은 어장을 갖게 되고, 다양한 어물이 산출되니 어패류의 요리나 가공법이 상고 시대부터 발달하였다. 이러한 자연적인 배경과 지역별 특성에 따라 각 고장의 음식이 발달하였으니 이것이 향토음식이다.

전국적으로 일상적인 식생활에서의 음식법은 공통적인 면이 많이 있지만 그 지방에서 나는 토산 식품과 특별한 양념이 보태져서 지방마다의 고유한 향토 음식이 1900년 중반까지는 고유한 특색이 있었다. 그러나 1900년 후반부터 새로운 외래 식품의 유입과 외국의 음식문화 도입, 외식 산업의 발달 등으로 고유한 향토 음식은 변형되고 새로운 향토음식이 개발되고 있다.

오늘날에 이르러서는 생활수준이 향상되어 서구적인 음식의 맛도 즐기게 되었지만 우리의 고유한 음식도 별미로 찾게 되었다. 큰 도시에는 지방의 향토 음식을 전문으로 하는 음식점도 많이 생기고, 가정에 점차 산업과 교통이 발달하여 다른 지방과의 왕래와 교역이 많아지고, 물적 교류와 인적 교류가 늘어나서 한 지방의 산물이나 식품이 전국 곳곳으로 퍼지게 되고, 음식 만드는 솜씨도 널리 알려지게 되었다.

여기에서는 우리나라를 조선시대에 구분한 팔도에 제주도와 서울 지방을 덧붙여서 열 개의 구역으로 분류하였다.

1. 중부지역

우리나라의 중부지역을 서울, 경기도, 강원도, 충청도의 4개 지역으로 나눌 수 있다. 중부지역의 향토음식 중에서 [표 11-1]은 중부지역의 주식과 찬품류, [표 11-2]는 중부지역의 떡, 조과, 음청류를 정리한 것이다.

[표 11-1] 중부지역의 대표적인 향토음식

지 역	주 식	찬 물 류
서 울	장국밥, 설렁탕, 흑임자죽, 잣죽, 떡국, 비빔국수, 국수장국, 메밀만두, 생치만두, 편수 등	열구자탕(신선로), 떡찜, 떡볶이, 갈비찜, 호박선, 각색전골, 홍합초, 전복초, 간납, 우설편육, 양지머리편육, 갑회, 굴회, 어채, 육포, 구절판, 숙주나물, 묵은나물볶음, 김쌈, 장김치, 숙깍두기, 매듭자반, 수란, 족편 등. 굴비나 관메기, 암치 등 말린 생선을 굽거나 지짐이를 하고, 육포, 젓갈류와 장아찌 등의 밑반찬
경기도	팥밥, 오곡밥, 팥죽, 조랭이떡국, 냉콩국수, 제물국수, 칼싹두기, 버섯장국수제비, 수제비, 개성편수 등	계삼탕(영계백숙), 갈비탕(가리탕), 곰탕, 족탕, 닭젓국, 뱅어국, 냉이토장국, 민어매운탕, 감동젓찌개, 종갈비찜, 무찜, 두부장조림, 주꾸미조림, 배추꼬랑이볶음, 송이산적, 쇠갈비구이(숯불갈비구이), 돼지고기구이, 꽁치된장구이, 두부적, 홍해삼전, 조개전(대합전유어), 배추잎장아찌, 쇠머리수육, 양지머리수육, 잡회, 생굴회, 연평도조기젓, 오징어젓, 굴젓, 메밀묵무침, 물쑥나물, 파상추절이지, 달래무침, 용인외지, 순무짠지, 순무김치, 꿩김치, 고구마줄기김치, 숙김치(삶은 김치), 보쌈김치, 수무석박지, 무비늘김치, 백김치, 장떡, 풋고추부각, 파래, 튀김, 순대, 오징어순대, 족편 등
강원도	강냉이밥, 감자밥, 차수수밥, 토장아욱죽, 메밀막국수, 팥국수, 감자수제비, 강냉이수제비, 강냉이범벅, 감자범벅 등	삼숙이국, 꾹저구탕(뚜거리탕), 쏘가리매운탕, 대게찜, 감자조림, 도치두루치기볶음, 석이볶음, 풋고추볶음, 송이장아찌, 마른오징어젓갈무침, 물오징어불고기, 동태구이, 감자부침개, 느리미, 강어회(향어회, 가물치회), 오징어무침, 오징어회, 가자미식해, 건어포(암치, 대구, 북어, 오징어), 박나물, 취나물, 지누아리무침, 파래무침, 더덕생채, 취쌈, 창란젓깍두기, 채김치, 동치미, 돌김, 들깨송이부각, 메추리튀김, 올챙이묵(옥수수묵), 메밀묵 등
충청도	콩나물밥, 보리밥, 찰밥, 녹두죽, 호박풀대죽, 보리죽, 날떡국, 칼국수, 나박김치냉면, 호박범벅 등	굴냉국, 넙치아욱국, 봄아욱국, 콩김치국, 청포묵국, 콩국, 시래기국, 콩나물찌개, 호박지찌개, 청국장찌개, 담뿍장, 상어찜, 홍어어시육, 마른조갯살조림, 떡볶이, 말린묵볶음, 명태볶음, 장떡, 갈비구이, 돼지고기고추장양념구이, 더덕고추장양념구이, 굴비구이, 호박고지적, 감자부침개, 깻잎장아찌, 오이지, 콩나물짠지, 파짠지, 돼지머리편육, 육회, 오징어회, 미꾸라지회, 어리굴젓, 고추젓, 애호박나물, 취나물, 늙은호박나물, 참죽나물, 오가리나물, 콩나물무침, 열무물김치, 가지김치, 박김치, 시금치김치, 새우젓깍두기, 청포묵 등

[표 11-2] 중부지역의 떡, 조과, 음청류

지 역	떡 류	한과류	음청류
서 울	두텁떡(봉우리떡), 상추떡, 물호박떡, 각색편, 느티떡, 약식, 화전, 주악, 석이단자, 대추단자, 쑥구리단자, 밤단자, 유자단자, 은행단자, 건시단자, 율무단자, 솔방울떡 등 고급 재료를 써서 손이 많이 가게 만든 떡이 많다.	매작과, 약과, 만두과, 흑임자다식, 콩다식, 송화다식, 밤다식, 진말다식, 녹말다식, 쌀다식, 실깨엿강정, 땅콩엿강정, 백자편 등	오미자화채, 흰떡수단, 진달래화채(두견화채), 원소병, 보리수단, 미삼차, 유자차, 대추차, 생강차, 곡차, 오미자차, 구기자차, 결명자차, 당귀차, 제호탕, 오과차, 모과차, 계피차 등
경기도	색떡, 각색경단, 근대떡, 수수도가니, 수수지지미(부꾸미), 개떡 등 종류도 많고 상당히 멋을 내고 있다. 여주는 산병, 강화도는 근대떡, 가평은 메밀빙떡, 개성은 경단, 우매기 등 독특한 떡이 많다.	약과, 강정, 정과, 다식, 엿강정 등. 가평의 송화 다식, 강화의 인삼정과, 여주의 땅콩엿강정, 개성모약과 등	모과 화채, 배화채, 노란장미화채, 송화 밀수 등이 있고, 차는 강화 수삼꿀차, 연천 율무차 등
강원도	감자시루떡, 감자떡, 감자녹말송편, 감자경단, 옥수수설기, 옥수수보리개떡, 메밀전병(총떡), 댑싸리떡, 메싹떡, 팥소흑임자, 각색차조인절미, 무송편, 방울증편 등	과줄(산자, 박산), 약과, 송화다식, 황골엿(옥수수엿) 등	오미자 화채, 앵두화채, 책면, 연엽식혜(연엽주), 차는 강냉이차, 당귀차 등
충청도	물호박떡, 꽃산병, 쇠머리떡, 햇보리떡, 약편, 해장떡, 막편, 곤떡, 씨쑥버무리, 수수팥떡, 감자떡, 감자송편, 칡개떡, 햇보리떡, 도토리떡 등	무릇곰, 모과구이, 무엿, 수삼정과 등	찹쌀가루미수, 천도복숭아화채 등

1) 서울 향토음식

(1) 서울 향토음식의 특징

서울은 우리나라의 가운데에 위치하고 있는데 자체에서 나는 산물은 별로 없으나 전국 각지에서 여러 가지 식품 재료가 모두 모이는 곳이다. 서울은 조선시대 초기부터 오백년 이상 도읍지로 정치, 경제, 문화의 중심지가 되었고, 그중 궁중에서는 최고로 음식 문화가 발전하였다.

궁중 음식은 궁 밖의 양반 계급과 중인 계급의 음식 문화에도 많은 영향을 주었다. 사대부가에서 궁중 음식에서 본을 따서 비슷한 점이 많이 있고, 유교의 영향으로 격식을 중시하고 치장을 많이 하는 편이다. 중인 계급들은 장사를 하거나 외국과 무역을 하는 상인, 역관, 의관들로 경제적으로 부를 축적하여 양반 못지않게 식도락을 즐기기도 하였다고 한다. 서울은 외국의 사신도 빈번히 왕래하므로 자연 화려하게 멋을 내는 풍이 음식에도 나타나고 의례를 아주 중히 여기는 습성이 음식 차림에 복잡하게 표현되고 있다.

서울 음식 중에는 사치스럽고 화려한 음식들도 있지만 서울 토박이의 성품은 알뜰하여 음식을 만들 때 분량도 많이 하지는 않지만 가짓수는 많은 편이다. 음식을 만들 때 모양을 작게 하고 멋을 내는 경향이 있다. 그리고 음식을 먹는 예절이나 법도를 잘 지키며 특히 웃어른을 공경하여 재료들을 곱게 채 썰거나 다져서 먹기 쉽게 하는 정성이 깃들어 있다.

서울 음식에는 고기, 생선, 채소 등이 고루 쓰이며, 갖은 양념을 고루 사용하여 만드는데 정성을 많이 들인다. 다양한 식품으로 여러 가지 양념을 고루 쓰기 때문에 음식의 종류도 많고 맛도 다양하다. 밥상에 밑반찬이나 젓갈을 조금씩 여러 가지로 담는 특징이 있다.

서울 음식의 맛은 간이 짜지도 싱겁지도 않고, 지나치게 맵지 않아 전국적으로 보면 중간 정도의 맛을 지닌다. 새우젓으로 무쳐서 찬을 하거나 젓국찌개를 끓이거나 호박 나물, 알찌개 등에도 넣는다. 말린 자반 생선이나 장아찌 등 밑반찬의 종류가 많이 있다.

(2) 서울의 김치, 장류

김치는 배추김치는 물론이고 겨울철에는 섞박지와 장김치, 감동젓무 등을 담는다. 장김치는 소금대신에 간장으로 간을 한 국물김치로 겨울철이 제철이다. 섞박지는 김장철에 절인 무, 배추를 해물을 많이 넣어 버무려 담는 김치이고, 무깍두기를 감동젓으로 간을 한 것이 감동젓무이다.

서울 지방의 장은 음력 10월경에 메주를 쑤어 띄우고, 음력 정월에 장을 담가 두세 달 만에 간장과 된장을 가른다.

(3) 서울의 별미음식

• **설렁탕** : 유래는 조선시대 동대문 밖 선농단에서 2월 상재일에 왕이 나와서 친경을 하고 제를 올리는 행사 때 생겼다고 한다. 그러나 실제는 이런 맹물에 고기를 끓이는 국은 훨씬 이전부터 생긴 음식인데 서울의 명물 음식으로 알려져 있다. 설렁탕은 소의 살코기뿐 아니고 족, 사골, 소머리 등 가리지 않고 모두 다 넣고 오래 끓인다. 국물이 진하게 우러나면 뼈는 건지고, 살과 내장들은 먹기 좋게 썰어서 다시 넣고 끓인다. 국물에 간을 하지 않고 먹는 사람이 소금, 고춧가루, 후춧가루, 다진 파 등을 넣고 양념하여 먹는다. 쇠머리, 유통, 우설 등도 함께 삶아서 편육으로 하면 좋은 술안주감이 된다.

• **장국밥** : 장국은 흔히 고깃국을 뜻하는데 간장으로 간을 맞추는 국이라는 뜻도 있다. 서울 장안에서는 오래 전부터 유명한 장국밥집이 있어 밤새하는 사람이나 새벽에 해장하는 사람을 위해서 인기가 있었다고 한다. 민가에서는 제삿날에 제탕으로 끓인 고깃국에 밥을 말아서 제상에 쓴 각색 나물을 고명처럼 얹어서 여러 사람을 한꺼번에 음복하기에 알맞은 음식이다.

• **열구자탕(신선로)** : 화통이 달린 냄비에 산해진미 재료를 넣어 상에서 끓이면서 먹는 탕의 일종이다. 신선로 틀은 중국의 훠꿔(火鍋)라는 기구를 중국에 다녀온 역관과 고관들이 틀을 갖고 들어와서 전해졌다.

• **탕평채** : 청포묵을 썰어 볶은 고기와 데친 숙주와 미나리 등을 합하여 초장으로 무친다.

2) 경기도 향토음식

(1) 경기도 향토음식의 특징

옛 서울 개성을 포함한 경기도는 산과 바다를 다 함께 접하고 있는 자연 조건에 기후는 비교적 좋은 편이다. 서해안의 해물과 산골의 산채에 밭곡식도 여러 가지가 고루 생산되어 음식도 소박하면서 다양하다. 서해안에서 잡히는 생선과 새우, 굴, 조개 등이 풍부하고 한강, 임진강에서는 민물고기와 참게 등이 많이 나고, 산간에서는 산채와 버섯 등이 고루 난다. 특히 주식이 되는 쌀은 경기미가 품질이 좋은데 특히 여주, 이천, 김포산이 인기가 가장 높다.

고려의 도읍지였던 개성 지방의 음식은 종류가 아주 다양하고 사치스러운 편이다. 음식에 쓰이는 재료가 다양하고, 숙련된 조리 기술을 필요로 하는 음식과 과자가 많다.

경기도 음식은 소박하면서도 다양하나 개성 음식을 제외하고는 대체적으로 수수한 음식이 많다. 지역적으로 강원도, 충청도, 황해도와 접해 있어 공통점이 많고, 같은 음식도 많이 있다.

음식의 간은 짜지도 싱겁지도 않은 정도로 서울과 비슷한 정도이며, 양념은 많이 쓰지 않는 편이다.

(2) 경기도 김치, 장류

경기 지방에서는 김장을 12월부터 새해 2월까지 3개월분을 마련하였기에 한 사람 몫으로 배추 20포기 정도씩 담갔다. 김치에 새우젓, 조기젓, 황석어젓 등 담백한 젓국을 즐겨 쓴다. 멸치젓을 넣게 된 것은 6·25전쟁 이후이고, 날 생선으로 새우, 생태, 생치 등을 넣는 것도 새로 생긴 김치 풍속이다. 경기도 장은 서울지방 장 담그기와 유사하다

(3) 경기도 별미 음식

- **수원 쇠갈비구이** : 조선조 때부터 생긴 쇠전에 전국의 소장수들이 모여들던 수원에 불갈비집들이 생기고 그 이름이 나게 되었다. 수원 갈비는 양념을 간장으로 하지 않고 소금으로 하는 것이 특색이다.
- **개성 음식** : 조랭이 떡국, 무찜, 홍해삼, 편수 등과 약과, 경단, 주악 등이 유명하다.

  조랭이 떡국은 흰 가래떡을 나무칼로 누에고치처럼 만들어서 끓인다. 개성 편수는 여름철 만두가 아니고 삶은 더운 만두이다. 만두소로 쇠고기, 돼지고기, 닭고기의 세 가지가 쓰인다. 돼지고기는 맛이 부드럽고 닭고기는 단단하게 뭉치는 역할을 하여 잘 어울려진 맛이 난다. 먹을 때는 편수를 접시나 빈 그릇에 놓고 숟가락으로 반을 자르고 초장을 쳐 가면서 먹는다. 맑은 고기 장국은 따로 탕주발에 담아서 국처럼 떠서 먹는다. 개성무찜은 큰일을 치를 때는 큰솥에 한꺼번에 많이 만들어 손님을 대접하였다고 하는데 역시 소, 돼지, 닭의 세 가지 고기를 쓴다. 개성 모약과는 밀가루에 참기름과 술, 생강즙, 소금 등을 넣어 반죽하여 납작하게 밀어서 모나게 썰어 기름에 튀겨서 조청에 집청한 것이다. 경단은 멥쌀과 찹쌀가루로 동글게 빚어서 삶아 내어 삶은 팥을 걸

러서 앙금만을 모아 말린 경아 가루를 묻힌다. 우메기라 하는 주악은 찹쌀가루와 밀가루를 합하여 막걸리로 반죽하여 둥글게 빚어서 기름에 튀겨 내어 조청꿀에 집청한다.

3) 충청도 향토음식

(1) 충청도 향토음식의 특징

충청도는 바다에 전혀 접하지 않은 북도와 서해에 면하고 있는 남도가 자연 환경은 차이가 많이 있으나 농업이 주가 되는 지역이므로 쌀, 보리, 고구마, 무, 배추, 목화, 모시 등의 생산이 많았다. 특히 충청남도의 예당평야, 백마강 유역에 펼쳐진 지역은 곡물이 풍부하다. 서쪽 해안 지방은 해산물이 풍부하나 북도와 내륙은 전혀 신선한 생선을 볼 수가 없어 옛날에는 절인 자반 생선이나 말린 것을 먹을 수밖에 없었다.

충청도 음식들은 그 지방 사람들의 소박한 인심을 나타내듯 꾸밈이 별로 없다. 충북 내륙의 산간 지방에서는 산채와 버섯들이 많이 있어 그것으로 만든 음식이 유명하다.

음식의 맛을 낼 때 된장을 즐겨 사용하며, 겨울에는 청국장을 만들어 구수한 찌개를 끓인다. 충청도 음식은 사치스럽지 않고 양념도 그리 많이 쓰지 않고 자연 그대로의 맛을 살리고 있다. 경상도 음식처럼 매운맛이 없고, 전라도 음식처럼 사치함도 없으나 담백하고 소박하다.

농산물이 풍부하니 곡물로 만든 죽, 밀국수, 수제비, 범벅 등을 많이 만들고, 떡도 많이 만든다. 주식은 흰밥을 으뜸으로 치지만 보리도 곱게 대껴서 보리밥을 짓는 솜씨도 훌륭하다. 그리고 늙은 호박을 잘 이용하여 죽,

범벅을 만들고 호박지도 만든다.

서해안 가까운 곳에서는 국물을 낼 때 여름에는 닭과 조개를 쓰고 겨울에는 굴 등의 해물을 쓰는 것도 특징의 하나이다. 예전에 살림이 어려울 때는 고기가 귀해서 소(素)국을 끓였는데 이 지역에서는 해물을 넣고 감칠맛을 내어 날떡국, 밀국수 등을 끓이는 지혜가 있었다.

(2) 충청도의 김치와 장류

중부에 위치하고 서해에 접하고 있어 조기젓, 황석어젓, 새우젓을 많이 쓰는 점은 서울이나 경기 지방과 같다. 간도 중간이고 소박한 김치를 잘 담근다. 부재료로 쓰는 갓, 미나리, 실파, 삭힌 풋고추, 청각 등을 잘 쓴다. 김장김치를 전부 같은 간으로 하지 않고 차이가 있게 담그는 것이 중부 지방의 특성인 듯하다. 싱건지, 중짠지, 짠지 등 구분을 하고 초렴김치, 설안김치, 설김치, 설후김치로 나누어 담그는 가정이 꽤 많았다.

(3) 충청도 별미 음식

- **어리굴젓** : 간월도가 조선시대부터 이름이 나 있다. 서산 앞바다는 민물과 서해 바닷물이 만나는 곳으로 천연굴도 많고, 굴양식에 적합하다. 어리굴젓은 굴을 바닷물로 씻어 소금으로 간하여 이주일쯤 삭혔다가 고운 고춧가루로 버무려 삭힌다. 바닷가 가까운 서산 쪽에서 굴냉국을 즐겨 먹는데 특히 찰밥 먹을 때 같이 잘 먹는다.
- **올갱이국** : 맑고 얕은 개천에서 잡히는 민물 다슬기로 이로 국을 끓이거나 된장찌개를 끓이고 삶아서 무쳐 안주로도 삶는다. 충청북도에서는 민물에서 잡히는 민물새우인 새뱅이, 붕어, 메기, 미꾸라지 등을 별식의 찬물을 만든다. 피라미 조림, 붕어찜, 새뱅이 찌개, 추어탕이나

미꾸라지 조림 등을 만든다.

- **웅어와 황복** : 금강 하류인 강경 지방에 황복이 5월 중순에서 6월 하순에 산란하려고 금강을 거슬러 올라오는데 바다 복보다 살이 연하고 감칠맛이 나는데 잡아서 찜을 하거나 탕을 끓인다.

  웅어는 갈치처럼 몸 색이 은백색으로 깊은 맛이 나며 우어 또는 의어라고 한다. 한강, 금강 하류에서 4월 중순에서 5월 초순에 잡히는데 살이 부드럽고 기름이 져서 고소하다. 웅어를 잘게 토막내어 회로 먹거나 고추장찌개를 끓인다.
- **호박꿀단지** : 늙은 청둥호박의 속에 꿀을 넣어 중탕하여 그 안에 고인 물을 마신다. 부증에 효과가 있어 산모에게 만들어 주며, 찐 호박은 범벅을 만든다.

4) 강원도 향토음식

(1) 강원도 향토음식의 특징

강원도는 한류와 난류가 엇갈리는 깊은 동해에 면하고 한반도의 등뼈 구실을 하고 있는 태백산맥의 깊은 산과 골짜기와 그 사이사이에 분지가 자리 잡은 고장이다. 영서 지방과 영동 지방에서 나는 산물이 크게 다르고 산악 지방과 해안 지방도 크게 다르다. 산악이나 고원 지대에는 옥수수, 메밀, 감자 등이 많이 생산되고, 논농사보다 밭농사가 더 많다.

산에서 나는 도토리, 상수리, 칡뿌리, 산채 등은 옛날에는 구황식물에 속했지만 지금은 오히려 건강식품으로 많이 이용하고 있다. 동해에서는 명태, 오징어, 미역 등이 많이 나고, 이를 가공한 황태, 마른 오징어, 마른 미역, 명란젓, 창난젓 등이 있다. 산악 지방은 육류를 거의 쓰지 않는 소음식이 많으나, 해안 지방에서는 멸치나 조개 등을 넣어 음식 맛을 돋으며 극히 소박하고 먹음직하다. 동해안에서 나는 다시마와 미역은 질이 좋고, 구멍이 고루 있는 쇠미역은 쌈을 싸거나 말린 것은 튀긴다. 지누아리라는 해초는 장아찌를 담근다.

강냉이도 알이 굵고 차진 찰강냉이가 많이 나고, 감자는 하얀 분이 많이 나고 질적 거리지 않아서 특히 맛이 좋다. 감자 음식이 많이 발달하여 통으로 삶거나 찌는 것은 물론이고 강판에 갈아서 전을 지지거나 옹심이를 만든다. 감자를 썩혀서 만든 녹말은 생녹말과는 다른 독특한 질감으로 다양한 음식을 만든다. 산골에서는 소음식이 많으나 해안 지방에서는 멸치, 조개 등을 넣어 맛을 내고 있다.

(2) 강원도의 김치

동해의 동태, 오징어가 싱싱하여 이 고장의 김장 맛을 특색 있게 만든다. 배추김치에 소를 넣는 것은 중부와 꼭 같으나 무, 배, 갓, 생파, 마늘, 고추 외에 생오징어채와 작게 썬 생태살을 새우젓국으로 버무려 간을 맞추고 국물은 멸치젓을 달여 밭쳐서 넣는다. 배추는 소를 넣기 전 멸치 국물에 새우젓국을 탄 국물에 적셔 내어 소를 넣는데 특별히 감칠맛이 있다.

그리고 무쪽을 큼직큼직 하게 썰어 고춧가루와 양념으로 버무려 켜켜로 반듯하게 넣고 생태 머리와 나머지 뼈도 집어넣어 두면 김치 국도 맛있고 생태 머리의 맛도 각별하다. 산악 지대는 김장을 11월초에 담가서 겨우내 귀중하게 먹는다.

(3) 강원도의 별미 음식

- **감자 음식** : 감자를 썩혀서 만든 전분으로 국수나 수제비, 범벅, 송편 등을 만든다. 감자 부침은 날감자를 강판에 갈아서 파, 부추, 고추 등을 섞어 번철에 부친다. 감자수제비는 감자를 갈아서 건지는 물기를 짜놓고, 남은 국물을 갈아 앉혀서 생긴 녹말을 합하여 반죽하여 옹심이를 만들어 끓인 수제비로 모양도 독특하고 존득존득하고 씹히는 감촉도 좋고, 담백한 맛이 일품이다.
- **옥수수 음식** : 옥수수는 쪄서 먹고 밥에도 섞지만, 가루로 빻아 떡을 만들고 엿도 만드는데 대화와 평창 엿이 유명하다. 올챙이묵은 풋옥수수를 갈아서 죽을 쑤어 구멍 난 바가지나 네모 틀에 넣어 누르면 올챙이처럼 떨어지면 양념장을 넣어 먹는다.
- **막국수** : 지금은 춘천 막국수로 알려져 있지만 이보다 더 시골인 인제, 원통, 양구 등의 산촌에서 더 많이 먹던 국수이다. 메밀을 익반죽하여 국수틀에 눌러서 무김치와 양념장을 얹어서 비벼 먹는 것이 원조이나 동치미 국물이나 꿩육수를 부어 말아먹기도 한다. 김치는 동치미, 나박김치, 배추김치 등 있는 대로 쓸 수 있는데, 젓갈과 고춧가루가 너무 많은 김치보다는 맑은 김치가 좋다. 기호에 따라 동치미나 김치 국물과 차게 식힌 육수를 반씩 섞어서 냉면처럼 말아서도 먹는다. 쟁반 막국수는 최근에 식당들이 만들어 낸 것으로 오이, 깻잎, 당근 등의 채소를 섞어서 양념장으로 비빈 국수이다.
- **도토리묵** : 도토리나 상수리를 따서 겉껍질을 벗겨 여러 날 동안 물에 담가 두어 우려 떫은맛이 없어진다. 이를 맷돌에 갈아서 무명 자루에 담아 짜내어 물을 가라앉은 앙금을 모아 말린다. 도토리묵은 도토리

가루를 물에 풀어서 나무주걱으로 저으면서 되직하게 죽을 쑤듯이 익혀서 평평한 그릇에 쏟아서 굳힌다. 납작납작하게 썰어서 양념장으로 무치고, 겨울에는 김치를 썰어서 깨소금, 참기름을 넉넉히 넣고 굵은 고춧가루를 넣어 무친다.

- **생선음식** : 동해안에서 잡히는 싱싱한 생선은 회로 하고, 매운탕을 끓인다. 삼숙이는 생김새는 거칠지만 살이 졸깃하고 탕을 끓이면 국물이 시원하다. 북한강이나 깨끗한 강에서 잡히는 쏘가리, 민물장어, 빠가사리, 모래무지 등은 회로 하거나 매운탕을 끓인다.

2. 남부지역

우리나라의 남부지역을 전라도, 경상도, 제주도의 3개 지역으로 나눌 수 있다. 남부지역의 향토음식 중에서 [표 11-3]은 남부지역의 주식과 찬품류, [표 11-4]는 남부지역의 떡, 조과, 음청류를 정리한 것이다.

[표 11-3] 남부지역의 주식과 찬품류

지 역	주 식	찬 물 류
전라도	전주비빔밥, 콩나물국밥, 피문어죽, 깨죽, 오누이죽, 대추죽, 합자죽, 대합죽, 냉국수, 고동칼국수 등	머우깨국, 천어탕, 추어탕, 죽순찜, 홍어어시육, 붕어조림, 멸치자반, 두루치기, 장어구이, 숯불불고기, 생치섭산적, 송이산적, 산돼지고기구이, 애저, 육회, 홍어회, 고막회, 생산대구아가미젓, 젓갈류, 육포, 어포(민어포, 대구포), 산채, 겨자잡채, 톳나물, 파래무침, 꼴뚜기무생채, 갓쌈지, 고들빼기김치, 배추포기김치, 검들김치, 굴깍두기, 반지(백지), 굴비노적, 마른찬, 가죽부각, 부각, 황포묵 등
경상도	진주비빔밥, 무밥, 통영비빔밥, 갱식, 애호박죽, 떡국, 밀국수냉면, 닭칼국수, 건진국수, 조개국수 등	재첩국, 계삼탕, 고동국, 추어탕, 선짓국, 북어미역국, 들깨참깨미역국, 마른홍합미역국, 동태고명지짐, 호박선, 우렁찜, 바닷게찜, 미더덕찜, 아구찜, 장어조림, 메뚜기볶음, 오징어불고기, 상어돔배기구이, 갈치구이, 청어구이, 유곽, 갯장어구이, 상어돔배기전, 배추적, 김부치개, 파전, 해파리회, 피조개회, 광어회, 멍게회, 장어회, 우렁회, 생멸치회, 잉어회, 안동식혜, 약대구포, 붕어포, 마른문어쌈, 시래기된장무침, 해물잡채, 상추겉절이, 꼴뚜기무생채, 톳나물, 두부생채, 청각무침, 돋나물무침, 풋마늘겉절이, 솎음배추겉절이, 배추쌈, 전복김치, 속세김치, 콩잎김치, 우엉김치, 부추김치, 우엉잎자반, 고추부각, 감자부각, 꼴뚜기튀김, 메밀묵 등
제주도	잡곡밥, 메밀칼국수, 메밀저배기, 메밀범벅, 메밀만두, 빙떡, 전복죽, 옥돔, 죽, 깅이(게)죽, 초기(표고버섯)죽, 닭죽, 매역새(미역)죽, 떡국, 생선국수 등	고사릿국, 톳냉국, 돼지고기육개장, 된장찌개, 복쟁이지짐이, 상어지짐이, 오분쟁이찜, 자리지짐이, 돼지고기조림, 옥돔구이, 돼지고기구이, 볼락구이, 상어포구이, 상어산적, 달걀전, 고사리전, 초기전(표고전), 꿩적, 메밀묵지짐이, 꿩지짐이, 후춧잎장아찌, 풋고추오이장아찌, 자리회(물회), 자리강회, 비계회, 전복소라회, 돼지새끼회, 몰망회, 오징어회, 양애무침, 톳나물, 날미역쌈, 날다시마쌈, 콩잎쌈 전복김치, 동지김치, 해물김치, 나박김치, 다시마튀각, 가죽부각, 깻잎부각, 수애(순대), 청묵(메밀묵) 등

[표 11-4] 남부지역의 떡, 조과, 음청류

도	떡 류	조과류	음청류
전라도	감시리떡, 감고지떡, 나복병, 호박메시리떡, 복령떡, 수리취개떡, 송피떡, 고치떡, 삐삐떡(삘기송편), 호박고지차시루떡, 감인절미, 감단자, 전주경단, 해남경단, 우찌지, 차조기떡, 섭전 등	산자(유과), 유과별법, 고구마엿, 동아정과, 생강정과, 연근정과 등	유자화채, 곶감수정과 등
경상도	모시잎송편, 밀비지, 만경떡, 쑥굴래, 잡과편, 잣구리, 부편, 감자송편, 칡떡 등 상주, 문경지역은 밤, 대추, 감 등의 과실과 오미자, 소엽, 모시풀 등을 넣은 떡, 상주는 감설기떡, 감편떡 등, 밀양은 쑥굴래, 곶감채 경단, 마천마을은 감자송편, 거창은 멍게송편 등	유과, 준주강반, 대추징조, 강냉이엿, 우엉정과, 다시마정과, 각색정과 등	단술감주, 수정과, 유자화채, 유자차, 물식혜, 얼음수박, 잡곡미숫가루, 찹쌀식혜, 안동식혜 등
제주도	반찰곤떡, 달떡, 도돔떡, 침떡(좁쌀시루떡), 차좁쌀떡, 오매기떡, 돌래떡, 속떡(쑥떡), 빙떡(메밀부꾸미), 빼대기(감제떡), 상애떡 등	약과, 닭엿, 꿩엿, 돼지고기엿, 하늘애기엿, 호박엿, 보리엿 등	술감주, 밀감화채, 자굴차, 소엽차 등

1) 전라도 향토음식

(1) 전라도 향토음식의 특징

전라도는 땅과 바다, 산에서 나는 산물들이 골고루 있고, 많은 편이어서 재료가 아주 다양하고 음식에 들이는 정성이 유별나서 음식 사치가 전국에서 두드러진 곳이다. 특히 전주, 광주, 해남 등의 각 고을마다 부유한 토반들이 대를 이어 살아서 가문의 좋은 음식들이 대대로 전수되는 풍류와 맛의 고장이다. 전라도는 기후가 따뜻하여 음식의 간이 센 편이고 젓갈류와 고춧가루와 양념을 많이 넣는 편이어서 음식이 맵고 짜며 자극적이다.

전라도는 개성만큼이나 음식 솜씨가 사치스럽다. 남과 북으로 위치는 많아 떨어져 있으면서 개성은 고려조의 음식을 전통적으로 지키고 있어 아주 보수적인 데가 있고, 전라도는 조선조의 양반 풍을 멋있게 받아서 고유한 음식법을 지키고 있다. 또 그 상차림은 음식의 가짓수를 많이 올리는 것을 즐기며 외지 사람을 놀라게 한다. 음식 솜씨의 자랑은 혼인 때 이바지 음식을 보면 알 수 있다.

서해와 남해의 보고를 끼고 기름진 호남평야를 안고 있어 쌀이 풍부하고 해물을 곁들이는 음식이 수없이 많이 있다. 심산유곡이 유명하여 이 산에서 나는 많은 귀한 산물로 음식을 다양하게 만들고 있다. 콩나물 기르는 법이 특수하고 좋아서 콩나물 맛이 제일이고, 각색 죽들이 보식으로 매우 중요한 음식이다.

전라도에는 발효 음식의 종류가 아주 풍부하여 김치와 젓갈이 수십 가지가 있고, 고추장을 비롯하여 장류도 잘 발달해 있고, 장아찌의 종류도 많다. 기후가 따뜻하여 젓갈은 간이 매우 세고 김치는 고춧가루를 많이 쓰고 짜며 국물이 없는 것이 특징이다. 장아찌는 무, 울외, 더덕, 우엉, 도라지, 배추꼬리, 감, 고들빼기, 마늘, 고춧잎 등의 채소를 고추장, 된장, 간장 등에 박아 놓고, 참게장은 간장을 붓는다.

(2) 전라도의 지방의 김치와 장류

전라도에서 김치는 지라고 하는데 반지(백지)는 배추로 만든 백김치이다. 김치를 무, 배추뿐 아니라 갓, 파, 고들빼기, 검들, 무청 등도 담는다. 전라도 고추가 매운 맛이 강하고 단맛이 나며, 젓갈은 멸치젓, 황석어젓, 갈치속젓 등을 넣는다. 북도는 새우젓국을, 전라남도에서는 멸치 젓국을 더 많이 쓴다. 김치는 돌로 만든 확독에 불린 고추와 양념을 으깨고 젓갈과 식은 밥이나 찹쌀 풀을 넣어 걸죽하게 만들어 절인 채소를 넣어 한데 버무린다.

전라도는 서남해를 끼고 있어 해산물이 풍부해 젓갈 역시 여러 종류가 있다. 김장의 특색은 맵고 짜고 진한 맛, 감칠맛이 난다. 같은 남쪽이라도

경상도보다 사치스러운 감이 많다. 얼큰한 김장김치 외에 나주에서 나는 배맛이 나는 무동치미, 해남의 갓김치와 고들빼기김치가 아주 유명하다.

장류는 고추장이 순창이 예로부터 이름이 나 있으며, 청국장이나 된장도 있고, 나주에서는 집장도 담는다.

(3) 전라도 별미 음식

- **젓갈** : 전라도의 유명한 젓갈로 추자도 멸치젓, 낙월도 백하젓, 함평 병어젓, 고흥 진석화젓, 여수 전어밤젓, 영암 모치젓, 강진 꼴뚜기젓, 무안 송어젓, 옥구 새우알젓, 부안 고개미젓 등과 그 외에 뱅어젓, 토화젓, 참게장, 갈치 속젓 등 아주 다양하다.
- **부각** : 자반이라고도 하는데 가죽 나무 연한 잎을 모아 고추장을 넣은 찹쌀 풀을 발라서 가죽 자반을 하고, 김, 깻잎, 깻송이, 동백잎, 국화잎 등은 찹쌀 풀을 발라서 말리고, 다시마는 찹쌀 밥풀을 붙여서 말린다.
- **전주비빔밥** : 예로부터 완산 팔미라 하여 서남당골에서 나는 감, 기린봉의 열무, 오목대의 청포묵, 소양의 담배, 전주천의 모래무지, 한내의 게, 사정골의 콩나물, 서원 너머의 미나리를 꼽았다. 전주의 콩나물의 특히 맛이 좋고 다른 나물거리는 철따라 나는 것들을 써서 계절의 맛을 돋우는데 특별한 것으로 연근, 죽순, 박, 버섯 등이 들어간다. 요즘 돌솥 비빔밥이 전주비빔밥처럼 알려져 있지만 실은 예전에는 돌솥이 아니고 유기 대접에 담았다.
- **콩나물국밥** : 전주에서 이름난 해장국으로 새우젓으로 간을 맞춘 소박한 음식이다. 한 번 끓여서 주는 뜨끈뜨끈한 국밥으로 밤샘을 하거나 술꾼들에게 뱃속을 편하게 해주어 인기가 높다.
- **홍탁삼합** : 잘 삭힌 홍어와 돼지고기 편육을 막걸리와 함께 먹는 것을

이른다. 홍어는 흑산도 산을 첫째로 꼽는다. 홍어어시욱은 홍어를 대강 말린 후 짚을 깔고 쪄낸 음식이다.
- **광주 애저** : 원래 진안의 명물인데 어린 돼지나 태속에 있는 애저를 통째로 푹 무르게 삶아 양념장을 찍어 먹는다.

그 밖에 영광의 굴비와 보성강의 미꾸라지, 해남의 세발낙지, 명산의 장어 등이 유명하다. 곡성은 은어회로 유명하고, 특히 석곡과 광양은 숯불에 구운 돼지 불고기가 유명하다.

2) 경상도 향토음식

(1) 경상도 향토음식의 특징

경상도는 남해와 동해에 좋은 어장이 있어 해산물이 풍부하고, 경상남북도를 크게 굽어 흐르는 낙동강은 풍부한 수량으로 주위에 기름진 농토를 만들어 농산물도 넉넉하다. 이곳에서는 고기라고 하면 바닷고기를 가리키며 또 민물고기도 많이 먹는다. 음식의 맛은 대체로 맵고 간이 센 편으로 투박하지만 칼칼하고 감칠맛이 있다. 음식에 지나치게 멋을 내거나 사치스럽지는 않고 소담하게 만들지만 방아잎과 산초를 넣어 독특한 향기를 즐기기도 한다.

남도는 해산물을 회로 먹는 것이 제일로 치고, 싱싱한 바닷고기를 회로 하기도 하지만 국도 끓이고, 찜이나 구이도 한다. 특히 갈치나 도미 등을 넣고 끓이는 맑은 국은 내륙이나 산간 지방에서는 생각조차 안하는 이 고장 특유한 음식이다. 젓갈은 멸치젓을 가장 많이 담고, 밥상에 놓는 젓갈의 종류도 전라도 다음 갈 만큼 많이 있다. 음식의 간은 소금간이 세고 맵기로는 전라도를 앞선다.

남해의 멸치젓이 유명하여 지금은 전국적으로 퍼지고 있다. 좋은 멸치젓은 멸치가 잘 삭아 살이 붉고, 맑은 젓국이 위에 많이 괴어 있다. 멸치 건지가 뭉그러져 텁텁한 것은 좋은 젓국이 아니고 맑은 것이 좋은데 생젓국은 간장 대신 음식에 맛을 낼 때 두루 쓰인다.

(2) 경상도의 김치, 장류

경상남도는 다른 지방에 비해서 마늘과 고추는 많이 쓰나 생강은 적게 쓰고, 맵고 짠 것이 특징이다. 배추김치도 일일이 무채의 소 양념을 넣지 않고 절인 배추를 양념 젓국에 휘둘러서 항아리에 꼭꼭 눌러 담는다. 배추 사이에 무채를 많이 넣지 않고 생갈치를 잘게 썰어 고춧가루와 소금을 뿌려 두었다가 소를 버무릴 때 넣기도 한다.

된장은 다른 지방보다 많이 먹는 편인데 막장, 담북장도 즐기고, 여름철에 단기간에 숙성시키는 즙장이나 등겨장도 만든다. 채소에 된장이나 고추장을 섞어서 찌는 장떡도 잘 만든다.

3) 경상도 별미 음식

- **진주비빔밥** : 화반(花飯)이라고도 하는데 계절에 나는 여러 가지 나물을 갖추고 바지락을 다진 보탕국을 얹고, 선짓국을 곁들이는 것이 특색이다. 나물은 손가락 사이에 뽀얀 물이 나오도록 까바치게 무쳐야 맛이 있다고 한다.
- **마산 미더덕찜** : 미더덕은 멍게인 우렁쉥이와 비슷한 맛이 나는데 찜이나 찌개에 넣는다. 미더덕을 콩나물과 미나리 등의 채소를 매운 양념

을 넣고 끓이다가 찹쌀 풀을 넣는다. 아구찜도 같은 방법으로 만든다. 아구는 살이 희고 맛이 담백하고 연골의 씹히는 맛이 일품이다.

- **안동 음식** : 안동 지방은 전통 문화에 대한 자부심이 강하고 보수적이어서 특색 있는 음식이 잘 보존되어 있다. 안동 식혜는 보통 마시는 감주 식혜와는 전혀 다르다. 찹쌀을 삭힐 때 고춧가루를 풀어서 붉게 물들이고 건지로 무를 잘게 썰어 넣는다. 겨울철에 찬 식혜의 톡 쏘는 시큼하면서 달고 매운 맛이 별스럽다. 건진 국수는 밀가루에 콩가루를 섞어서 반죽하여 홍두깨로 얇게 밀어서 가늘게 채 썰어 찬 장국에 만다. 헛제사밥은 안동만이 아니라 진주, 경주에서도 이름이 나 있는데 제사 지낸 음식을 본 따서 상어적과 탕국, 비빔밥을 한데 차린다.
- **동래 파전** : 기장에서 나는 파와 언양의 미나리를 조개, 굴, 홍합 등을 함께 넣어 부친 음식이다. 파를 번철에 나란히 놓고 위에 해물을 넣고 쌀가루와 찹쌀가루를 묽게 풀은 반죽을 얹어서 지진다.
- **재첩국** : 낙동강 하류의 김해, 하동 부근에서 잡히는 가막조개인 재첩으로 끓인 맑은 국으로 담백하고 시원하여 해장국으로 으뜸이다.
- **추탕** : 미꾸라지를 푹 고아서 체에 걸러 뼈를 가려낸 다음 배추시래기, 숙주, 고비 등의 채소를 넣고, 된장과 고추장을 풀어 끓인다. 산초가루(조핏가루)와 방아잎을 반드시 넣는다.

3) 제주도 향토음식

(1) 제주도 향토음식의 특징

우리나라에서 제일 남쪽 섬으로 기후가 따뜻하고, 근해에 잡히는 어류도 특이한 것이 많이 있다. 예전에는 해촌, 양촌, 산촌으로 구분되어 그 생활 상태가 차이가 있었다. 양촌은 평야 식물지대로 농업을 중심으로 생활을 하였고, 해촌은 해안에서 고기를 잡거나 해녀로 잠수 어업을 하고, 산촌은 산을 개간하여 농사를 짓거나 한라산에서 버섯, 산나물, 고사리 등을 채취하여 생활하였다. 제주도에서 쌀농사는 아주 적고 산도, 육도라는 밭벼가 날 뿐이고, 밭곡식은 조, 피, 보리, 메밀, 콩, 팥, 녹두, 깨 등이 주가 되고 감자, 고구마가 많이 생산되었다.

제주도 음식에는 어류와 해초가 많이 쓰이며, 된장으로 맛을 내는 것을 좋아한다. 이것 사람들의 부지런하고 꾸밈없는 소박한 성품이 음식에도 반영되어 음식을 많이 장만하지 않고, 양념도 적게 쓰며, 간은 대체로 짜게 하는 편이다. 음식 중에 죽, 범벅이 많고 찬물 중에는 국이 많은 편이다. 싱싱한 해물은 회로 먹으며, 바닷고기로 국을 많이 끓이고 죽에도 자주 넣는다. 다른 곳에는 없는 자리돔과 옥돔, 오분자기 등이 잡힌다. 수육으로는 돼지고기와 닭을 많이 쓰며 겨울에는 꿩을 쓰인다. 제주 돼지는 특히 뒷간에서 기른 똥돼지가 연하고 맛있다고는 하지만 지금은 없어졌고 흑돼지가 맛이 있다. 한라산에서 표고버섯과 산채가 많이 나온다. 겨울에 기후가 따뜻하여 김장을 별로 많이 담지 않으며 조금만 담근다.

물론 최근에는 외지 사람의 이주로 생활 양상이 많이 달라지고 있다. 옛날의 식사는 잡곡밥에 된장을 푼 배추국, 콩잎국, 무국, 파국, 호박국, 미역국, 생선국을 반드시 끓이고 반찬은 자리젓, 갈치자반, 전갱이자반, 고등어자반, 건어를 쓰고, 회는 생것이 손에 들어오면 먹게 되고 자리회를 먹는 것이 큰 즐거움이라 하였다. 말린 전복과 귤은 진상하기에 바빴다고 하며 일상 음식으로 먹기는 어려웠다. 또 점심에 먼 곳에 나가서 일하는 사람은 대로 엮은 도시락이 있어 잡곡밥을 담고 찬은 된장과 자리젓을 옆에 담고 밭에서 연한 잎을 따서 쌈을 싸 먹으면 일품이라고 한다.

(2) 제주도의 김치와 장류

기후가 따뜻한 탓으로 김장이 별로 필요 없고 김장 종류도 많지 않고 또 기간도 오래 먹게 담그지 않는다. 육지의 풍습이 들어가서 여러 가지 김치가 있으나 그리 맛있게 담가지지 않는다. 유명한 겨울 김치인 동지김치는 음력 정월에 밭에 남아 월동한 꽃대 올라온 배추로 담그는데, 연한 노란 꽃이 망울지면 이것을 거두어 소금물에 절였다 건져 멸치젓, 마늘, 고춧가루로만 버무려 잠깐 익히면, 먹을 때 제주도 봄의 냄새, 맛이 한층 상쾌하다.

제주도에서 예전에는 장을 거의 담지 않았고, 대표적인 젓갈로 자리젓, 오분자기젓 등이 있다.

(3) 제주도 별미 음식

- **드릇마농** : 달래와 마늘, 파를 넣고 간장으로 간하여 담백하게 끓이는 국이다. 드릇마농(들의 마늘)은 정월부터 8, 9월까지 밭에서 캐는데 봄철 시식으로 구수하다. 바르쿡은 전복과 게를 넣고 끓인 미역국이다. 국맛이 쿠지고(구수하고) 바르쿡 (해물)냄새가 난다고 하여 붙여진 이름이다.
- **자리물회** : 자리는 제주도 근해에서 잡히는 검고 작은 도미인데 표준어는 자리돔이다. 여름철이 제 맛인 자리회는 자리를 비늘 긁고 손질하여 잘게 썰어 부추, 미나리를 썰어 된장으로 한데 무쳐서 찬물을 부어 물회로 한다. 신맛은 식초를 넣거나 유자즙을 넣고, 때로 산초를 넣기도 한다.
- **옥돔 음식** : 옥돔은 분홍빛의 담백하면서도 기름져서 맛이 있다. 싱싱

한 옥돔에 미역을 넣어 국을 끓이고, 소금을 뿌려 말렸다가 굽는다. 옥돔죽은 옥돔에 물 붓고 끓여서 살은 발라서 국물에 쌀을 넣고 끓인다.

- **갈치호박국** : 싱싱한 갈치로는 회도 치고, 토막 내어 늙은 호박을 썰어서 함께 넣어 국을 끓이면 은색 비늘과 기름이 둥둥 뜨는데 맛이 아주 좋다.
- **전복죽** : 전복은 회로 먹고, 불린 쌀에 참기름으로 볶다가 푸른빛의 싱싱한 내장을 함께 섞고 물을 부어 끓이다가 얇게 썬 전복살을 넣어 끓인 전복죽은 색도 파릇하고 향이 특이하면서 아주 별미이다.
- **해물뚝배기** : 오분자기, 조개, 게, 새우 등의 여러 가지 해물을 넣어 끓이는 된장찌개이다. 이때 작은 전복과 같이 생긴 오분자기가 꼭 들어간다.

3. 이북지역

우리나라의 이북지역을 황해도, 평안도, 함경도의 3개 지역으로 나눌 수 있다. 이북지역의 향토음식 중에서 [표 11-5]는 이북지역의 주식과 찬품류, [표 11-6]은 이북지역의 떡, 조과, 음청류를 정리한 것이다.

[표 11-5] 이북지역의 대표적인 향토음식

지 역	주 식	찬 물 류
황해도	세아리반, 잡곡밥, 김치밥, 비지밥, 남매죽, 수수죽, 밀범벅, 호박만두, 냉콩국, 씻긴 국수, 김치 말이, 밀낭화 등	김치국, 조기국, 되비지탕, 호박지찌개, 김치순두부찌개, 애호박찌개, 조기매운탕, 북어찜, 붕어조림, 돼지족조림, 개구리구이, 고기전, 잡곡전, 대합전, 녹두빈자(빈대떡, 녹두지짐), 행적, 동치미, 호박김치, 갓김치, 고수김치, 묵장떼묵, 연안 식해 등
평안도	온반(장국밥), 김치말이, 닭죽, 평양냉면, 생치냉면, 어복쟁반, 강량국수, 온면, 평안만둣국, 굴(굴린)만두 등	고사릿국, 오이토장국, 내포중탕, 더풀장, 콩비지(되비지), 꽃게찜, 똑똑이자반, 무곰, 풋고추조림(댕가지조림), 당고추장볶음, 돼지고기구이, 도라지산적, 돼지고기전, 더덕전, 녹두지짐, 도라지장아찌, 돼지고기편육, 냉채, 가지김치, 영변김장김치, 돼지순대 등
함경도	잡곡밥, 닭비빔밥, 찐조밥, 가릿국, 얼린콩죽, 옥수수죽, 물냉면, 회냉면, 감자국수, 감자막가리만두 등	천어국(천렵국), 다시마냉국, 동태매운탕, 영계찜, 가지찜, 북어무침, 비웃구이, 닭섭산적, 북어전, 감자지짐, 원산잡채, 깻잎쌈, 고등어회, 동태순대, 돼지순대, 대구젓, 가자미식해, 도루묵식해, 명란젓, 콩나물김치, 쑥갓김치, 대구깍두기, 채칼김치, 봄김치

[표 11-6] 이북지역의 떡, 조과, 음청류

도	떡 류	조과류	음청류
황해도	시루떡, 무설기떡, 오쟁이떡, 큰송편, 혼인인절미, 혼인절편, 수리취인절미, 증편, 꿀물경단, 우기, 찹쌀부치기, 잡곡부치기, 수수무살이, 좁쌀떡, 닥알떡, 닥알범벅 등	무정과 등	
평안도	송기떡(절편, 개피떡), 골미떡, 조개송편, 꼬장떡, 뽕떡, 무지개떡, 니도래미, 찰부꾸미, 노티(놋치) 등	과줄, 견과류, 돌배(산배), 엿, 태식 등	
함경도	찰떡인절미, 달떡, 오그랑떡, 찹쌀구이, 괴명떡, 꼬장떡, 언감자떡 등	과줄, 강정, 산자, 약과, 만두과, 들깨엿강정, 콩엿강정 등	식혜(단감주) 등

1) 황해도 향토음식

(1) 황해도 향토음식의 특징

황해도는 북쪽 지방의 곡창 지대인 연백평야와 재령평야에서 쌀 생산이 많고 잡곡도 질도 좋고 생산량도 많다. 특히 조는 굵고 구수하여 남쪽 사람들이 보리밥을 즐기듯이 잡곡밥을 많이 해먹는다. 넉넉한 곡물을 사료로 먹인 가축들이 맛이 유별난데 특히 집집마다 닭을 많이 기르므로 밀국수나 만두에도 닭고기가 많이 쓰인다.

해안 지방은 조석간만의 차가 크고 수심이 낮으며 간석지가 발달해 소금의 생산이 많다. 황해도는 인심이 좋고 생활이 윤택한 편이어서 음식을 한 번에 많이 만들고, 음식에 기교를 부리지 않고 구수하면서도 소박하다. 송편이나 만두도 큼직하게 빚고, 밀국수도 즐겨 만든다. 간은 별로 짜지도 싱겁지도 않으며, 충청도 음식과 비슷하다. 평안도보다는 훨씬 중부에 가깝고 또 서울 남쪽의 충청도와 같은 서해에 임하고 있어 서로 닮은 점이 많이 있다. 구수하다는 맛, 칼칼하다는 맛의 표현이 같을 정도로 음식의 풍이 닮고 있다. 대체로 서울과 그다지 큰 차가 없는 기후이나 서울 사람들이 모르는 향신료를 즐겨 쓰고 있다.

(2) 황해도 김치와 장류

김치는 그리 맵지 않고 시원하게 담으며, 동치미 국물을 넉넉히 마련하여 겨울에 냉면 국수나 찬밥을 말아서 밤참을 즐기기도 한다. 김치에는 독특한 향의 고수와 분디를 넣는다. 젓갈은 새우젓, 조기젓을 제일 세게 쓰는 것도 중부지방 김장의 공통된 점이다. 전체적으로 간은 중간, 국물은 많지도 적지도 않다. 호박 김치는 충청도와 공통된 것이다.

고수는 미나리과에 속하는 향기가 강한 풀로 향유(香荽) 또는 호유(胡荽)라고 한다. 강회나 생채로 무치거나 김치에 많이 넣는데 이곳 사람들이 좋아하며, 절에서 스님들이 즐겨 하는 채소이다. 분디는 산초나무와 비슷하나 잎에서 진한 향이 난다. 고수김치는 고수를 하룻밤쯤 물에 담가 독한 맛을 뺀 후, 조개젓이나 황새기젓으로 김치처럼 버무려 담는다. 고수만으로는 너무 진한 맛이 나니 배추나 무를 썰어 섞박지 담글 때 섞기도 한다.

늙은 호박을 배추 겉잎을 함께 절여서 김장철에 담는 호박지는 찌개처럼 끓여서 먹는다. 여름철에는 애호박으로도 호박김치를 만든다.

(3) 황해도 별미 음식

- **남매죽** : 팥을 무르게 삶아 찹쌀가루를 넣어 팥죽을 끓이다가 밀가루로 만든 칼국수를 넣어 끓이는 죽인데 국수가 들어 있다.
- **밀다갈 범벅** : 강낭콩과 팥을 삶아서 밀가루를 넣어 끓인 것으로 여름철에 열무김치나 오이 냉채와 같이 먹는다.
- **승가기탕(勝佳妓湯)** : 『해동죽지』에 해주의 명물로 승가기탕은 서울의 도미 국수와 같은 것으로 맛이 절가(節佳)하다고 하였고, 해주비빔밥을 예찬한 시가 나온다.
- **연안 식해** : 조갯살은 내장 빼내어 물기를 없이하여 밥을 고슬고슬하게 지어 엿기름 가루, 소금, 고춧가루, 참기름을 넣어 버무려서 사기 항아리에 담아 익혀서 먹는 일종의 젓갈이다.
- **냉콩국** : 다른 지방은 여름철에 콩국에 삶은 밀국수를 말아서 먹는 것이 보통이지만 이곳은 수수경단을 삶아서 띄워 먹는다.
- **행적** : 배추김치, 돼지고기, 실파, 고사리를 길게 잘라서 양념하여 대꼬치에 번갈아 꿰어 밀가루와 달걀을 묻혀서 번철에 지진 누름적이다.

- **돼지족 조림** : 돼지족을 깨끗이 다듬어 무르게 푹 삶아서 물과 갱엿과 간장, 생강을 넣어 뭉근한 불에서 서서히 윤기가 나게 조려서 뼈를 발라내고 얇게 저며 새우젓국을 곁들여 낸다.

2) 평안도 향토음식

(1) 평안도 향토음식의 특징

평안도 지형은 동쪽은 산이 높아 험하지만 서쪽은 서해안에 면하여 해산물도 풍부하고, 넓은 평야로 밭곡식도 풍부하다. 예로부터 중국과의 교류가 많은 지역으로 평안도 사람의 성품은 진취적이고 대륙적이어서 음식 솜씨도 먹음직스럽게 크게 만들고 양도 푸짐하게 많이 만든다.

곡물 음식 중에서는 메밀로 만든 냉면과 만두 등 가루로 만든 음식이 많다. 겨울에 추운 지방이어서 기름진 육류 음식도 즐겨 하고 밭에서 많이 나는 콩과 녹두로 만드는 음식도 많다. 서울에 비하면 소박한 멋을 풍기며 길고 추운 겨울에 먹는 음식들이 더욱 푸짐하다.

평안도 음식의 간은 대체로 심심하고 맵지도 짜지도 않다. 평안도 음식으로 가장 널리 알려진 것이 냉면과 만두, 녹두 빈대떡 등이다. 음식 중에 국수(국씨)를 가장 즐기고 겨울에 냉면, 여름에 어복쟁반이라는 뜨거운 장국에 국수를 끓이면서 먹는 것을 즐긴다. 메밀과 강냉이가 품질이 좋아 메밀국수·강량국수를 즐겨 먹게 된 것 같다.

지금은 전국 어디에서나 사철 먹을 수 있지만 본 고장에서는 냉면은 꿩탕이어야 냉면이 제 맛이고, 추운 겨울철에 따뜻한 방에 앉아서 덜덜 떨면서 먹는 것이 제 맛이라고 한다.

(2) 평안도 김치와 장류

김치에 넣는 해물의 종류가 다양한데 조기, 갈치, 새우, 토애(조개의 일종) 등이 쓰인다. 조기젓, 새우젓 등의 젓갈을 함경도보다는 많이 넣지만 전라도, 경상도보다는 훨씬 적게 넣는다. 배추와 무를 따로 담글 때도 있지만 두 가지를 함께 통으로 담고 국물을 많이 잡고 심심하게 간을 하여 익힌다. 배추김치에 넣는 소는 무채, 파, 마늘, 생강, 고춧가루, 실고추, 분디, 배와 동태, 갈치, 조개, 새우 등과 반디젓(갈치새끼젓), 조기젓, 새우젓을 조금씩 보태고 간을 맞춘다. 무는 크게 썰어 함께 넣는데 너무 빨갛게 하지 않는다. 김치국물은 쇠고기를 삶아 식혀서 기름을 걷고 소금 간을 삼삼하게 맞추어 붓는다. 김치가 시원하게 맛이 들면 냉면 국물로 쓰게 되므로 국물은 될 수 있으면 많이 붓는 게 특색이다. 가정마다 큰 독을 땅에 묻고 건더기 반에 국물을 반으로 잡는 점이 이남의 김장과 다른 점이다. 또 소를 맵게 하지 않고 흰색으로 깨끗이 담는다. 마늘, 파, 생강, 배, 밤 등 흰색 고명을 많이 쓰는 것이 특색이다.

(3) 평안도 별미 음식

- **만두** : 만두를 큼직하게 빚는데 소로 돼지고기, 김치, 숙주 등을 넣는다. 때로는 껍질 없이 만두소를 소를 둥글게 빚어서 밀가루에 여러 번 굴려서 껍질 대신 옷을 입힌다. 이를 굴만두라고 하는데 보통 만두피로 빚은 것보다 훨씬 부드러워 맛이 있다.
- **어복쟁반** : 화로 위에 커다란 놋쇠 쟁반에 쇠고기 편육, 삶은 달걀과 메밀국수를 돌려 담고 육수를 부어 끓이는 음식이다. 여러 사람에 한데 어울려서 떠먹는 음식으로 일종의 온면이다. 편육에 적합한 부위는 소

의 양지머리, 우설, 업진, 유통살, 지라 등으로 무르게 삶아서 얇게 썬다. 느타리와 표고버섯을 채 썰어 양념하고, 배 채도 한데 넣는다.

- **내포중탕** : 내포는 돼지의 내장으로 허파, 간, 대창을 이르는 말이고, 이것으로 끓인 찌개는 맛이 구수하고 푸짐하다. 내장을 깨끗이 씻어서 푹 무르게 삶아 내어 작게 썰어서 배추김치와 숙주, 파를 넣고 다시 끓인다. 웃기로 삶은 달걀과 은행을 얹는다. 돼지고기 내장은 암컷이 수컷보다 누린내가 적으므로 암돼지의 내장을 쓰는 편이 맛이 좋다.
- **되비지** : 콩을 불려서 맷돌에 갈아 콩비지를 만들어 돼지갈비와 김치를 넣어 약한 불에서 서서히 끓인 것이다. 돼지를 뼈째 넣어 끓여서 구수한 맛이 아주 좋다.
- **순대** : 돼지 창자에 소를 채워서 끓는 물에 넣어 삶는다. 소는 돼지고기와 선지, 두부, 찹쌀밥을 합하여, 파, 마늘, 생강, 후추가루, 소금으로 양념하여 대롱을 대고 채워 양끝을 실로 묶는다. 때로는 삶은 우거지나 숙주나물을 데쳐서 섞기도 한다. 다 쪄지면 소금에 고춧가루, 후추가루를 섞은 것에 찍어 먹는다. 소창으로 하면 가늘고 대창으로 하면 굵은 순대가 된다.
- **노티(놋치)** : 찰기장과 차수수, 찹쌀 등을 가루내어 만든 전병으로 지져서 집청하여 오래 두고 먹을 수 있다. 각각 불려서 가루로 빻아서 엿기름가루와 물로 버물버물 반죽하여 찐다. 쪄낸 떡을 다시 엿기름가루를 뿌리면서 고루 반죽하여 방에 두어 삭힌다. 삭은 반죽을 동글납작하게 빚어서 번철에 참기름을 두르고 지진다. 지져 낸 떡을 항아리에 꿀이나 설탕에 재워두고 먹는다.

3) 함경도 향토음식

(1) 함경도 향토음식의 특징

함경도는 백두산과 개마고원이 있는 험악한 산간 지대가 대부분이다. 동쪽은 해안선이 길고 영흥만 부근에 평야가 조금 있어 논농사는 적고 밭농사를 많이 한다. 곡류 중에서도 밭곡식으로 콩, 조, 강냉이, 수수, 피 등이 많이 나고, 특히 메조, 메수수가 이남의 메곡식과는 달리 매우 차져서 맛이 구수하고 좋다. 특히 콩의 품질이 뛰어나고 주식으로 기장밥, 조밥 등 잡곡밥을 잘 짓는다. 감자, 고구마도 질이 우수하며 이것으로 녹말을 만들어 여러 가지 음식에 쓴다, 녹말을 반죽하여 국수틀에 넣어 빼서 냉면을 잘 만든다.

음식의 간은 짜지 않고 담백하나 마늘, 고추 등의 양념을 강하게 쓴다. 북쪽으로 올라갈수록 간은 세지 않고 맵지 않으며 담백한 맛을 즐긴다. 음식의 모양은 큼직하여 대륙적이고 대담하고 장식이나 기교도 부리지 않고 사치스럽지 않다. 성품이 활달하여 야성적인 음식을 즐기는 식성을 보게 된다.

동해안은 세계 삼대 어장에 속하여 명태, 청어, 대구, 연어, 정어리, 넙치 등 어종이 다양하다, 현재 가장 널리 알려진 함경도 음식으로는 회냉면을 들 수 있다. 원래 함경도에서는 손바닥만 한 참가자미 회를 썼다고 하는데 지금은 가자미 대신 거의 홍어회를 대신 쓰게 되었다.

(2) 함경도 김치와 장류

함경도는 배추김치와 동치미를 잘 담그는데 배추김치에는 새우젓이나 멸치젓은 약간 쓰고 소금간을 주로 한다. 젓갈을 잘 안 쓰고 동해안에서 나는 동태나 가자미를 썰어서 고춧가루로 버무려서 배추 포기 사이사이에 끼워 넣는다. 맵게는 하지만, 소금간을 짜지 않게 맞추고 김칫국은 넉넉하게 부어 익히면 그 국물 맛이 시원하고 상큼한 맛이 난다.

동치미는 둥글둥글한 조선무를 소금에 굴려 절여서 독에 담아 두어 무에서 물이 나와 흥건해질 때까지 둔다. 생강, 마늘, 파를 주머니에 넣어 무 위에 놓고 큰 돌로 단단히 누르고 소금물을 삼삼하게 붓는다. 끓여서 식혀서 붓기도 한다. 큰 독을 땅에 묻어 김치를 해 넣고 위는 무거운 돌로 누르고 김칫국을 가득히 붓고 단단히 덮어 익힌다. 살얼음이 낄 정도로 기온이 내려갈 때 김칫국을 마시면 혀가 시리도록 시원하다.

(3) 함경도 별미 음식

- **회냉면** : 본 고장에서는 감자녹말을 반죽하여 빼낸 국수를 삶아서 위에 가자미를 매운 양념으로 무쳐서 얹었다. 지금은 홍어 살을 새콤달콤하고 새빨갛게 무친 홍어회가 많이 쓰이지만 동해안 지방은 명태회를 쓰기도 한다.
- **가릿국** : 고깃국에 밥을 만 탕반의 일종으로 본 고장에서 오래 전부터 식당에서 팔았던 음식이라 한다. 사골과 소의 양지머리(석기살)를 푹 고아서 육수를 만들고 삶은 고기는 가늘게 가른다. 선지는 따로 끓는 물에 삶아 내고, 쇠고기 우둔은 가늘게 채 썰어 육회를 준비한다. 대접에 밥을 담고 삶은 고기와 선지 썬 것과 육회를 얹어서 담는다. 육수에 두부를 한 모씩 넣어 따뜻하게 데워지면 이를 밥 위에 얹고서 육수를 듬뿍 부어 낸다. 먹을 때는 먼저 육수를 거의 들이마시고 나서 매운 다진 양념을 넣어 밥을 비벼서 먹는다.
- **가자미식해** : 손바닥만 한 크기의 가자미를 씻어서 소금에 살짝 절여서 꾸둑꾸둑 말려 토막을 낸다. 조밥을 짓고, 무는 굵게 채썰어 절여서 물

기를 짜고 가자미와 합하여 고춧가루, 다진 파와 마늘, 생강을 넉넉히 넣고 엿기름가루를 한데 버무린다. 김치처럼 항아리에 꼭꼭 눌러서 서늘한 곳에 1주일쯤 두어 익힌다. 새콤하게 잘 삭은 것은 술안주나 밥반찬으로 일품이다.

- **동태순대** : 동태 뱃속에 소를 채워 만든 순대로, 동태를 절여서 배를 가르지 않고 입 쪽에서 내장을 빼내어 소에는 동태 내장과 두부, 삶은 숙주와 배추를 잘게 다져서 섞어 다진 파, 마늘과 후추가루, 소금으로 양념하여 입에서부터 채워 넣어 입을 아물린다. 김장철에 많이 만들어 얼려 두었다가 필요할 때 쪄서 먹거나 굽는다.
- **콩부침** : 불린 콩을 갈아서 돼지고기와 풋고추 썬 것과 다진 파, 마늘을 섞어서 빈대떡 부치듯 지지는데 끈기가 별로 없으므로 작은 크기로 부친다. 차수수와 녹두를 가루로 내어 잡곡전도 부친다.

Chapter ⓬ 산과 들의 자연의 먹거리

1. 두류 가공식품

1) 두부

두부는 우리 음식 가운데 빈부귀천을 막론하고 누구나 다 즐겨 먹어 온 음식이다. 콩은 '밭에서 나는 고기'인 콩으로 만든 것이니 단백질이 풍부하고 우리 몸에 유익한 식물성 지방이 있고, 신체의 생리활성을 돕는 성분이 있어서 금세기에 가장 인기 있는 식품이다. 예로부터 채식자나 승려들의 건강을 지켜준 식품은 바로 콩이고, 콩으로 만든 두부가 공이 가장 크다.

(1) 두부의 유래

두부를 우리나라에서는 포(泡)라고 하는데 그 유래를 『아언각비』(1819)에서 "두부의 이름은 본디 백아순(白雅馴)인데 우리나라 사람들은 방언이라 생각하여 따로 이름을 포라 하였다. 여러 능원(陵園)에는 각각 승원(僧園)이 있어 여기서 두부를 만들어 바치게 하니 이 승원을 조포사(造泡寺)라고 하였다. 그런데 공사문서에 포라고 하는 것은 잘못된 것이다. 포(泡)란 물거품이라 음식 이름으로는 부적당하다. 그리고 녹두의 유(乳)를 황포라 하고 또는 청포라고도 하는데 공사 문서에 이렇게 쓰면서 의심하지 않는 것은 잘못된 일이다"고 하였다. 이처럼 고려 때부터 산릉을 모시면 조포사를 두어 제수를 준비하게 하였다. 그래서 이름난 곳이 연도사(衍度寺)두부, 봉선사(奉先寺)두부이다.

두부는 기원전 150년 전후에 살았던 한나라의 유안(劉安)이 회남왕(淮南王)일 때 처음 만든 것으로 『만필술(萬畢術)』에 처음 나온다. 두부의 발상지라는 그 중국의 안휘성(安徽省) 회남시(淮南市)에는 유안의 무덤이 있고 그 부근에 두부 발상지라는 비석이 서 있다. 그 후 기록이 전혀 없다가 송나라 때의 문헌 『청이록(淸異錄)』에 비로소 두부가 등장하고 있다.

우리나라에서는 두부가 고려시대 문인 이색(李穡)의 『목은집』에 처음 나오며, '두부가 새로운 맛을 돋구어 준다'고 칭찬한 시조에 나온다. 고려 말 권근은 두부 만드는 모습을 시로 남겼다. 조선시대 『세종실록』에는 명나라에 사신으로 간 박신생(朴信生)편에 중국 황제가 다음해 올 때 찬모를 보내는데 특히 두부에 능한 사람을 보내라는 기록이 나온다. 허균의 『도문대작』에는 '서울 창의문(彰義門) 밖 사람이 두부를 잘 만들며 그 연하고 매끄러운 것은 이루 말할 수 없다'고 하였다.

그리고 일본에는 두부 만드는 법이 임진왜란 때 일본에 전해졌다고 한다. 당시 병량 조달 책임자였던 오카베(岡部治郎) 병위가 조선에서 배워 간 것이 시초라고 하고, 또 한 가지 설은 진주성 함락 때 경주성 장수인 박호인(朴好仁)이 포로로 붙잡혀 가서 일본 고치(高知)에 살면서 만들어 퍼뜨린 것이 시초라고 최남선의 『조선상식문답』에 나온다.

(2) 두부만들기

두부의 재료가 콩, 물, 간수의 3가지로 간단하지만 만드는 순서가 익숙해야지 맛있는 두부를 만들 수 있다. 흰콩은 되도록 햇것으로 골라서 씻어 하룻밤이나 7~8시간 정도 물에 충분히 불려서 건진다. 불린 콩을 맷돌에 물을 충분히 주면서 아주 곱게 간다. 갈은 콩을 무명 자루에 담아서 꼭 짜서 두유만 모아 솥에 담아서 서서히 저으면서 끓인다. 충분히 끓은 두유에 간수를 나무주걱에 얹어서 고루 넣으면 두부 꽃이 피면서 엉기기 시작한다. 두부 응어리가 생기면 두부 틀이나 채반에 무명 보를 깔고 응고물을 퍼 담고 보자기를 아무리고 위를 도마나 목판을 덮고 굳힌다. 두유를 짤 때 무명 자루에 남은 찌기를 비지라고 하고, 굳히기 전의 두부를 순두부라 한다.

두부의 종류에는 여러 가지가 있다. 처녀의 고운 손이 아니면 문드러진다는 연두부, 두부를 만들어 막 건져낸 순두부, 이를 베에 싸서 굳힌 베부두, 콩물을 목면 주머니에 넣어 짜서 굳힌 무명 두부, 명주 주머니에 짜서 굳힌 비단 두부, 그리고 새끼로 묶고 다닐 만큼 단단히 굳힌 막두부가 있다.

2) 묵

(1) 묵의 유래

묵은 우리나라에만 있는 고유한 식품인데 특별한 맛이 있지는 않다. 묵은 곡식이나 열매의 전분을 추출해서 물을 붓고 끓여서 되직한 풀을 쑤어서 굳힌 것이다. 묵의 원료가 되는 전분은 녹두, 메밀, 도토리, 옥수수 등이 있는데 이로 각각 녹두묵, 메밀묵, 도토리묵, 올챙이묵을 만든다.

계절별로 보면 녹두묵은 봄에, 올챙이묵은 여름에, 도토리묵은 가을에,

메밀묵은 겨울철에 제 맛이 나서 많이 먹는다.

묵의 어원을 『명물기략』(1870년경)에는 "녹두가루를 쑤어서 얻은 것을 삭(索)이라 하는데, 속간에서는 삭을 가리켜 묵(纆)이라고도 한다. 묵이란 억지로 뜻을 붙인 것이다."라고 쓰여 있다. 『사류박해(事類博解)』(1855)에는 묵을 두부처럼 네모지게 굳혔으니 녹말두부라는 뜻에서 녹두부(綠豆腐)라고 하였다.

묵들은 모두 전분이 주성분이어서 별다른 맛이 나지는 않지만 향이나 질감이 독특한 것이라서 지닌 맛보다는 어울려서 함께 넣는 채소나 부재료와 양념의 맛을 보태어서 먹게 된다. 청포묵은 봄에 나오는 미나리와 물쑥, 숙주를 섞어서 초장으로 무치거나 담백하게 소금과 참기름만 넣어 무치기도 한다. 도토리묵은 오이나 쑥갓 등 날 채소를 섞고 고춧가루를 넣은 진한 양념간장으로 무친다. 겨울철의 밤참으로 즐겨 먹던 메밀묵은 배추김치를 송송 썰어서 함께 무치는 것이 제 맛이다.

묵을 먹을 때는 무쳐서 바로 먹어야 맛이 있다. 그리고 냉장고에 오래 두었던 묵은 녹말이 노화되어 단단하여 맛이 없으니 썰어서 끓는 물에 데쳤다가 건져서 식은 후에 무쳐야 제 맛이 난다.

지금은 묵이 별미음식으로, 또는 저칼로리 식사로 인기가 있지만 실은 얼마 전 과거 배고팠던 시절에 생존을 위해 먹던 구황식품이기도 하다.

요즘 시중음식점에서 묵을 주로 묵밥, 묵국수라 하여 팔고 있다. 묵밥은 묵을 숭덩숭덩 썰어서 멸치장국에 양념하여 말아먹는다. 우선 묵부터 건져 먹은 다음 밥을 말거나, 또는 처음부터 밥을 말아서 먹는다. 묵국수는 묵을 가늘게 썰어 냉면국물 같은 찬 육수에 말아서 먹는데, 고명으로 배추김치, 삶은 달걀, 오이채, 김가루 등을 얹는다.

(2) 도토리묵

가을에 산에 떨어진 도토리를 주워서 떫은맛을 우려내고, 갈아서 앙금을 모아 말려서 두었다가 끼닛거리가 없을 때 묵을 쑤어 식사를 대신하였다.

도토리는 인류가 신석기시대부터 먹어 온 식품으로 우리 조상도 일찍부터 식용하였음으로 추정된다. 이미 도토리의 쓴맛을 우려내는 방법을 알았던 것이다. 속담 중에는 '도토리 키재기', '개밥에 도토리' 등 도토리를 하찮게 보아 왔지만 흉년 때는 끼니를 이어주던 중요한 구황식품이었다. 그래서 옛날 수령들은 새 고을에 부임하면 맨 먼저 떡갈나무를 심어 기근에 대비하는 것이 관습이 되어 떡갈나무를 한목(韓木)이라고 부르기까지 했다.

『산림경제』(1715)에는 도토리 껍질을 벗겨 쪄 먹으면 흉년에도 굶주리지 않는다고 하였다. 최세진이 지은 『훈몽자회』(1527)에는 도토리를 '도톼밤'이라 적고 있다. 이는 '돼지의 돝에 이와 밤이 합쳐진 멧돼지가 먹는 밤'이라는 뜻이다. 그런데 지금은 도토리 녹말 내는 데 손이 많이 가서 만드는 이가 별로 없으니 진짜 도토리 가루와 제 맛의 도토리묵을 먹기란 어렵게 되었다.

도토리 녹말을 만들려면 먼저 도토리나 상수리 알맹이를 볕에 말렸다가 절구에 넣고 탁탁 치면서 딱딱한 껍질을 벗겨 낸다. 알맹이만 모아서 물에 담가 둔다. 검은 물이 우러나면 따라 버리고 새물을 붓기를 여러 번하여 도토리 특유의 떫은맛을 빼야 한다. 산에 있는 절에서는 졸졸 흐르는 계곡의 물에 도토리 알맹이를 담은 자배기를 며칠씩 두기도 한다. 도토리가 퉁퉁 불면 맷돌에 갈아서 녹두 녹말 내듯이 고운 면 주머니에 담아서 짜내어 앙금을 갈아 앉히는데 물을 여러 번 갈아주어야 빛이 맑고 가루가 차지다. 앙금은 떠서 한지에 펴서 말려서 고운체에 쳐서 두고 묵가루로 쓴다. 묵을 단단한 정도는 물의 양에 따라 달려 있는데 보통은 묵가루의 약 6배 정도의 물에 고루 풀어서 두꺼운 냄비에 담아서 센 불에 올려서 끓인다. 끓기 시작하면 불을 줄여서 나무주걱으로 열심히 저으면서 밑이 타지 않게 익혀서 넓은 그릇에 퍼서 식혀서 굳힌다.

(3) 청포묵과 황포묵

본디 녹말(綠末)이 녹두의 전분을 뜻하지만 지금은 모든 곡물의 전분을 녹말이라고 하게 되었다.

우리의 풍속을 적은 『동국세시기』의 3월에는 "녹두포를 만들어 잘게 썰고 돼지고기, 미나리, 김을 섞고 초장으로 무쳐서 서늘한 봄날 저녁에 먹을 수 있게 만든 음식을 탕평채라고 한다"하여 확실히 봄철의 시식임을 알려준다. 특히 봄철에 녹두 전분을 만들어서 쑤는 청포묵은 색이 하얗고 말갛게 비치며 하들하들해서 목에 넘어가는 느낌이 아주 매끄럽다. 비타민을 많이 섭취해야 하는 봄에 여러 가지 채소와 녹두묵을 초간장으로 무친 탕평채는 나른한 입맛을 산뜻하게 해주는 좋은 음식이다. 녹두묵이 양반 음식이라면 메밀묵과 도토리묵은 서민의 음식이다.

청포묵 나물을 탕평채라고도 하는데 그 연유를 『송남잡식(松南雜識)』에 "청포에다 우저육(牛猪肉)을 섞은 채를 탕평채(蕩平菜)라 하는데 이른바 골동채(骨董菜)이다. 송인명(宋寅明, 1689~1746)이 젊을 때 저자 앞을 지나치면서 골동채를 팔고 있는 소리를 듣고 깨닫게 되어 사색(四色)을 섞는 일로서 탕평 사업으로 삼고자 이 나물을 탕평채라 하였다"고 하였고, 『명물기략』에는 "정조 때 사색인의 탕평을 바라는 마음에서 갖은 재료를 고루 섞은 묵나물에 탕평채란 이름을 붙였다"고 하였다고 하였다. 조선왕조 중엽에 탕평책의 경륜을 펴는 자리에서 이 음식이 나왔으므로 탕평채라 하였다. 탕평이란 어느 쪽도 치우치지 않음을 말하는데, 조선시대의 영조는 당쟁의 뿌리를 뽑고자 탕평책을 쓰고, 정조도 이 정책을 이어 받았다. 탕평채를 청포채 또는 묵청포라 한다.

녹두 전분을 만드는 일은 아주 어렵다. 날이 더우면 녹두가 시어 버려 망치기 일 수이니 날이 덥기 전에 만들어야 한다. 녹두를 맷돌에 탄 것을 불려서 말끔히 거피를 하여 고운 맷돌에 물을 넉넉히 두르면서 간다. 간 녹두를 가는 면 주머니에 넣어 물을 갈아 가면서 빨아낸 뿌연 물을 한데 모아 둔다. 그러면 아래에 흰 앙금이 가라앉고 물이 맑아진다. 맑은 물을 따라 버리고 남은 앙금을 거두어 한지를 펴고 널어서 말린다. 도중에 덩어리지는 것은 손으로 부숴 가면서 말려서 고운체에 쳐서 두고 쓴다.

녹두묵을 쑤려면 녹말가루의 5~6배의 물을 부어서 잘 저어서 두꺼운 냄비에 담아서 불에 올려서 나무 주걱으로 계속 저으면서 풀을 쑤듯이 한다. 말갛게 익은 후에도 한 5분쯤 계속 저으면서 뜸을 들여야 한다.

녹두를 갈아서 바로 만든 녹두 앙금으로 만들 때는 앙금의 2배의 물을 부어서 끓인다. 묵을 쑬 때 녹두 갈은 물을 넣어 쑤면 노르스름한 묵이 되고 이를 제물묵이라고 한다. 녹두묵을 흰 것은 청포라 하고, 노란 색은 황포라 하는데 묵을 쑬 때 치자 물을 넣어서 황색이 난다.

(4) 메밀묵

메밀은 깊은 산이 척박하여 다른 농작물를 심기 어렵거나 한발로 농사가 망쳤을 때 생육기간이 2개월 정도인 메밀을 심어 얻은 가루로 국수와 묵을 만들었다. 메밀은 여뀌과에 속하는 일년생 재배 식물로 동이계의 곡물이다. 보통은 가루로 빻아서 메밀국수나 냉면, 부침 등을 만드나 메밀묵은 갈아서 앉힌 앙금을 이용한다.

메밀묵은 추운 겨울철에 허전한 마음을 달래 주는 다정한 음식으로 서울에서는 몇 년 전까지도 메밀묵 행상들이 소리치며 다녔다. 『시의전서』에는

'메밀묵 만들기'를 '녹말을 가는 체로 받쳐 물에 가라앉힌 후 물만 따라 버리고 쑤되 되면 딱딱하고 불이 세면 누르니 만화로 쑨다. 소금, 기름, 깨소금, 고춧가루를 넣고 무쳐 담을 때 김을 부수어 쑨다.'고 하였는데 메밀의 맛과 색을 살리려고 간장 대신에 소금으로 간을 하였다.

묵을 쑤는 것은 어렵지는 않지만 풀을 쑤는 데 오래 동안 잘 저으면서 뜸을 들이는 것이 중요하다. 충분히 호화시켜서 넓은 그릇에 펴 담아서 식힌다.

2. 구황식품

1) 구황식품의 종류

예로부터 우리 조상들은 산과 들에서 자생하는 식물의 꽃, 종자, 뿌리, 눈엽, 눈아, 과실, 수피 등을 생식하거나 조리하여 식용해 왔다. 이러한 초근목피(草根木皮)는 농가에서 긴 겨울을 나며 빠듯한 식량이 바닥이 날 무렵인 춘궁기에 절량농가의 구황식으로 이용되어 곡식과 혼용하기도 하고 그것만으로도 식량으로 대용하였다.

농촌에서는 황년에 대처하여 항상 식량을 비축하도록 하고 쌀 이외의 잡곡, 곧 보리, 수수, 좁쌀 등으로 심어서 주곡의 소비를 최대한으로 줄이며, 소채류나 나물을 말려서 저장한다. 또 양식 대용으로 쓸 수 있는 야생식물의 열매, 곧 밤, 도토리, 호두, 개암, 잣, 참나무열매, 대추 등을 떡이나 밥, 죽에 섞어 먹으며 채소 대용으로 살짝 데쳐서 쓴맛을 뺀 다음 말려서 저장하거나 쌀, 보리와 섞어 죽이나 밥을 지어 먹는데 주로 비비추류, 느티나무, 쑥, 수리취가 많이 이용되었다.

『경국대전』(1469) 주해 비황조에는 황년에 대비하여 백성들이 평소에 비축해 두어야 할 구황물로 청염미, 상실, 황각, 상엽, 만청, 요화실, 송엽, 송피, 평실, 목맥화, 소채 등이 나온다. 『구황촬요』(1554)와 『증보산림경제』(1766)의 구황조에는 송엽, 송지, 유피, 칡뿌리, 메밀꽃, 콩잎, 콩깍지, 토란, 마, 도토리, 삽주뿌리, 메뿌리, 둥글레, 둑대뿌리, 천문동, 백복령, 백합, 대싹뿌리, 마름, 새삼씨, 소루쟁이, 고욤, 개암, 들깨, 팽나무잎, 쑥, 밀, 대추, 은행, 잣, 호마, 흑두, 느티나무잎, 황정, 호도, 곶감 등이 나온다.

정약용의 『목민심서』(1821) 진휼육조에 보면, '황년(荒年)에는 굶주린 백성들이 나물로 양식을 대신하므로 소금을 치지 않으면 목으로 넘어가지 않기 때문에 소금값이 갑절로 치솟으니까 염정(鹽丁)에게 미리 값을 치러서 장을 담가 넉넉히 준비하는 것이 좋다. 또 다시마는 반드시 초가을에 새롭고 좋은 것을 구하여 저장하고, 마른 새우는 값이 싸기 때문에 많이 준비해 두었다가 죽을 쑤어 먹는 것이 좋다'고 하면서, 『구황본초』, 『동의보감』에 수록된 구황법을 열거하였다.

모리(森爲三, 1919)는 「한국인이 식용할 수 있는 야생식물에 대하여」라는 논문에서 한국인이 식용하고 있는 야생식물 233종을 수록하였다. 하야시(林泰治, 1944)는 「구황식물과 그 식용법」이라는 글에서 한국에서 야생하는 구황식물의 종류는 초목, 목본을 합하여 851종인데 이 중에서 평소에 한국 농촌에서 식용하고 있는 것은 304종이고, 그 가운데서도 70%가 초목이며 30%가 목본이라고 하였다.

이러한 구황식물을 자생지별로 살펴보면 일반 산야에서 나는 것이 246종이고 들이나 길가, 논두렁, 밭 등지에서 나는 것이 90종이며 논이나 늪·습지에서 나는 것이 17종이다. 바닷가에서 나는 것이 3종, 고산식물이 4종, 그 밖에 마을 근처, 호숫가, 계곡 기타에서 나는 것이 19종이다.

2) 대표적 구황식품의 식용법

우리나라의 농어촌과 산간지역에서 상용하던 구황음식은 다음과 같다. 깊은 산속에서 살아가는 화전민의 식량은 밤과 옥수수, 고구마가 주종을 이루는데, 이러한 식량이 모자랄 때는 초근목피를 먹으며 연명하였다.

『조선휘보』 6권 2호에 실린 「화전민 실태조사」에 나타난 화전민의 식용야생식물을 살펴보면 다음과 같다.

고사리는 동남향으로 비탈진 화전적지나 습기 많은 음지에 많이 나는데, 깨끗이 씻어서 살짝 데쳐 조미하여 반찬으로 식용하며, 깨끗이 씻어 바싹 말려 저장해 두었다가 먹을 때는 물에 불린 후에 삶아서 조미하여 반찬으로 먹는다.

둥글레는 건조한 비탈에 많이 자생하며 씻어서 건조시키거나 삶아서 콩가루에 섞어 주식 대용으로 하기도 하고, 말려서 가루로 만든 것을 밥에 섞어서 먹는다.

송피는 산야에 널리 분포되어 있는 소나무 속껍질을 벗겨 삶아서 곡식가루에 버무려 떡을 만들어서 주식 대신 먹는다. 유실은 산야에서 흔하게 얻을 수 있는데 껍질을 벗긴 다음 삶아서 건조시켜 가루를 내어서 경단을 만들어 주식 대신 먹는다.

도라지도 산야에 널리 분포되어 있으며 껍질을 벗겨 씻어서 삶은 다음 조미하여 먹기도 하고, 씻어서 말린 다음 가루를 내어 밥을 섞어서 먹는다.

칡뿌리는 비교적 습기가 많은 산야에 나는데 전분을 내어서 먹고, 얼레짓가루로 만들어서 먹기도 한다.

더덕은 활엽수림의 습윤지에 많이 나는데, 양념장을 발라 구워서 먹거나 삶아서 건조시킨 다음 가루를 내어 밥에 섞어 먹기도 한다.

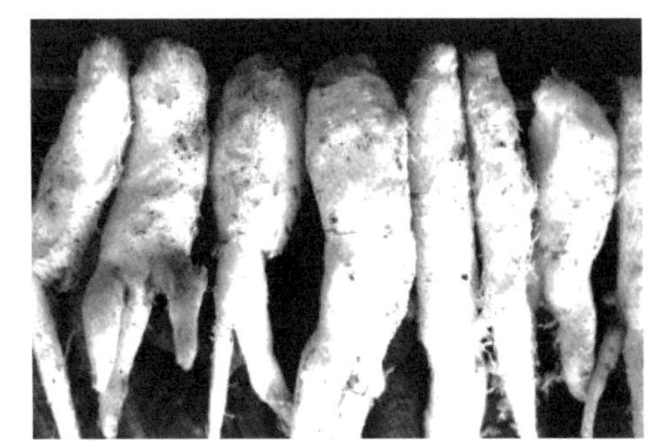

더덕

마는 전지의 황폐한 곳에서 자라는데 부분적으로 분포되어 있으며 깨끗이 씻어서 생식하기도 하고 밥에 섞어서 먹거나 삶아서 주식 대용으로 쓴다.

백합은 그 자생지가 극히 제한되어 있는데 뿌리를 쪄서 먹는다.

두릅은 일부지역에 분포되어 있는데 산지의 비교적 습윤한 곳에서 자란다. 특히 화전민들이 많이 저장했다가 먹는 것인데, 산채요리의 재료로 뛰어난 것이다. 데쳐서 조리하여 반찬으로 많이 쓰기도 하고 삶아서 건조시켜 저장해 두었다가 먹을 때는 물에 불려 조미해서 부식으로 쓴다.

도라지

달래는 산야에 널리 분포되어 있으며 깨끗이 씻어 양념장으로 조미하여 부식으로 먹는다.

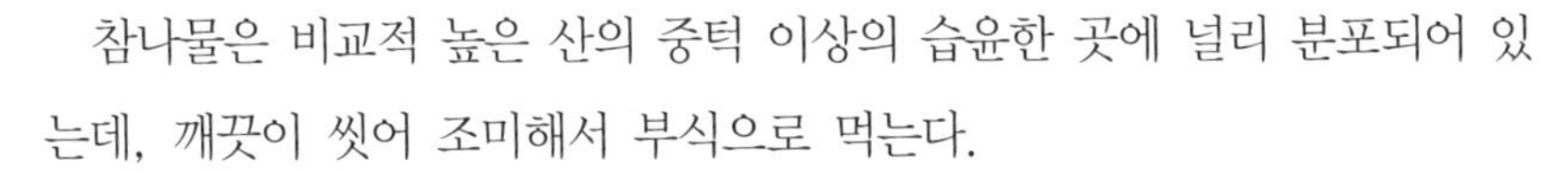

참나물은 비교적 높은 산의 중턱 이상의 습윤한 곳에 널리 분포되어 있는데, 깨끗이 씻어 조미해서 부식으로 먹는다.

버섯은 습윤한 곳의 나무에 기생하여 자라는데, 깨끗이 씻어서 삶은 다음 양념장, 고기 등과 섞어 조미해서 부식으로 먹으며, 말려서 저장했다가 먹을 때 물에 불려서 조리하여 먹는다.

만삼은 화전적지에 자생하는데 삶아서 가루를 내어 밥에 섞어 먹는다.

도라지는 데치거나 쪄서 밥, 죽에 섞어 먹는다.

메밀의 줄기나 들깨 따위 씨앗, 감 말린 것, 밤, 호두, 대추를 섞어서 찧어 만든 떡을 먹기도 한다.

3) 지역별 구황식품

춘궁기의 대용식품으로 충북지방에서는 전단토나 백점토까지 식용했는데, 이를 가루로 만들어 새알심처럼 만들거나 떡이나 죽에 섞어서 먹기도 하였다.

충북지방에서는 봄에 칡뿌리를 캐다가 깨끗이 씻은 다음 칼이나 낫으로 잘게 썰어서 절구에 넣고 빻아 물에 담가서 침전시킨 전분을 햇볕에 건조시켜 말려 두었다가 필요한 때에 물을 부어 반죽을 해서 국수나 칼국수를 만들어 먹는다. 쑥은 데쳐서 물에 담가 쓴맛을 우려내고 쌀이나 보리와 섞어 밥이나 죽을 쑤어 먹기도 하고 떡이나 국을 끓여 먹기도 한다. 그 밖에 콩잎이나 호박잎을 말렸다가 식용하기도 하였다.

경북지방의 춘궁기 대용식품은 만삼의 뿌리를 봄가을 사이에 채취해서 껍질을 벗긴 다음 생채를 만들어 먹기도 하고 말려서 저장했다가 필요할 때 쪄서 먹기도 하였다. 황정은 뿌리를 캐어 건조 저장해두었다가 춘궁기에 빻아서 죽을 쑤어 먹는데 단맛이 있어서 먹음직하다. 또한 무잎을 말려서 저장했다가 식용하기도 한다.

황해도에서는 도라지 잎을 따서 한 시간 정도 삶아서 말려두고 먹을 때는 밤과 함께 죽을 쑤어 먹는다. 마름나무 열매도 전분을 빼서 먹는다.

울릉도에서는 흔히 주식 대용으로 활용되는 산마늘이 많이 나는데 아무리 황년을 만나도 울릉도에 아사자가 없는 것은 이 산마늘 덕분이다. 산마늘은 뿌리와 잎을 다 식용할 수 있는데 삶아서 먹거나 나물로 무쳐 먹기도 하며 잘게 썰어 말려서 저장하기도 한다.

갯줄은 서부와 남부의 해안에 자생하고 나문재는 황해도를 위시한 서해 해안에서 나는데 여름에 뜯어다가 말린다. 염분이 함유되어 있어 부패하지 않으므로 저장하기에 좋으며 특히 경기도 남양산을 으뜸으로 친다.

방풍은 해변에서 나는 향미 많은 식물로서 도라지 뿌리와 같은 모양의 뿌리를 날것으로 양념해서 먹기도 하고 음식 재료로 활용하기도 한다.

3. 사찰음식

1) 사찰음식의 정신과 특징

불교의 기본 정신을 바탕으로 하여 간단하고 소박한 재료로 자연의 풍미가 살아 있는 독특한 맛의 경지를 이루었다. 오신채(五辛菜)를 넣지 않아 맛이 담백하고 정갈하다. 오신채는 마늘, 파, 달래, 부추, 흥거인데 사람의 음욕과 분노를 유발한다고 수행자에게 금기식품으로 되어있다.

특히 북방불교권(한국, 중국, 일본, 티베트 등)에서는 사원발달과 함께 승려들의 건강을 위해 다양한 음식이 개발되었다.

승려들의 식사를 발우공양(鉢盂供養)이라 한다. 공양은 잡숫는다고 하고 그 시중을 드는 일을 진지하다고 한다. 발우는 응기(應器)라고 하는데, 그 뜻은 시주하는 사람이 곡식을 많이 떠 부으면서도 아깝게 생각하면 발우는 아무리 부어도 차지 않고, 가난한 사람이 조금 떠 넣으면서 죄송하게 생각할 때는 조금 담아 드린 것이 가득 차더라는 교시에 있다.

예법은 매우 엄하다. 한 사람 앞에 발웃대 대·중·소 3개와 나무수저

한벌, 수저집 하나, 식지(食紙, 면지) 한 장, 수건 2장을 발우 전대(자루)에 담아서 식사 때마다 꺼내어 쓰고 씻어서 담아둔다.

음식은 밥, 국, 물, 찬을 네 그릇에 덜어 받고, 조금도 남기지 않고 다 먹고 물을 마신 후 그 자리에서 발우를 모두 씻어서 행주질하여 다시 전대에 담아 선반에 얹는다. 그릇은 절마다 비치되어 있어 스님은 어느 절에 가나 공양을 하고 자유로 발우를 쓸 수 있다. 그 예법은 매우 예의 바르고 검소하고 겸손한 태도로 음식을 대한다.

2) 사찰음식의 유래

불교 초기에는 모든 승려들이 특별한 거처 없이 산 속이나 동굴에서 살면서 탁발을 하여 하루 한 끼만 먹으며 지냈기 때문에 가리는 음식 없이 무엇이나 먹었다. 부자나 가난한 집을 가리지 않고 그릇에 가득 차지 않더라도 적당한 양이면 돌아와서 오전 중에 식사를 마쳐야 한다.

처음의 출가자들에겐 거처가 따로 없었다. 그러다가 우기 3개월 동안 한 곳에 머무르는 생활이 허락되었는데 이것이 안거(安居)제도이고 이때 승려들은 부처님을 모시고 한 곳에 모여 정진하기를 열망했다. 그러다가 안거제도가 발달함에 따라 왕족과 부자들이 지어준 죽림정사가 생겨나면서 식생활에도 변화가 오게 되었다. 그 당시의 주식은 건반(말린 밥), 맥두반(콩과 보리를 섞어 지은 밥), 초(미숫가루), 육(고기), 병(떡) 등 5가지였고, 부식은 식물의 가지, 잎사귀, 꽃과 과일, 우유, 꿀, 석밀 등이었다.

승려들은 1세기 전후가 되면서 점차 소식(素食)을 하게 되었고, 대승불교가 흥성하면서 오신채를 음식에 넣지 않게 되었다. 『능엄경』에 의하면 삼매(三昧)를 닦을 때에는 오신채를 금해야 한다고 하는데, 이 채소들을 익혀서 먹으면 음란한 마음이 일어나고, 날 것으로 먹으면 성내는 마음이 더해지기 때문이라고 한다.

남방의 불교국가에서는 스님이 육식을 일부 허용하지만 대승 불교에서 육식은 허락하지 않고 병이 난 비구에 한해서 허락되었다. 육식에 쓰는 고기는 허락된 육식은 삼종정육(三宗淨肉), 오종정육(五種淨肉), 구종정육(九種淨肉) 등이다. 삼종정육은 불견(不見 : 자신을 위해 죽이는 것을 직접 보지 않은 짐승의 고기), 불이(不耳 : 남으로부터 그런 사실을 전해 듣지 않은 고기), 불의(不疑 : 자신을 위해 살생했을 것이라는 의심이 가지 않는 고기)를 말하며, 오종정육은 삼종정육 외에 수명이 다해 자연사한 오수(鳥獸)의 고기나 맹수 또는 오수가 먹다 남은 고기를 뜻하고, 구종정육은 오종정육 외에 자신을 위해서 죽이지 않은 고기나 자연사한 지 여러 날이 되어 말라붙은 고기, 우연히 먹게 된 고기, 일부러 죽인 것이 아니라 이미 죽인 고기 등을 말한다.

그리고 경전 『사분율』에 부처님은 네 가지 음식법을 말씀하셨다. 첫째, 때에 맞는 음식을 먹어라. 둘째, 제철에 나는 음식을 먹어라. 셋째, 골고루 섭생하라. 넷째, 과식을 금하고 육식을 절제하라. 1일 1식의 원칙을 반드시 지키며 정오에서 다음날 일출까지는 비시(非時)라 해서 음식물을 절대로 입에 대지 않았다. 부처님도 설산에서 6년간 고행하시면서 일마일맥(一麻一麥 : 깨 한알과 쌀보리 한알)을 의지하셨다고 한다.

3) 사찰음식의 특징

삼국시대와 고려시대에는 불전에 올리는 육공양(六供養 : 花・茶・香・果・

燈·米)을 한과로 발전시켰다. 조선시대에는 전국의 각 지역의 사찰에서 고유한 사찰 음식문화를 갖게 되었다.

사찰에서 쓰이는 식품은 채소 중에서도 산채가 주이고, 김, 미역, 다시마는 많이 쓴다. 음식 만드는 법은 여염집과 같지만 식물성 재료만으로 만든다.

부각

자반

국은 다시마와 표고버섯 우린 국물을 쓰고, 주가 되는 찬물은 나물과 전, 부치개, 부각 등이다. 특히 부각과 자반으로 솜씨가 좋고, 미리미리 말렸다가 필요할 때 기름에 튀겨서 낸다. 부각을 자반 또는 부자반이라고 한다. 김치의 주재료는 여염집과 같지만 생강, 고추, 소금을 넣어 담는다. 그리고 영가상에 쓰는 음식은 고추를 쓰지 않는다.

사찰음식은 사찰이나 지역마다 조리법이 조금씩 다르기는 하지만 일반적으로 고기와 오신채를 사용하지 않고, 인공 조미료 대신 다시마, 버섯, 들깨, 날콩가루 등의 천연 조미료와 산약초를 사용한다. 조리를 할 때에는 제철에 나는 재료를 이용해 짜거나 맵지 않게 재료의 풍미를 살려야 하고, 음식은 끼니때마다 준비해야 하며, 반찬의 가짓수는 적어도 영양이 골고루 포함되도록 만든다. 한편 음식 만드는 과정을 또 다른 수행의 한 방법으로 여긴다는 점에 있다.

경기도와 충청도의 사찰에서는 잣을 이용한 백김치, 보쌈김치, 고수김치가 유명하고, 전라도에서는 들깨죽을 이용한 고들빼기김치, 갓김치, 죽순

김치 등이, 경상도에서는 호박죽과 보리밥을 주로 이용한 콩잎김치, 우엉김치, 깻잎김치 등이 유명하다.

사찰에 따라 통도사(경남 양산시)는 두릅무침, 표고밥, 가죽김치, 가죽생채, 가죽전, 가죽튀각, 녹두찰편이 유명하고, 해인사(경남 합천군)는 상추불뚝김치, 가지지짐, 고수무침, 산동백잎부각, 머위탕, 송이밥, 솔잎차가, 송광사(전남 순천시)는 연근물김치, 죽순김치, 죽순장아찌가, 대흥사(전남 해남군)는 동치미, 김제 금산사(전북 김제시)의 돌미나리김치, 상원사(강원도 오대산)의 참나물 김치, 화엄사(전북 구례)의 상수리잎 쌈밥, 순김치 등 독특한 음식이 있었으나 지금까지 전래되어있는 곳은 흔치않다. 절집의 주방도 변화되어 각기 보살 공양주가 음식을 하다 보니 세속음식과 별반 다르지 않게 되었다.

4) 마지상 음식

절에서 부처에게 올리는 밥을 마지(摩旨)라고 한다. 부처님께 아침 10시 반에 꽃, 향, 촛불의 세 가지를 올리는 것이 원칙이고 때로는 과일을 불기에 담아 올린다. 불교에서 부처에게 올리는 밥은 일반 공양과는 약간 다르다.

불단에는 마지(花 · 香 · 燭), 다기(茶器, 정안수), 생과(生果), 병(餠, 갖은편 · 절편 · 인절미 · 전병 · 경단), 조과(造果, 산자 · 유과 · 강정 · 다식)류를 설찬한다.

우선 밥을 지을 때 잡다한 말을 하지 않아야 하며, 밥을 지어 법당으로 옮길 때는 밥그릇을 오른손으로 받쳐 들고 옮긴다. 부처에게 올리는 밥은 대부분 사시(巳時), 즉 오전 9시 30분에서 11시 30분 사이에 올린다. 이것은 생전에 부처가 하루에 한 번 그 시간에 밥을 먹은 데서 유래한다. 하지만 특별한 경우에는 시간의 제약을 받지 않을 수도 있다.

밥을 올리고 나면 보통 『천수경』을 외운다. 불단은 부처와 보살을 모시는 상단, 신중을 모시는 중단, 일반 망자를 모시는 하단의 삼단으로 구성하는데, 상단 불공이 끝나면 중단으로 옮기고, 중단 불공이 끝나면 하단으로 옮긴다. 이렇게 한 단계씩 아래로 옮기는 것을 퇴공(退供)이라고 한다. 또 마지를 담는 그릇은 절에서 흔히 쓰는 일반 바리때와는 달리 불기(佛器)라 부른다.

망인을 위한 49재, 100일재 등이 있다. 불단의식과 영가(靈駕), 제단에 시식을 차리고 유교법에 따른 제사가 거행된다. 망령상(亡靈床)에는 메, 소탕(素湯), 튀각, 나물, 소적(素炙), 부치개, 간납(무우를 삶아 부친다), 채소전, 침채, 청장(淸醬) 등을 여염집 제물처럼 차리는데 채소와 곡식만을 쓴다. 제주는 정화수를 쓴다.

사찰에서 쓰는 음식은 식물성 식품에 소금, 간장, 참깨, 참기름, 들기름, 콩기름, 고추, 후추, 생강을 양념으로 쓰지만 오신채는 음욕과 분노를 유발한다고 금기식품으로 되었다.

- **숙채** : 석이, 표고, 도라지, 고사리, 고비, 두릅, 죽순, 씀바귀, 냉이, 누리대, 쑥갓꽃, 갓꽃, 물쑥 등
- **생채** : 도라지, 고수, 푸른 잎채소, 산채 등
- **찜** : 고추찜, 가지찜
- **쌈** : 곰취, 김, 미역 등
- **묵** : 메밀묵, 도토리묵
- **장아찌** : 산초, 더덕, 도라지, 무, 두부 등
- **전적** : 버섯전, 두부전, 채소전, 메밀전, 녹두전, 두부적, 채소적

- **조림** : 콩조림, 두부조림
- **탕** : 소탕(두부와 다시마), 산채국
- **전골** : 두부전골, 녹두부치개전골
- **부각 · 튀각** : 감자, 참죽, 깻잎, 깻꽃생이, 동백잎의 부각과 김자반 등
- **김치** : 무, 배추, 오이, 가지 등
- **떡** : 경단, 찰전병, 인절미, 느티떡, 떡갈나무떡, 당귀편, 송편, 증편, 절편 등
- **조과류** : 산자, 강정, 약과, 다식(쌀다식 송화다식 흑임자 깨다식) 등

Chapter ⓭ 조선왕조 궁중음식

1. 궁중음식이란?

우리나라는 단군조선 이래 조선왕조가 막을 내린 1900년 초까지 약 5,000여 년 간 왕권중심의 국가이었다. 삼국시대에 궁궐이 세워졌고 왕과 왕족은 궁궐에서 생활하므로 궁중음식의 역사는 삼국시대부터 이 땅에 있었다고 할 수 있다.

궁중음식이 본격적으로 발달된 시기는 왕권이 강화되고, 관제와 문물이 정비되고 사회적 규범과 의례도 확립된 고려시대부터이다. 그리고 고려시대에는 식품의 종류와 조리법이 다양해지고, 숭불주의로 다도와 제사나 연회식도 발달된 시기이다. 향토음식 중에 개성음식을 전국에서 좋고 맛난 음식으로 손꼽는데. 이는 바로 고려왕조의 궁중음식 전통을 이어받아 다양한 음식과 정성을 많이 들이는 개성음식으로 이어졌기 때문이다.

조선시대는 태조 때부터 27대 순종까지 약 500여 년 간의 이씨 왕조이다. 조선시대의 법전인 『경국대전』에는 왕족의 의식주와 관련한 관청은 상의원(尙衣院), 사옹원(司饔院), 전설사(典設司), 전연사(典涓司) 등이 나와 있다. 그중 사옹원에서 임금의 식사(御饍)와 대궐 안 음식물의 공급[供饋]에 관한 일을 담당하였다. 초기에는 17명의 관원이 배치되었고, 궐내각 차비는 16가지 직종에 390명이 정속되어 있었다. 궁중의 연회식은 『조선왕조실록』, 『진연의궤』, 『진작의궤』 등의 문헌을 통해 식사의례와 연회 규모 등을 알 수 있으나. 궁중의 일상식에 관한 문헌은 거의 없는 편이다.

조선조 말기에는 사옹원의 조직이 축소되었고, 고종 때 전선사(典膳司)로 개편하였으며 주원(廚院)이라고도 하였다. 고종 19년(1882) 내자시(內資寺)가 폐지된 뒤 궁중에서 쓰이는 쌀, 국수, 술, 간장, 기름, 꿀, 채소, 과일 및 내연(內宴)과 직조 등의 일도 맡았다. 여러 곳에 어소(魚所)를 두고 어물을 잡아 공상(供上)하였는데, 행주, 안산 등의 위어(葦魚), 소어(蘇魚)를 궁중에서도 별미로 꼽았으며, 또한 광주(廣州)에 자기요를 설치하고 좋은 자기를 구워 궁궐에 공급하였다. 광무 9년(1905)에는 제례, 시사(諡事)를 맡는 봉상시(奉常寺)와 어선, 향연(饗宴), 기구 등을 맡았고, 융희 3년(1909)부터는 궁중의 연회, 음식 등에 관한 일을 맡아보았다.

궁중은 당대 최고의 권위와 부와 권력이 집중되어 있는 곳이지만 음식이 민가와 아주 판이하게 다른 것은 아니다. 이는 조선시대에는 동성동본이 결혼하지 않는 혼인 관습과 연유가 있다. 왕가의 혼인도 왕족끼리가 아닌 사대부가와 인연을 맺게 되므로 왕이나 왕자의 비를 민가에서 맞이하고, 공주는 궁 밖의 사대부가와 혼인을 맺게 된다. 그러므로 혼인에 의하여 궁중의 생활양식을 비롯한 모든 문화는 사대부가와의 교류가 생기므로 자연스럽게 식생활의 풍습이 궁중에서 민가로, 민가에서 궁중으로 전해지게 되었다. 궁중에서 잔치가 열린 후에는 고관이나 궁 밖의 친인척집에 하사되고, 왕족에 축하할 일이 있을 때는 민가에서 음식물을 궁중에 진상을 하기도 하였다.

2. 조선시대 궁중의 일상식

식생활은 지위 고하를 막론하고 매일 매일 반복되고 일상적인 생활이다. 아무리 지위가 높은 왕이나 왕족일지라도 일상의 식사는 일반 사람들과 전혀 다른 모습은 아니다. 임금님의 진지는 '수라'라 하는데 이는 고려말 몽고어에서 전해진 말이다.

궁중의 일상의 음식은 왕 자신의 인생관에 따라서 사치스럽게 산해진미를 즐기는 경우도 있고, 반대로 검박을 몸소 시범하는 현주(賢主)의 경우도 있다. 『영조실록』에는 '대궐에서 왕족의 식사는 고래로 하루에 다섯 번이다'라 하는데, 이른 아침의 초조반과 조석 두 차례의 수라상, 그리고 점심 때 낮것상과 밤중에 내는 야참(夜食)으로 다섯 번의 식사를 말한다. 연산군은 날고기를 좋아하여 이를 빙자하여 한 고을에서 하루에 생우를 7마리씩 잡고, 광해군은 볼기고기만을 즐겼다고 『계축일기』에 나온다. 영조는 검박하여 점심과 야식을 줄여서 하루 3회로 하였고, 정조의 모친인 혜경궁 홍씨는 『한중록』에 정조는 "조석 수라에는 반찬 서너 그릇 외에 더하지 않으시되, 그것도 작은 접시에 많이 담지 못하게 하셨다."고 하였다.

궁중의 연회나 가례, 영접 등의 행사식에 관한 의궤는 비교적 많이 남아있으나 궁중의 일상식에 관한 문헌은 거의 없으나 현재 유일한 문헌으로 『원행을묘정리의궤(園幸乙卯整理儀軌)』가 남아있다. 정조 19년(1795)에 정조가 사도세자와 자궁(慈宮, 혜경궁 홍씨)의 갑년이 되고, 자전(영조계비)이 51세가 되며, 정조 즉위 20년 등 경사가 겹치는 해를 맞이하여, 자궁과 자전께 각각 존호를 올린 후, 자궁과 함께 청연군주와 청선군주를 데리고 화성(華城)의 현융원(顯隆園)에 행행(行幸)하였을 때 배경과 그 경위 절차를 기록한 것이다. 이 의궤 권4 찬품조에는 창덕궁을 출발(음력 2월 9일)하여 다시 환궁(음력 2월 16일)하기까지 8일간 자궁, 왕, 군주께 올린 음식과 공궤(供饋) 그리고 진찬, 양로연 등의 올린 음식이 기록되어 있다. 이는 행행 도중의 이동식 소주방에서 마련한 일상식으로 반수라상과 죽수라상, 응이상, 고음상, 그리고 다과상에 해당하는 다소반과(茶小盤果)가 실려 있다. 이는 약 100년 후인 1800년대 고종과 순종 재위시 수라상의 모습과 상당히 차이가 있다.

고종과 순종이 재위하던 한말에는 초조반으로는 미음, 응이, 죽 등을 죽상을 올리고, 아침수라(朝水剌)는 10시경, 저녁수라는 5시경에 12첩 반상을 올리고, 낮것상은 간단한 장국상이나 다과상을 올리고 야참은 면, 약식, 식혜 또는 우유죽(酪粥) 등을 올렸다. 아래는 고종과 순종 재위시인 1800년대 후반 왕의 하루 일상식 상차림을 복원하여 그림으로 나타낸 것이다.

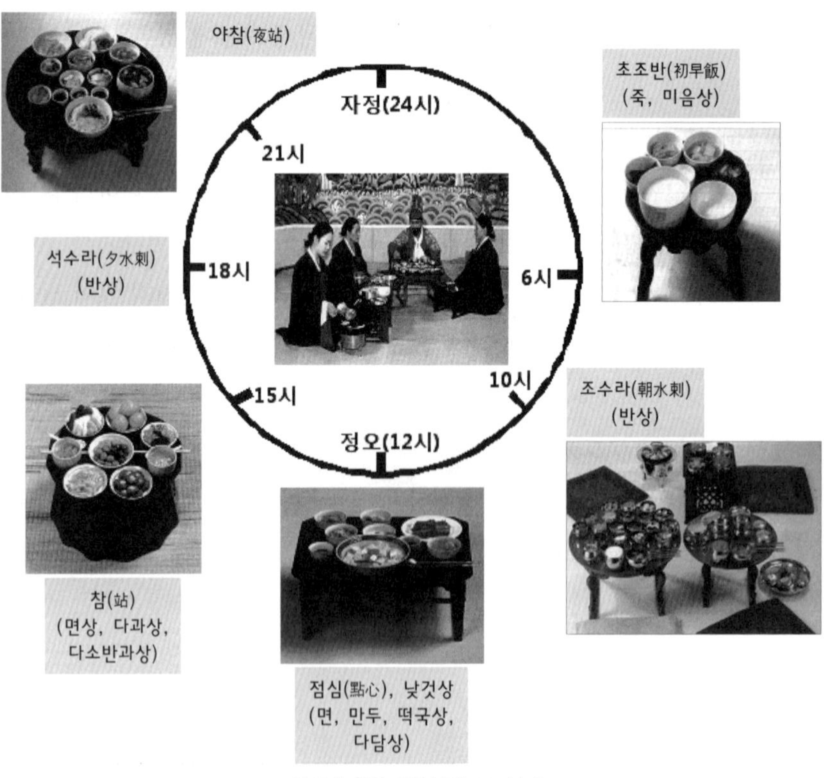

조선시대 왕의 하루식사(1800년대)

1) 초조반상

궁중에서는 아침 수라를 10시경에 드시므로, 보약을 드시지 않는 날에는 유동식으로 보양이 되는 죽, 응이, 미음 등을 이른 아침에 드린다. 아침 일찍 드시는 조반이므로 초조반(初早飯) 또는 자릿조반이라고 한다.

죽은 흰죽, 잣죽, 우유죽, 깨죽, 흑임자죽, 행인죽 등을 올린다. 미음은 차조, 인삼, 대추, 황률 등을 오래 고아서 바친 차조미음이나 멥쌀만을 고아서 밭인 곡정수(穀精水), 찹쌀과 마른 해삼, 홍합, 우둔 고기를 한데 고은 삼합미음 등이 있다. 응이는 율무응이, 갈분응이, 녹말응이, 오미자응이 등이 있다.

초조반상은 죽이나 응이, 미음 등 유동식이 주식인 상으로 찬품이 아주 간단하다. 죽상을 차릴 때는 죽, 미음, 응이 등을 합에 담고, 따로 덜어 먹을 공기와 수저를 놓는다. 그리고 찬품으로는 어포, 육포, 암치보프라기, 북어보프라기, 자반 등의 마른 찬을 두세 가지를 차리고, 조미에 필요한 소금, 꿀, 청장 등을 종지에 담는다. 김치는 국물김치로 나박김치나 동치미가 어울린다. 죽상에 놓는 조치는 맑은 조치로 소금이나 새우젓국으로 간을 맞춘 찌개이다.

2) 수라상

(1) 수라와 찬물(饌物)

조석 수라상(水剌床)은 12첩 반상차림으로 수라와 탕 두 가지씩과 기본 찬품, 쟁첩에 담는 12가지 찬물들로 구성된다. 수라는 백반(白飯)과 팥 삶은 물로 지은 밥인 붉은 빛의 홍반(紅飯) 두 가지를 수라기에 담고, 탕은 미역국(藿湯)과 곰탕 두 종류를 탕기에 담아 상에 올려 그날에 따라 좋아하는 밥과 국을 골라서 드시도록 준비한다. 조치는 토장조치와 젓국조치 두 종류와, 찜, 전골, 침채 3가지가 기본 음식에 속한다. 찬물 12가지는 다양한 식품 재료로 조리법도 각기 달리 만든다. 그리고 장류는 청장, 초장, 윤집(초고추장), 겨자집 등은 그 날의 찬물에 맞게 종지에 담는다.

(2) 상(床)과 반상기(飯床器)

수라상은 큰 원반, 곁반인 작은 원반과 책상반의 3개 상에 차린다. 대원반은 붉은 색의 주칠(朱漆)을 하고 중자개로 문양을 넣거나 다리에 용트림 장식이 조각되어 있다. 대원반은 중앙에 놓이며 왕과 왕비가 앉아서 드시는 상이다. 곁반으로 소원반과 네모진 책상반이 쓰이는데, 책상반 대신 때로는 둥근 소반이 쓰이기도 한다.

수라상의 식기는 대개는 은반상기(銀飯床器)에 올렸는데, 단오부터 추석까지는 날이 더운 철에는 사기반상기를 쓰기도 하였다고 한다. 수저는 반드시 연중 은수저를 쓴다. 수라는 주발 모양의 수라기에 담고, 탕은 수라기보다 작은 크기의 갱기(羹器)에 담는다. 조치는 갱기보다 한 둘레 작은 조치보에 담는데, 고종 재위시는 토장 조치를 작은 뚝배기에 올리기도 하였다고 한다. 찜은 대개 조반기(朝飯器)에 담고, 김치류는 쟁첩보다 큰 보시기에 담는다. 찬품은 쟁첩(錚鍱)이라는 뚜껑이 덮인 납작한 그릇에 담고, 청장, 초장, 젓국, 초고추장 등은 종지에 담는다. 차수는 숭늉도 쓰지만 대개 곡차를 큰 대접에 담고 쟁반을 받쳐서 곁반에 올린다.

(3) 기미(氣味)

왕이 수라를 드시기 직전 옆에 시좌(侍坐)하고 있던 큰방상궁이 먼저 음식 맛을 본다. 이를 '기미를 본다'고 한다. 이는 맛을 시식하는 것이라기보다 독(毒)의 유무를 검사하는 것이 본래의 목적이었으나, 후에는 거의 의례적인 절차로 남았다. 큰방상궁이 은으로 된 빈 접시에 모든 음식을 조금씩 덜어 어전에서 자신이 먼저 먹어보고, 그 밖의 근시 나인들과 애기 나인 등에게도 나누어주는데, 수라와 탕은 기미를 보지 않고 그대로 두었다. 기미용으로 수라상 위에 왕의 수저 외에 여벌로 은 혹은 상아로 된 저[空箸]한 벌과 조그만 그릇이 놓여 있다. 이 공저는 음식을 더는 데만 쓰고, 먹을 때는 손으로 먹는다. 기미를 본 후에 큰방상궁은 이 저로 왕이 드시기 편하도록 생선 등의 뼈를 발라 앞에 놓아드린다. 기미는 음식뿐 아니라 탕제도 마찬가지였다.

3) 낮것상

평소에는 조석으로 수라상을 차리고 낮것(點心)으로 간단한 응이, 미음, 죽 같은 것을 드리는데, 특별한 탄신일이나 명절 같은 때에는 면상인 장국상을 차려서 손님들을 대접한다.

면상에는 주식으로 온면, 냉면 또는 떡국이나 만두 중 한 가지를 차리고, 찬물로 편육, 회, 전유화, 신선로 등을 차린다. 그리고 반상에 오르는 찬물인 장과, 젓갈, 마른 찬, 조리개 등은 놓이지 않으며, 김치는 국물이 많은 나박김치, 장김치, 동치미 등을 놓는다.

순종 때 낮것은 오후 2시쯤 돼서 간단한 간식으로 점심을 대신하여 그

날 기분에 따라 결정하였다. “오늘 간식은 참외와 제호탕을 먹어볼까” 하는 식으로 주문하셨다.

다담상은 주식으로 국수를 차리기도 하고 병과로는 떡, 약과, 강정, 다식, 당(사탕), 정과, 숙실과, 생과, 음청류, 꿀 등 후식류를 올린다.

4) 야참

세끼 외에 밤에는 야참(夜食)이 있어 면, 약식, 식혜류 또는 우유죽(酪粥)을 올린다. 고종은 양위 후 덕수궁 시절에 밤참으로 냉면과 온면, 설렁탕을 즐겼으며, 술을 전혀 못했기 때문에 식혜, 사이다를 좋아하셨다. 고종이 즐겨 드시던 냉면은 꾸미로 국수 위에 가운데 십자로 편육을 얹고 나머지 빈 곳에 배와 잣을 그리고 황백지단채를 얹었다고 한다. 국물은 육수 대신에 동치미를 넣었는데 이 동치미는 배를 많이 넣고 담아 국물이 무척 달고 시원하였다고 한다.

3. 조선시대 궁중의 연회식

1) 궁중연회식 의궤

의궤란 보통명사로 의례(儀禮)의 궤범(軌範)이 되는 책이라는 뜻이다. 조선조에 나라의 큰일이 생기거나 경사스러운 일이 생겼을 때 후세에 참고로 삼기 위하여 그 일의 논의과정, 준비과정, 의식절차, 진행, 행사가 끝난 후

유공자의 포장에 관한 일들의 기록이다. 이러한 국가행사가 있을 때 임시 관청을 설치하였다가 행사가 끝나면 없애버리는데 이러한 임시관청을 도감(都監)이라 하였다. 각 도감에서는 행사를 치른 과정 전부를 우선 일자 순으로 기록하는데, 이것을 등록(謄錄)이라 하고 이 등록에 바탕으로 의궤를 만든다.

조선시대 궁중에서는 경사 이를테면 왕·왕비·대비 등의 회갑, 탄신, 4순, 5순, 망5(望五 41세), 망6(51세) 등의 특별 기념일이나 이들이 존호(尊號)를 받았을 때, 또는 왕이 기로소(耆老所)에 들어갔을 때에 윤허(允許)를 받아 큰 연회를 베풀게 된다. 연회의 규모와 의식절차에 따라서 진찬(進饌), 진연(進宴), 진작(進爵), 수작(受爵) 등으로 나뉘는데, 그중 규모가 가장 큰 것이 진연이고 그 다음이 진찬, 진작, 수작의 순서라 하였으나, 의궤의 찬품조의 내용은 진연과 진작의 차이가 거의 없다.

조선시대 궁중연향을 수록한 의궤는 인조 8년(1630)의 『풍정도감의궤』(프랑스 국립도서관 소장)를 비롯하여, 국내의 규장각(奎章閣)과 장서각(藏書閣)에는 숙종 45년(1719) 『진연의궤』부터 광무 6년(1902) 『진연의궤』까지 수작의궤, 진찬의궤, 진작의궤 등 여러 이름으로 편찬되어 40책이 현재 국내외 여러 도서관에 소장되어 있고, 연회 건수는 19건이다. [표 13-1]은 조선시대 궁중 연회의궤의 목록이다.

[표 13-1] 조선시대 궁중연회 의궤 목록

의 궤 명	년 도	설 행 연 유
庚午 豊呈都監儀軌*	1630(인조 8년)	인조가 자전인 대비께 올린 수연잔치
己亥 進宴儀軌	1719(숙종 45년)	숙종의 망6과기로소 입소자가 300명에 달함을 축하한 잔치
甲子 進宴儀軌	1744(영조 20년)	대왕대비인 명성왕후 김씨를 위한 잔치
乙酉 受爵儀軌	1765(영조 41년)	영조의 보령 망8 축하 잔치
園幸乙卯整理儀軌	1795(정조 19년)	혜경궁 갑년에 사도세자능인 현융원에 참배하고 베푼 잔치
己巳 惠慶宮進饌所儀軌	1809(순조 9년)	사도세자비인 혜경궁 홍씨의 관례회갑 축하 잔치
丁亥 慈慶殿 進爵整禮儀軌	1827(순조 27년)	순조가 모후인 김씨(자경전)을 위해 베푼 잔치
戊子 進爵儀軌	1828(순조 28년)	순조의 곤전인 순원왕후의 보령4순 축하잔치
己丑 進饌儀軌	1829(순조 29년)	순조의 5순과 어극 30재 축하 잔치
戊申 進饌儀軌	1848(헌종 14년)	순조비 보령 6순과 익종비 보령 조씨 보령 망5 축하 잔치
戊辰 進饌儀軌	1868(고종 5년)	태후인 조대비의 보령 만60세 탄신 축하 잔치
癸酉 進爵儀軌	1873(고종 10년)	화재로 소실되었던 강령전 재건 축하잔치
丁丑 進饌儀軌	1877(고종 14년)	조대비 7순 축하 잔치
丁亥 進饌儀軌	1887(고종 24년)	조대비 8순 축하 잔치
壬辰 進饌儀軌	1892(고종 29년)	고종의 망5와 어극30년 축하 잔치
辛丑 進饌儀軌	1901(광무 5년)	헌종왕후인 명헌태후 홍씨 보령8순 축하 잔치
辛丑 進宴儀軌	1901(광무 5년)	고종 5순 축하 잔치
壬寅 咸寧殿 進宴儀軌	1902(광무 6년)	고종 기사(耆社) 입소 축하 잔치
壬寅 進宴儀軌	1902(광무 6년)	고종 망6과 어극(御極)40년 축하 잔치

* 1886년 강화도 침입한 프랑스함대가 약탈해간 외규장각도서의 하나로 현재 파리국립도서관에 소장되어 있다.

2) 궁중연회의 차비

진찬, 진연, 진작 등의 잔치를 설행하려면 임시관청인 진찬도감(進饌都監), 진연도감(進宴都監), 진작도감(進爵都監) 등을 행사하기 수개월 전부터 설치하여 제반 사항을 진행한다. 그리고 그 내용은 각종 의궤와 등록을 통해 기록으로 남겨 놓는다. 간혹 계병(契屛)의 그림이나 연회도 등 자료를 통하여 그 장려한 광경을 짐작할 수 있다.

『진작정례의궤』(1827)의 자경전 진작도

진연·진찬 때는 도감에서 필요한 물자를 조달하고, 의식 절차와 정재(呈才 : 궁중의 무용과 음악)는 여러 차례 습의(習儀 : 예행연습)한다. 연회를 설행하는 전각이 정해지면 반차도(班次圖)에 의거하여 여러 가지를 차비해 배설한다. 천장에는 천막을 치고, 왕과 왕족이 처하실 대차(大次)와 소차(小次) 등을 꾸민다. 연회에 필요한 각종 산선(繖扇)과 휘(麾) 등도 점검하고 전각에 주렴(珠簾 : 발)과 황목장(黃木帳)을 치고 야간 연회에 필요한 등촉(燈燭)도 준비한다.

전각의 대청 중앙에 동조어좌(東朝御座)를 남향으로 놓고, 용평상(龍平床)과 이동할 수 있는 쇠로 만든 의자인 납교의(臘交椅)도 준비한다. 십장생(十長生) 병풍을 치고, 수방석, 표피방석, 채상, 글씨병풍, 보상(寶床), 향좌(香座), 향로(香爐) 등을 준비한다. 조화(造花)를 화려하게 장식하여 항아리에 담은 준화(樽花) 한 쌍을 연회장 양쪽에 준화대 위에 놓는다.

음식을 배선할 고족주칠찬안(高足朱漆饌案), 주칠협안(朱漆挾案)과 수주정(壽酒亭), 술항아리, 술잔, 은잔대를 배설한다. 다정(茶亭)은 아가상(阿架床)에 명주보를 덮고 유지를 깐 후 은주전자와 은찻잔을 소원반에 받쳐 올려놓는다. 그리고 축수하는 시를 쓴 두루마리를 놓는 주칠 치사전문함(致詞箋文函), 꽃을 받아놓는 진화함(進花函), 찬품단자를 담는 주칠 찬품단자함(饌品單子函) 등도 놓는다.

왕족에 올리는 고배상은 다리가 높은 고족찬안(高足饌案)을 여러 개 이어 놓고, 상의 윗면은 도홍색(桃紅色) 운문단(雲紋緞)을 덮고, 상의 앞과 옆쪽은 초록색 운문단을 주름을 잡아 늘어뜨리고, 상면에는 좌면지(座面紙)를 깐다. 찬품단자에 의해 준비한 여러 가지 음식들은 치수대로 고여서 상에 배선한다. 찬품 중에 물기가 많아서 고일 수 없는 것을 제외하고는 고인 꼭대기에 종이나 비단으로 만든 상화(床花)를 꽂아 호화롭게 장식한다. 진찬에 쓰이는 상화와 가화는 미리 궁 밖에서 만들어 들여왔다.

3) 궁중잔치 음식의 준비

음식에 관해서는 연회 일자별로 차리는 찬안(饌案)의 규모, 종류, 차리는 음식의 이름을 적은 찬품단자(饌品單子 : 메뉴)를 만든다. 그리고 음식을 차리는데 필요한 상, 기명, 조리기구를 점검하여 부족한 것은 새로 마련한다. 필요한 식품 재료를 품의하여 잔칫날에 맞추어 미리 미리 준비하며, 육순이나 설날에 차리는 진찬은 미리 한지에 차릴 음식을 쓴 찬품단자를 올려 허락을 받은 후에 마련했다.

큰 잔치의 음식 조리는 대령숙수(待令熟手)라는 남자조리사가 만든다. 주방은 임시로 내숙설소 또는 주원숙설소라 하는 가가(假家)를 짓고 이곳에서 수십 명에서 백여 명의 숙수들이 며칠 전부터 음식을 만든다.

4) 궁중 연회상의 종류

진찬이나 진연에 참석하는 왕과 왕비, 대왕대비께 올리는 상을 찬안(饌案)

이라 하는데, 그중 왕이나 대왕대비께는 진어찬안(進御饌案)이라 하여 떡, 과자, 과일, 진 음식들을 40그릇 이상 차려서 올린다. 중전, 왕세자, 왕세자빈 등 주요 왕족에게 올리는 상은 진찬안(進饌案)이라고 하여 진어상보다 적은 그릇 수를 차린다. 그리고 잔치가 진행되는 도중에 잡수실 음식으로 미수, 소선, 대선, 탕, 만두, 차, 염수, 별찬안(別饌案), 과합 등을 마련하여 순차적으로 올린다. 잔치에 참석한 왕족이나 제신, 친척, 좌우명부 등과 수고한 악공, 정재여령, 군인들에 이르기까지 참석자 전원에게 음식을 차려서 대접하므로 궁중에서 잔치 때는 수십 가지의 상을 마련하여야 한다.

(1) 진어상(進御床)

잔치 때 왕이 받는 상을 진어상(進御床) 또는 어상(御床)이라고 한다. 진어상에 차리는 음식의 종류, 품수, 높이 등은 뚜렷하게 정해진 규정이 없다. 현존의 진찬의궤의 찬품조를 보면 시대에 따라 음식의 종류, 품수, 고임의 높이가 약간은 차이가 있으나, 기본적인 음식은 병과류, 생과류, 찬품류, 음청류 등으로 나누어 볼 수 있다.

고임상은 음식에 따라 높이를 달리한다. 떡과 과자, 생과류는 1자 3치에서 1자 7치 정도로 가장 높이 고이고, 숙실과는 이보다 조금 낮게 고이고, 전유아, 편육, 화양적, 회 등의 찬품은 조과류보다 더 낮게 고인다. 고임 음식 위에는 다양한 종류의 화려한 꽃으로 장식하는데 이를 상화(床花)라고 한다. 그리고 화채, 찜, 탕, 열구자탕, 장류 등 물기가 많은 음식은 고일 수 없고, 국물이 있는 음식은 상화를 꽂지 못한다. 상화는 의궤의 채화도에 나오는데 대, 중, 수파련, 홍도의 삼지화, 별건화, 별간화, 각색 절화 등 다양하다. 차린 음식이 높을수록 큰 꽃을 꽂고, 낮은 높이의 음식에는 중간 크기와 작은 상화를 꽂는다. 그런데 연회 중 고임상에 차린 음식을 먹지 않는다. 실제로 드시는 것은 별도 마련하여 올리는 별찬안(別饌案)이나 술잔을 올리면서 함께 내는 진어미수(進御味數), 진소선(進小膳), 진대선(進大膳), 진탕(進湯), 진만두(進饅頭), 진과합(進果榼) 등이다.

(2) 사찬상(賜饌床, 頒賜床)

잔치에 참석한 왕족이나 제신(諸臣), 종친(宗親), 척친(戚親), 좌명부(左命婦), 우명부(右命婦), 의빈(儀賓)을 비롯하여 악공, 정재여령(呈才女伶), 군인들에 이르기까지 참석자 전원에게 음식을 차려서 대접한다. 사찬상은 받는 이의 지위나 직급에 따라 외상 또는 겸상이나 두레반에 음식을 차등을 두어 대접한다.

반사 상상(上床)은 공주, 옹주, 내인, 내외빈, 당상낭청에게 내리는 상으로 가장 잘 차린 상이다. 반연상(頒賜宴床)으로 문안 제신(諸臣) 중 대신은 상상(上床), 중신은 중상(中床)이 내려지고, 궐내입직 관원(闕內入直官員)에게는 하상(下床)이 내려진다. 반사도상(頒賜都床)은 별시령(別侍令)에, 반사 하상(下床)은 내시(內侍), 입직장관장교(入直將官將校) 이하에 내려진다.

원역(員役 : 각 관아에 딸린 벼슬아치), 별감(別監), 악공(樂工), 여령(女伶) 등에 내리는 사찬상 이름은 상반(上盤), 중반(中盤), 소반(小盤), 대우반(大隅板), 중우반(中隅板), 소우반(小隅板), 쟁반(錚盤) 등으로 나뉜다. 각소입직군병(各所入直軍兵), 숙수(熟手)에게는 궤찬(饋饌)으로 하사한 음식은 백병(白餠) 3개, 산적 1꼬치, 청주 1잔뿐이다. 궁중 잔치에 대접받는 사람이 수백 명에서 천명이 넘기도 하는데 헌종 진찬 때는 917명이라 적혀 있다.

5) 궁중 진연상의 예

광무 6년(1902) 임인(壬寅)년 11월 고종의 망육순(51세), 즉위 40주년을 경축하고, 대한제국의 위용을 만방에 선포한 조선왕조 최후의 진연(進宴)이었고, 덕수궁의 중화전(中和殿)에서 행하여졌다. 이 해는 국호를 조선에서 대한제국으로 고치고, 고종임금이 스스로를 황제로 즉위하였다.

이 진연은 중화전 진연, 광명전 정일진연, 광명전 야진연, 광명전 익일회작, 광명전 익일야연 등 총 5차례 베풀어졌다. 대전의 외진연(外進宴)은 덕수궁의 정전인 중화전에서 설행(設行)되었고, 내진연(內進宴)과 야진연(夜進宴)은 관명전(觀明殿)에서 설행되었다. 또 황태자회작(皇太子會酌)과 야연도 관명전에서 설행되었다. 진연청당상(進宴廳堂上)은 의정부참정(議政府參政)인 김성근(金聲根)이었다. 아래는 임진년(1902) 진연의 대전진어대탁찬안(大殿進御大卓饌案)을 복원한 상차림이다.

임진년(1902) 진연의 대전진어대탁찬안(大殿進御大卓饌案) 복원한 상차림

임인년(1902) 진연(進宴) 때 고종황제께 올린 대전진어대탁찬안(大殿進御大卓饌案)

중화전 진연 때 고종황제께 '대전진어대탁찬안(大殿進御大卓饌案)'을 올린 상이다. 황색칠의 다리가 높은 상에 떡, 과자, 과실, 음식을 25개의 유기그릇에 차렸다. 상화(床花)는 대수파련 2개, 중수파련 2개, 홍도별건화 2개, 각색절화 각 8개, 목단화 7개, 홍도삼지화 3개의 합계 24개를 꽂았다.

1. 각색메시루떡(각색경증병)
   멥쌀 15두, 찹쌀 8두, 거피팥 8승, 흰깨 9두 5승, 밤 8승, 대추 9승, 참기름 3승, 잣 3승, 신감초가루 4승, 꿀 1두 6승, 계피가루 1량
2. 각색찰시루떡(각색점증병)
   찹쌀 15두, 거피팥 8승, 흰깨 5두, 석이가루 5승, 밤 3두, 대추 2두, 잣 2승
3. 각색주악 / 화전
   찹쌀 10두, 신감초가루 5승, 대추 2두, 참기름 4두, 꿀 9승, 흰깨 5승, 잣 5합, 계피가루 2량
4. 각색단자 / 잡과병
   찹쌀 12두, 거피팥 4두, 석이가루 5승, 밤 1두 3승, 대추 1두 5승, 꿀 8승, 신감초가루 7승, 잣 8승, 계피가루 1량
5. 만두과 : 400개
   밀가루 4두, 참기름 1두 6승, 꿀 1두 6승, 황률 5승, 대추 6승, 잣 3합, 후추가루 3량, 계피가루 3량, 사탕 2원
6. 연약과 : 500개
   밀가루 4두, 참기름 1두 6승, 꿀 1두 6승, 잣 3합, 후춧가루 5분, 계피가루 5분, 사당 2원
7. 양면과 : 500개
   밀가루 4두, 참기름 1두 6승, 꿀 1두 6승
8. 황률 · 청태다식 : 각 1,000개
   황률가루 1두 5승, 청태가루 1두 5승, 신감초가루 1승, 꿀 1두 6승

9. 강분·흑임자다식 : 각 1,000개
   강분(생강녹말) 5승, 녹말 1두, 흑임자가루 1두 5승, 꿀 1두 7승, 잣 백자 2합
10. 홍매화연사과 : 650개
   찹쌀 3두 5승, 차조 7두, 술 9승, 꿀 9승, 참기름 9승, 백당 25근, 지초 3근, 홍취유 6승, 설면자 1량
11. 백매화연사과 : 650개
   찹쌀 3두 5승, 차조 7두, 술 9승, 꿀 9승, 참기름 9승, 백당 25근, 설면자 1량
12. 백자연사과 : 1,000개
   찹쌀 7두, 술 7승, 꿀 7승, 참기름 7승, 백당 27근, 잣 3두 2승, 설면자 1량
13. 홍세건반연사과 : 800개
   찹쌀 3두, 세건반 3두, 술 1두, 꿀 1두, 참기름 1두, 백당 10근, 지초 2근, 홍취유 5승, 설면자 1량
14. 백세건반연사과 : 800개
   찹쌀 3두, 세건반 3두, 술 1두, 꿀 1두, 참기름 1두, 백당 10근, 지초 2근, 설면자 1량
15. 홍백세건반요화 : 홍세건반요화 850개, 백세건반요화 750개
   밀가루 4두 5승, 세건반 4두 3승, 참기름 1두, 백당 10근, 소금 4승, 지초 2근, 홍취유 5승, 설면자 5전
16. 사색입모빙사과 : 사색입모빙사과 각 100개
   찹쌀 5두, 술 1두, 꿀 1두, 참기름 1두, 백당 20근, 지초 1근, 갈매 1근, 치자 200개, 홍취유 2승, 설면자 2전
17. 사색강정 : 사색강정 각 300개
   찹쌀 3두 5승, 술 9승, 꿀 9승, 참기름 9승, 백당 15근, 세건반 1두 5승, 계피가루 2승, 잣 2승, 지초 1근, 홍취유 2승, 설면자 5전
18. 홍매화강정 : 1,200개
   찹쌀 3두, 차조 6승, 술 5승, 꿀 5승, 참기름 5승, 백당 8근, 지초 3근,

홍취유 5승, 설면자 5전

19. 백매화강정 : 1,200개
    찹쌀 3두, 차조 6승, 술 5승, 꿀 5승, 참기름 5승, 백당 8근, 설면자 5전
20. 사탕 / 귤병 : 사탕 100원, 귤병 150원
21. 용안 : 용안 20근
22. 여지 : 여지 20근
23. 수정과 : 준시 10개, 꿀 5합, 잣 2석
24. 간전유화 : 간 15부, 메밀가루 5승, 참기름 1두, 소금 1승
25. 동과화양적 : 동과화양적 1,000꼬지
    동과 5개, 우둔 반부, 저육 1각, 파 2단, 달걀 1접, 녹말 1승, 소금 1승, 간장 1승, 참기름 4승, 표고 3합, 생강 5전, 후추가루 1량, 흰깨가루 5합, 잣 5석

6) 대장금(大長今)은 누구인가?

장금(長今)은 『조선왕조실록』에는 등장하는 수백 명의 의녀(醫女) 중 유일하게 임금의 주치의 역할을 실존 인물로 중종(1506~1544) 때 왕족의 병환 치료에 큰 공을 세웠다하여 이름 앞에 큰 대(大)를 붙여주어서 대장금이라 불린 자이다.

드라마에서는 천민 신분으로 5살쯤에 궁녀로 들어와 최고 주방상궁이 되고 급기야 숱한 남자 의관(醫官)들을 제치고 임금의 주치의가 되고 중종의 사랑을 받는 스토리로 전개된다. 장금은 뛰어난 의술과 높은 학식으로 엄격했던 당시 신분제도를 타파하고 전문직 여성으로 최고의 자리에 오르기까지 극적인 삶을 설정하여, 작가의 무한한 창작력을 바탕으로 재미있게

풀었다.

『조선왕조실록』 중 「중종실록」에서 장금에 대한 기록은 10여 차례 나온다. 중종 10년(1515) 3월에 왕은 말씀하기를 "대저 사람의 사생이 어찌 의약(醫藥)에 관계되겠는가? 그러나 대왕전에 약을 드려 실수한 자는 논핵하여 서리(書吏)에 속하게 함은 원래 전례가 있었다. 왕후에게도 또한 이런 예가 있었는지 모르겠으니, 전례를 상고하여 아뢰라. 또 의녀인 장금은 호산(護産)하여 공이 있었으니 당연히 큰 상을 받아야 할 것인데, 마침내는 대고(大故)가 있음으로 해서 아직 드러나게 상을 받지 못하였다. 상은 베풀지 못한다 하더라도 또한 형장을 가할 수는 없으므로 명하여 장형(杖刑)을 속바치게 하였으니, 이것은 그 양단을 참작하여 죄를 정하는 뜻이다. 나머지는 모두 윤허하지 않는다."고 하였다. 이는 약을 잘못 올려서 벌을 내려야하는데 장금이 이전에 대비가 해산할 때 세운 공을 세운 적이 있는데 미처 상을 내리지 못하였으니 이를 참작하여 벌을 줄여서 장형으로 하라는 분부이다. 중종 17년(1522) 9월에는 대비의 병세가 호전되어 약방에 상을 내렸는데 의녀 장금에게는 쌀과 콩을 각 10석씩 내렸고, 중종 19년에는 의녀 대장금이 그 무리 중에서 나으므로 대내(大內)에 출입하며 간병을 전속으로 하라는 분부가 있었다. 그밖에 대전과 대비전이 병 회복에 공을 세운 내용 등이 기록이 나온다. 실록에서는 장금이 15살부터 45세쯤까지 활약하였고, 25살쯤에 왕가의 전속 의녀로 공을 인정받았다. 이처럼 기록상에는 의녀 장금으로만 나올 뿐 드라마 〈대장금〉에서처럼 수라간 내인을 했거나 중종의 사랑받는 여인이었음은 전혀 확인할 수가 없다.

제3부 관련 음식문화 콘텐츠

문헌 자료

강난숙, 소중한 우리 명절이야기(아동도서), 대교출판, 2002.

가례원, 명절밥상 차례상-자연을 가득 담은 대한민국 명절음식, 국일미디어, 2007.

강원 향토·관광요리, 강원도 농촌진흥원, 1976.

강원 향토의 맛, 강원도 농촌진흥원, 1993.

경남향토음식, 경상남도 농촌진흥원, 1994.

경향신문사 출판본부, 한국의 맛, 경향신문사, 2005.

고형욱, 여기서 제일 맛있는 게 뭐지, 디자인 하우스, 2001.

국립문화재연구소, 종가의 제례와 음식1-의성김씨 학봉 김성일 종가편, 김영사, 2003.

국립문화재연구소, 종가의 제례와 음식2-서흥김씨 한훤당 김굉필 종가·반남 박씨 서계 박세당 종가편, 김영사, 2003.

국립문화재연구소, 종가의 제례와 음식3-월성손씨 양민공 손소 종가·청주한씨 서평부원군 한준겸편, 김영사, 2003.

국립문화재연구소, 종가의 제례와 음식4-점필재 김종직 종가편, 김영사, 2005.

국립문화재연구소, 종가의 제례와 음식5-재령 이씨 갈암 이현일 종가·해남 윤씨 윤선도 종가편, 김영사, 2005.

국립문화재연구소, 종가의 제례와 음식6-광산 김씨 사계 김장생 종가·경주 이씨 초려 이유태 종가편, 김영사, 2005.

국립문화재연구소, 종가의 제례와 음식7－퇴계 이황 종가편, 월인출판사, 2005.
국립문화재연구소, 종가의 제례와 음식8－충재 권벌종가·서애 류성룡종가편, 월인출판사, 2005.
국립문화재연구소, 종가의 제례와 음식9－하동정씨 일두 정여창 종가·안동권씨 탄옹 권시 종가편, 월인출판사, 2006.
국립문화재연구소, 종가의 제례와 음식10－안동김씨 보백당 김계행 종가·진원박씨 죽천 박광전 종가편, 월인출판사, 2006.
국립문화재연구소, 종가의 제례와 음식11－성산이씨 응와 이원조 종가편, 월인출판사, 2006.
국립문화재연구소, 종가의 제례와 음식12－청송심씨 청성백 심덕부종가·청송심씨 안효공 심온종가편, 예맥, 2007.
국립문화재연구소, 종가의 제례와 음식14－광산김씨 농수 김효로종가·진주정씨 우복 정경세종가편, 예맥, 2008.
국립문화재연구소, 종가의 제례와 음식15－장수황씨 황희종가편, 예맥, 2008.
국립문화재연구소, 종가의 제례와 음식16－전주이씨 오리 이원익종가·진주류씨 종중편, 예맥, 2008.
권민경, 초근목피 약선, 백산출판사, 2007.
기장의 향토음식, 기장군 농업기술센터, 2003.
김두진 외, 조선시대 양로연의례와 어연의례의 연구, 문화재관리국, 1997.
김매순, 열양세시기, 1819.
김매순, 혼례음식, 대원사, 2008.
김상보, 생활문화 속의 향토음식문화, 신광출판사, 2002.
김상보, 손쉽게 따라 해보는 조선왕조 궁중 과자와 음료, 수학사, 2006.
김상보, 음양오행사상으로 본 조선왕조의 제사음식문화, 수학사, 1996.
김상보, 조선왕조 궁중음식, 수학사, 2004.
김상보, 조선왕조 궁중의궤음식문화, 수학사, 1995
김상보, 조선왕조 궁중의궤음식의 실제, 수학사, 1995.
김상보, 조선왕조 혼례연향음식문화, 신광출판사, 2003.
김수미, 전라도 음식이야기, 중앙 M&B, 2000.
김수인, 자연주의 건강음식 두부요리, 한국외식정보, 2003.
김숙년, 김숙년의 600년 서울음식, 동아일보사, 2001.
김연식, 눈으로 먹는 절음식, 우리출판사, 2002.
김연식, 북한 사찰음식, 다할미디어, 2009.
김연식, 산채요리, 주부생활, 1987.
김연식, 한국사찰음식, 우리출판사, 1997.

김옥선 외, 아름다운 우리 향토음식, 형설출판사, 2008.
김 용, 처음 맛보는 북한 별미, 서울문화사, 1999.
김용숙, 궁중 발기의 연구, 향토서울 18호, 1963.
김용숙, 조선조 궁중풍속연구, 일지사, 1987.
김정숙, 식탁 위의 보약 건강음식 200가지, 아카데미북, 2008.
김지순, 제주도 음식문화, 제주문화, 2002.
김지순, 제주도음식, 대원사, 1998.
농촌진흥청농업과학기술원, 한국의 전통향토음식 1－상용음식, 교문사, 2008.
농촌진흥청농업과학기술원, 한국의 전통향토음식 2－서울 경기도, 교문사, 2008.
농촌진흥청농업과학기술원, 한국의 전통향토음식 3－강원도, 교문사, 2008.
농촌진흥청농업과학기술원, 한국의 전통향토음식 4－충청북도, 교문사, 2008.
농촌진흥청농업과학기술원, 한국의 전통향토음식 5－충청남도, 교문사, 2008.
농촌진흥청농업과학기술원, 한국의 전통향토음식 6－전라북도, 교문사, 2008.
농촌진흥청농업과학기술원, 한국의 전통향토음식 7－전라남도, 교문사, 2008.
농촌진흥청농업과학기술원, 한국의 전통향토음식 8－경상북도, 교문사, 2008.
농촌진흥청농업과학기술원, 한국의 전통향토음식 9－경상남도, 교문사, 2008.
농촌진흥청농업과학기술원, 한국의 전통향토음식 10－제주도, 교문사, 2008.
대 안, 사찰음식 다이어트(마음의 살까지 빼주는), 중앙 M&B, 2004.
문화공보부 문화재관리국, 한국민속종합보고서(향토음식), 문화공보부, 1984.
박상혜 외, 사찰음식으로 차리는 건강밥상, 인디콤, 2008.
박상혜, 5000원으로 집에서 만들어 먹는 사찰음식, 영진닷컴, 2005.
박상혜, 사찰음식에서 배우는 웰빙 조리법과 건강, 신성출판사, 2008.
박정혜, 조선시대 궁중 기록화의 연구, 일지사, 2000.
북한의 요리, 자랑스런 민족음식, 한마당, 1989.
선 오, 선오스님의 백련으로 만드는 사찰음식, 운주사, 2008.
선 재, 사찰음식, 디자인하우스, 2000.
송수권, 풍류맛 기행, 고요아침, 2003.
신명호, 조선왕실의 의례와 생활, 돌베개, 2002.
양일권 외, 202 채식요리, 시조사, 2000.
우리누리, 신나는 열두 달 명절이야기(아동도서), 랜덤하우스코리아, 1996.
웅진편집부, 명절날 때때음식(기초요리무크 9), 웅진닷컴, 2002.
유득공, 경도잡지, 1770.
유종근, 온고을의 맛, 한국의 맛, 신아출판사, 1995.
윤서석, 한국의 풍속잔치, 이화여대출판부, 2008.
윤숙경, 경상도의 식생활문화, 신광출판사, 2000.

윤숙자, 몸에 약이 되는 약선음식 111가지, 질시루, 2009.
윤숙자, 8도의 반가 명가 내림음식, 질시루, 2008.
윤숙자, 재미있는 세시음식 이야기, 질시루, 2009.
윤숙자, 한국의 시절음식, 지구문화사, 2000.
윤숙자, 한국의 혼례음식, 지구문화사, 2001.
이경택, 우리땅 우리역사, 역사넷, 2003.
이병학, 우리땅 참맛, 책이 좋은 사람, 2007.
이성우, 조선시대 조리서의 분석적 연구, 정신문화연구원, 1982.
이성우, 조선왕조행행식 · 가례식 · 영접식의궤, 미원음식연구원, 1988.
이성우, 조선조 궁중연회음식 건기, 미원음식연구원, 1987.
이성우, 조선조 궁중연회식 의궤, 미원음식연구원, 1987.
이승수, 민속학자가 들려주는 우리 명절(아동도서), 두산동아, 2006.
이여영, 자연건강 사찰음식, 열린서원, 2002.
이영춘, 차례와 제사, 대원사, 1994.
이춘자 외, 통과 의례 음식(빛깔있는 책들 207), 대원사, 1997.
이효지, 조선왕조 궁중연회음식의 분석적 연구, 수학사, 1985.
자운영, 명절과 24절기 - 교과서에 나오는 우리문화 이야기(아동도서), 흰돌, 2006.
장수하늘소, 빛나는 우리문화유산1 명절편(아동도시), 배동바지, 2005.
장수하늘소, 빛나는 우리문화유산3 전통의례편(아동도서), 배동바지, 2006.
적 문, 누구나 손쉽게 만들 수 있는 전통사찰음식, 우리출판사, 2005.
적 문, 전통사찰음식, 우리출판사, 2000.
전경화, 일본의 식재로 만드는 장금 레시피, NHK 출판, 2005.
전라남도의 향토문화(하), 정신문화연구원, 2002.
전순실, 약선음식, 문운당, 2008.
전희정 외, 한국음식문화, 문화관광부, 2000.
정낙원 외, 향토음식, 교문사, 2007.
정지천, 식의들이 들려주는 생명의 음식 120, 중앙생활사, 2008.
정학유, 농가월령가, 1786-1855.
정혜정 외, 서울의 음식문화 - 영양학과 인류학의 만남, 서울시립대 부설 서울학연구소, 1996.
조금호 외, 약이 되는 우리음식, 교문사, 2006.
조선요리협회, 북한전통요리 바로 그 맛 266선, 여명미디어, 2000.
조선의 민속전통 편찬위원회, 조선의 민속전통 I - 식생활풍습, 과학백과사전종합출판사, 1994.
조후종, 세시풍속과 우리 음식, 한림출판사, 2002.

조후종, 통과의례와 우리 음식, 한림출판사, 2002.
주강현, 전주음식, 전주음식의 DNA와 한브랜드전략, 민속원, 2009.
주종재, 전라북도 향토음식이야기, 신아출판사, 2002.
지 명, 발우 : 수행자의 그릇 발우에 담긴 무소유와 깨달음의 지혜, 생각의 나무, 2002.
차경옥 외, 의례음식(전라도 폐백과 이바지), 교학연구사, 2003.
최영년, 해동죽지, 1925.
한국식환경디자인협회, 풍요로운 날의 상차림, 교문사, 2007.
한국의맛 연구회, 알고싶어요 꼭 집어 알려주세요 - 제사와 차례, 동아일보사, 2007.
한복려 외, 조선왕조궁중음식, 궁중음식연구원, 2002.
한복려 외, 한국의 밥상, 궁중음식연구원, 1993.
한복려, 궁중음식과 서울음식(빛깔있는 책들 166), 대원사, 1998.
한복려, 집에서 만드는 궁중음식, 청림출판, 2004.
한복선, 명절 음식(빛깔있는 책들 66), 대원사, 2003.
한복진, 조선왕조궁중음식, 화산문화, 2002.
한복진, 팔도음식, 대원사, 1988.
한영용, 시집가는 날 아름다운 혼례 음식, 디자인하우스, 1999.
한희순 외, 이조궁정요리통고, 학총사, 1957.
햇살과 나무꾼, 우리 명절에는 어떤 이야기가 숨어 있을까(아동도서), 채우리, 2002.
허영만, 대한민국 식객요리 : 가을진미편, 라이프김영사, 2007.
허영만, 대한민국 식객요리 : 겨울별미편, 라이프김영사, 2007.
허영만, 대한민국 식객요리 : 봄철백미편, 라이프김영사, 2008.
허영만, 대한민국 식객요리 : 여름보양식편, 라이프김영사, 2008.
홍석모, 동국세시기, 1849.
홍 승, 녹차와 채식, 우리출판사, 2003.
황교익, 맛따라 갈까보다, 디자인하우스, 2000.
황기록, 이연채 명인의 남도전통음식, 다지리, 2000.
황혜성 외, 고향음식의 맛과 멋, 문화재보호협회, 1990.
황혜성 외, 한국음식대관 제6권 궁중의 식생활·사찰의 식생활, 한국문화재보호재단, 1997.
황혜성 외, 향토·명절음식, 여명출판사, 1992.
황혜성, 열두첩 수라상으로 차린 세월, 조선일보사, 2001.
황혜성, 조선왕조 궁중음식, 궁중음식연구원, 2003.
황혜성, 한국의 미각, 궁중음식연구원, 1971.

농촌진흥청농업과학기술원, 한국의 전통향토음식1-10권, 교문사, 2008

「한국의 전통향토음식」은 국가 산업자원으로 부각되고 있는 전통향토음식의 권리를 확보하고, 세계화 기반을 구축하기 위한 목적으로 농촌진흥청 농업과학기술원 농촌자원개발연구소에서 9년간 수행한 연구결과를 바탕으로 하고 있다.
1999년부터 2005년까지 전국 9개도의 전통향토음식을 조사 발굴하고, 2006~2007년까지 향토성과 역사성을 학계로부터 검증받아 집대성한 자료로 1권 상용음식, 2권 서울 경기도, 3권 강원도, 4권 충청북도, 5권 충청남도, 6권 전라북도, 7권 전라남도, 8권 경상북도, 9권 경상남도, 10권 제주도 등 전 10권으로 구성되어있다.
각 권은 제1부 전통향토음식 조사발굴 및 표준화에서 조사 기준 및 발굴, 유형별 분류, 고문헌을 통한 역사성 검증 등이 있다. 제2부에서는 각 지역의 향토음식에 대한 영양가 분석 및 만드는 법이 음식사진과 함께 자세히 실려 있다.

참고 웹사이트

국가전통향토음식자원포탈	http://koreanfood.rda.go.kr
(사)궁중병과연구원	http://www.koreandessert.co.kr
(사)궁중음식연구원	http://www.food.co.kr
나주 배박물관	http://www.naju.go.kr/01kr/special/pear/museum
남도음식문화큰잔치 홈페이지	http://www.namdofood.or.kr
남도향토음식박물관	http://namdofoodmuseum.go.kr
농업박물관	http://museum.nonghyup.com
두들마을 홈페이지 음식디미방 소개	http://www.dudle.co.kr/theme/dudle/homepage/main.html
동촌 전통음식문화체험관	http://www.ktfce.com
떡 박물관	http://tkmuseum.or.kr
북한의 요리	http://food.new21.net
안동소주 전통음식박물관	http://www.andongsoju.co.kr
전북음식문화플라자 전북향토음식이야기	http://www.jbfood.go.kr
전주비빔밥 고궁 홈페이지 비빔밥전시관	http://www.gogung.co.kr
춘천막국수체험박물관	http://www.makguksumuseum.com
한국약선연구원	http://www.koreayacksun.co.kr
한국전통사찰음식문화연구소	http://www.templefood.co.kr

1년 24절기, 철에 맞는 음식이 몸에도 좋은 법 : '푸드인코리아 식문화관, 24절기 음식'

http://www.foodinkorea.co.kr/food/tradition/tradition_05_01_01_a.jsp

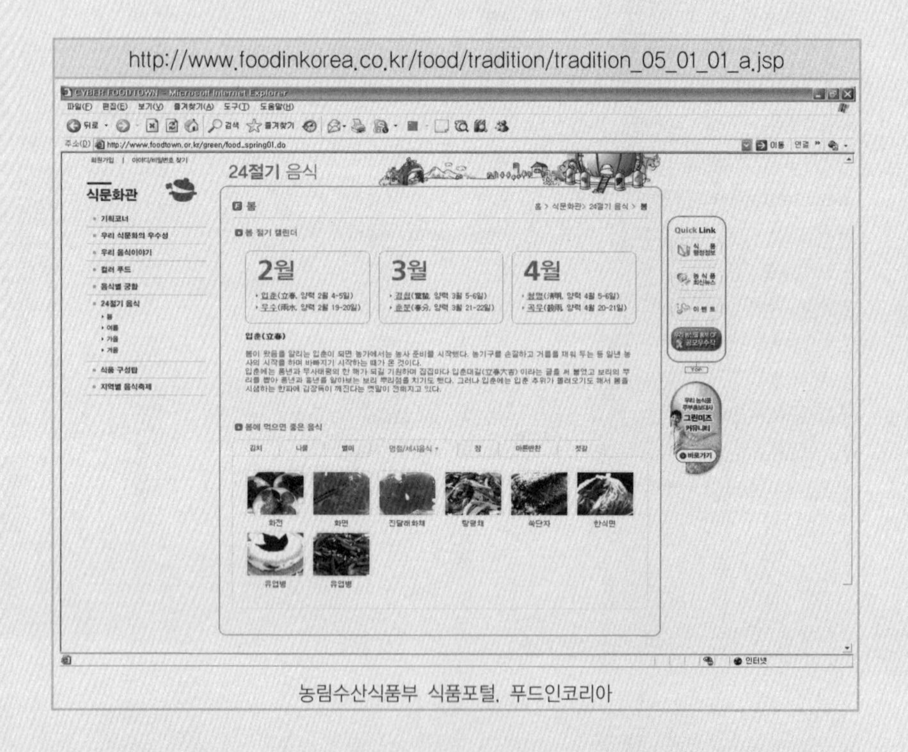

농림수산식품부 식품포털, 푸드인코리아

입춘, 우수, 경칩, 춘분, 청명, 곡우. 봄철에 맞이하는 절기에는 무슨 일이 벌어질까?

입춘에는 풍년과 무사태평의 한 해가 되길 기원하며 집집마다 입춘대길(立春大吉) 이라는 글을 써 붙였고 보리의 뿌리를 뽑아 풍년과 흉년을 알아보는 보리 뿌리점을 치기도 했다. 우수는 땅이 풀리면서 얼음이 녹고 봄을 재촉하는 비가 내리는 절기이다. 겨울은 이제 물러가고 산과 들에는 푸릇푸릇한 새싹들이 얼굴을 내미는 때이다. 개구리가 겨울잠을 깬다는 경칩은 동물과 식물이 모두 되살아나는 절기다. 추위가 완전히 물러간 경칩이 되면 가정의 일 년 농사라 할 만큼 중요하게 여겼던 장 담그기를 했고 경칩에 흙일을 하면 한 해가 탈 없이 지나간다고 하여 흙벽을 새로 바르거나 담을 새로 쌓는 풍습이 있었다.

밤과 낮의 길이가 같아진다는 춘분은 춥지도 덥지도 않아 일 년 중 농사일을 하기에 가장 좋은 절기로 꼽힌다. 농부들은 이때 씨앗을 뿌리기 시작 했고 농사에 쓰일 물을 저장해두는 일을 하기도 했다. 옛 사람들은 춘분 때 밭을 갈지 않으면 배고픈 한 해를 보낸다고 생각하였다. 청명에는 본격적인 봄 밭갈이가 시작되었고 논에 부족한 물을 대기 위해 논물 가두기를 하였다. 청명이 오면 봄바람이 심하게 불기 시작하는데 작은 불씨도 봄바람에 날려 큰 불로 번지는 일이 많았기 때문에 한식날은 불을 사용하지 않고 찬밥을 먹는 풍습이 있었다. 별다른 간식이 없었던 아이들은 청명에 돋아나는 삘기 또는 삐삐라 불리는 어린 순을 뽑아 먹으며 즐거워 할 수 있는 절기이기도 했다.

곡우는 농사 중에 으뜸으로 여기는 벼농사의 파종을 하는 중요한 시기다. 나라에서는 농민들에게 볍씨를 나누어 주며 벼농사를 권장하였다. 곡우가 되면 나무의 물이 가득 오르는데 사람들은 위장병에 효능이 있다는 각종 나무의 수액을 받아 마시기도 했다.

24절기에는 계절의 변화에 맞춰 때를 준비하는 조상들의 지혜가 담겨있다. 또한 절기에 맞춰서 제철에 나는 음식들을 먹으면 맛과 영양의 일거양득을 누릴 수 있다. 각 절기에 맞춰 철에 맞춰 먹는 음식들에는 어떤 것들이 있는지 클릭해보자.

조선후기 사가의 전통가례와 가례음식 문화원형 복원 : ‘조선시대 혼례음식의 문화원형’

http://jilsiru.culturecontent.com/index.asp

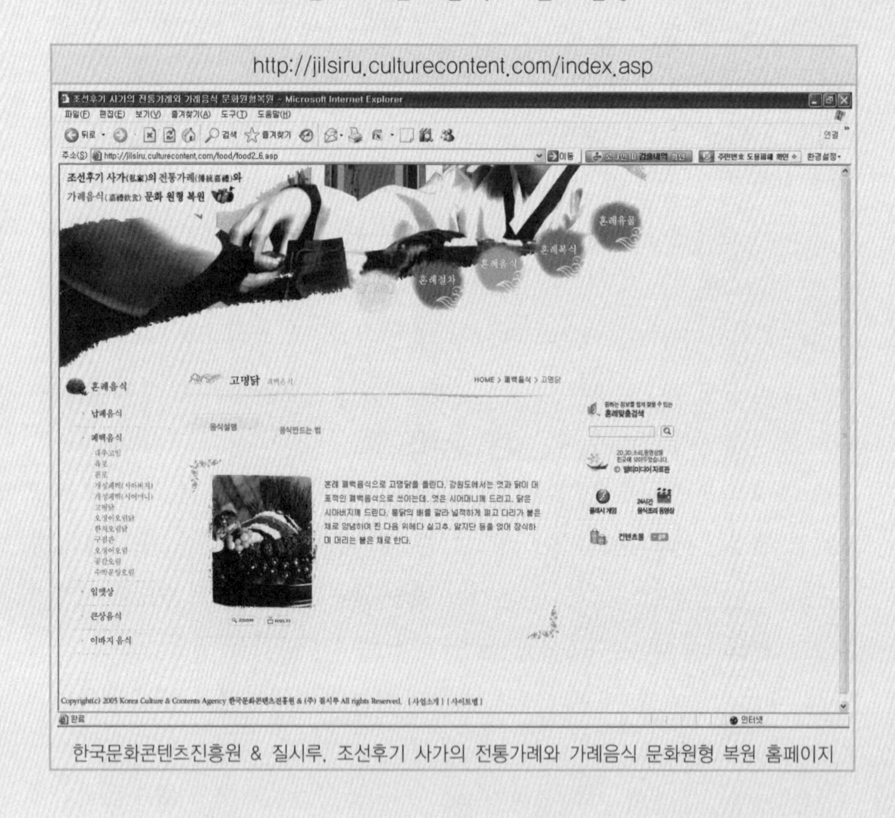

한국문화콘텐츠진흥원 & 질시루, 조선후기 사가의 전통가례와 가례음식 문화원형 복원 홈페이지

(주)질시루에서는 한국문화콘텐츠진흥원의 지원을 받아 조선후기 사가(私家)의 전통혼례와 혼례음식의 원형을 복원하여 콘텐츠로 제작하였다. 당시 행해졌던 혼례(婚禮)의 원형을 찾기 위하여 정약용의 『여유당전서(與猶堂全

書)』(1810), 박규수의 『거가잡복고(居家雜服攷)』(1841), 작자 미상의 『광례람(廣禮覽)』(1893), 이능화의 『조선여속고(朝鮮女俗考)』(1926) 등에 나타난 당시의 혼속(婚俗)을 중심으로 전통혼례를 디지털콘텐츠화 하였다.

혼례음식은 『음식디미방(飮食知味方)』(1670), 『증보산림경제(增補山林經濟)』(1765), 『규합총서(閨閤叢書)』(1815), 『시의전서(是議全書)』(1800년대 말) 등 고조리서에 나타난 음식과 지방에 전래되고 있는 음식 가운데 혼례시에 사용된 것을 디지털콘텐츠화 하여 제공하고 있다.

특히 혼례음식(납폐음식, 폐백음식, 입맷상, 큰상음식, 이바지 음식)에 대한 음식설명과 음식 만드는 법(플래시, 동영상)에 대한 디지털 콘텐츠를 탑재하고 있으며, 전통혼례에 관한 플래시 게임 등을 통해 흥미를 유발하고 있다.

전라도 음식이 맛있는 이유 : 사이버푸드타운 '향토음식 정보'

http://www.foodtown.or.kr/green/foodcourt/food040130.jsp

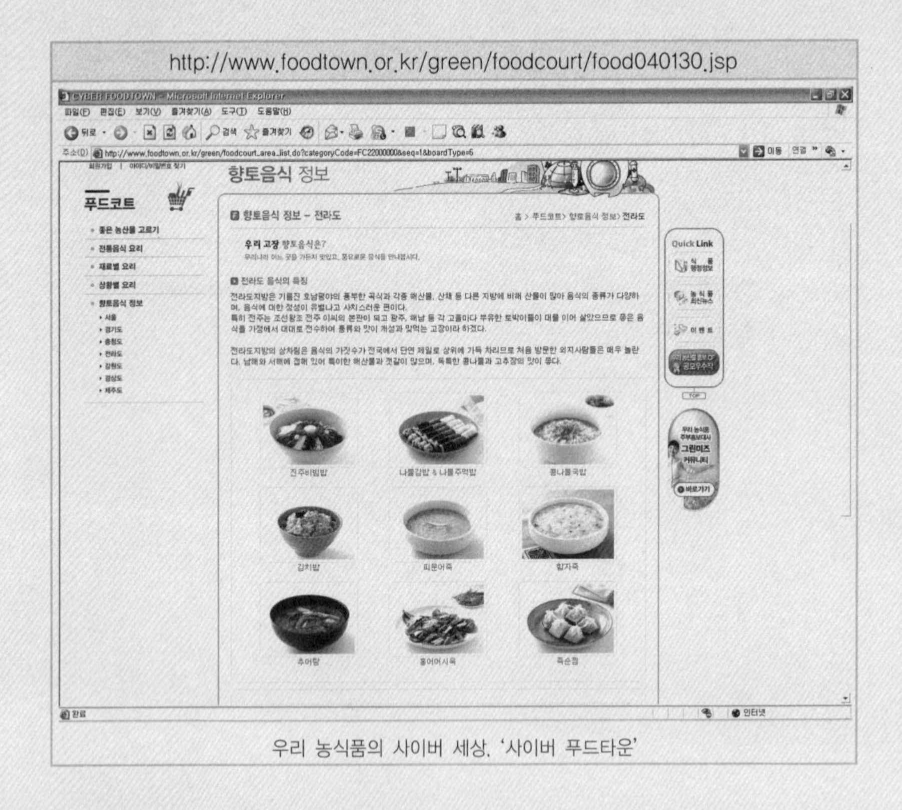

우리 농식품의 사이버 세상, '사이버 푸드타운'

전라도지방은 기름진 호남평야의 풍부한 곡식과 각종 해산물, 산채 등 다른 지방에 비해 산물이 많아 음식의 종류가 다양하며, 음식에 대한 정성이 유별나고 사치스러운 편이다. 특히 전주는 조선왕조 전주 이씨의 본관이 되고 광주, 해남 등 각 고을마다 부유한 토박이들이 대를 이어 살았으므로 좋은 음식을 가정에서 대대로 전수하여 풍류와 맛이 개성과 맞먹는 고장이라 하겠다.

전라도지방의 상차림은 음식의 가짓수가 전국에서 단연 제일로 상 위에 가득 차리므로 처음 방문한 외지사람들은 매우 놀란다. 남해와 서해에 접해 있어 특이한 해산물과 젓갈이 많으며, 독특한 콩나물과 고추장의 맛이 좋다.

Web 안의
음식 세상

너도 나도 가보자, 흥겨운 음식축제 한마당
: 사이버푸드타운 '지역별 음식 축제'

http://www.foodtown.or.kr/green/food_kyungbuk.do

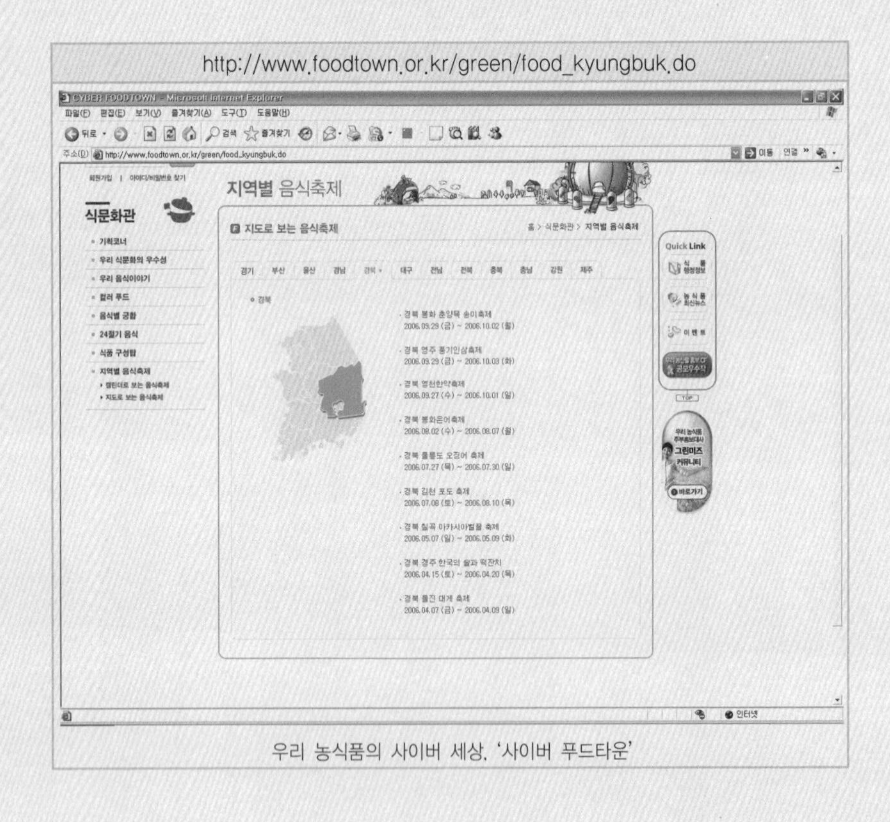

우리 농식품의 사이버 세상, '사이버 푸드타운'

경북에서 열리는 대표적인 음식축제에는 어떤 것들이 있을까? 봉화 춘양목 송이축제, 영주 풍기인삼축제, 영천 한약축제, 봉화 은어축제, 울릉도

오징어축제, 김천 포도축제, 칠곡 아카시아벌꿀 축제, 경주 한국의 술과 떡잔치, 울진 대게 축제 등 산, 들, 바다에서 나는 온갖 특산물 음식들로 연중 흥겨운 축제 한마당이 펼쳐진다. 이외에도 여러 각 지역마다 열리는 음식축제에 대해 알고 싶다면 지도로 보는 음식축제를 클릭해보시라!

경북 봉화 춘양목 송이축제 | 경북 영주 풍기인삼축제 | 경북 영천한약축제 | 경북 봉화은어축제
경북 울릉도 오징어 축제 | 경북 김천 포도 축제 | 경북 칠곡 아카시아벌꿀 축제
경북 경주 한국의 술과 떡잔치 | 경북 울진 대게 축제

경북 봉화 춘양목 송이축제

- 기간 : 2006.09.29 (금) ~ 2006.10.02 (월)
- 장소 : 봉화읍생활체육공원, 춘양면 소재지, 송이산 일원 등
- 주최 : 봉화군, 봉화군축제추진위원회
- 문의 : 봉화군 문화체육관광과 054)679-6371~6373
- 홈페이지 : http://www.bonghwa.go.kr/potal/songi/ind..

"춘양목 솔내음을 맡으며 송이를 따는 즐거움은 그 어디에도 비교할 수 없는 신선놀음이지요"

봉화 춘양목송이 축제는 전국 최고의 송이 주산단지인 경북 봉화군 봉화읍과 춘양면에서 2006.9.29(금)~10.2(월)(4일간)까지 열린다.
축제에서는 송이채취 체험을 비롯해 송이기네스 도전, 춘양목묘목전시판매, 한옥짓기.레고체험, 제2회봉화춘양목송이배 전국산악자전거대회, 봉화춘양목송이 심포지움, 송이요리경진대회, 송이요리 전시회 등 다채로운 행사가 열리고 송이전시관과 송이판매장터, 송이먹거리 장터가 운영되는 등 봉화송이와 춘양목이 관련된 모든 것을 체험할 수 있다.
특히 봉화군 봉성면 우곡리 송이산 등 봉화군 전역의 송이산에서 송이 채취행사가 열려 한 사람 이 2송이 이내로 채취할 수 있다. 참여 희망자는 한달여전부터 시행하고 있는 예약접수(054)679-6313, 6364, 6365)를 이용하면 된다. 또한 축제 마지막날에는 봉화읍 내성교에서 지역 새마을 회원 600여명이 참여한 가운데 혼례를 올리지 않은 남자를 여장시켜 여군에 편성, 남군과 여군으로 편을 갈라 힘을 겨루는 '봉화 삼계줄다리기'가 재현된다.

Web 안의
음식 세상

장금이 수라간과 음식보물 : 궁중음식과 대장금에 숨은 이야기

http://www.food.co.kr

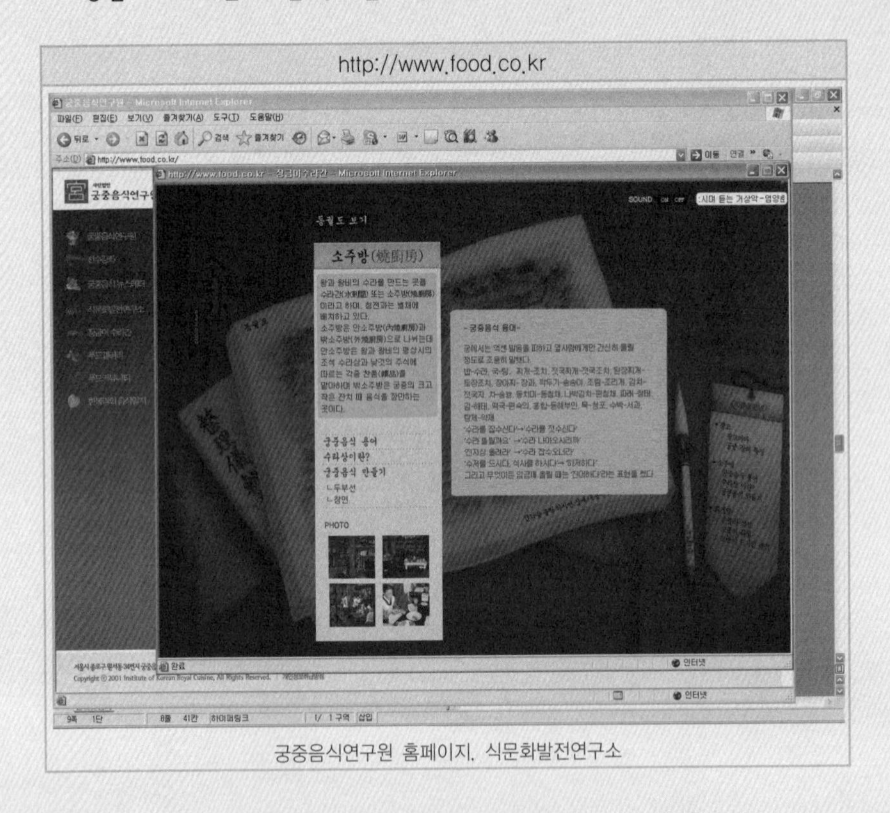

궁중음식연구원 홈페이지, 식문화발전연구소

임금님이 드시던 수라는 어디서 누가 만들었을까? 수라간 혹은 소주방이라 불리던 궁중의 주방은 침전과는 별채에 위치하였다. 궁중음식연구원 인터넷 사이트 내 '장금이 수라간'에 있는 동궐도를 클릭해보면 궁궐에 있던 소주방의 위치를 확인해 볼 수 있다. 그 옆쪽에 장을 보관하던 장고의 모습도 확인할 수 있다. 수라를 올릴 때 연주되던 거상악도 귀에 익은 듯하지만 흥미롭게 들린다. 아울러 순종 임금님과 고종 임금님의 식성도 함께 확인할 수 있다.

전 세계적으로 한류열풍을 일으켰던 MBC 드라마 〈대장금〉, 한국음식의 진수라 할 만한 궁중음식은 물론이고 한국의 전통음식의 가치를 일깨워주는데 대단히 큰 몫을 하였다. '장금이 음식 보물'에는 드라마 〈대장금〉에서 미처 다 보여주지 못했던 궁중음식의 진면목이 보다 상세히 소개되어 있다.

영상 자료

방송사	프로그램명	제 목	방영일
EBS	요리비전	생명의 맛 제주음식기행, 1부, 대지와 바다의 만남 ; 2부 한에서 맛으로 낭푼밥상	2009. 03. 16.
EBS	요리비전	대를 이은 순백의 향연, 강릉 초당두부	2009. 02. 23.
EBS	요리비전	구슬픈 아리랑이 물결치는 한 끼, 정선 콧등치기 국수	2009. 03. 02.
EBS	요리비전	지독한 맛에 중독되다, 홍어이야기	2009. 03. 23.
EBS	요리비전	바람이 빚어낸 천년의 맛, 영광굴비	2009. 03. 30.
EBS	요리비전	손끝으로 이어온 맛, 담양 떡갈비	2009. 04. 06.
EBS	요리비전	거제도의 봄, 숭어를 만나다	2009. 04. 13.
EBS	요리비전	봄맛을 훔치다, 태안꽃게	2009. 04. 20.
EBS	요리비전	남도의 미를 맛보다, 광주 오리탕	2009. 04. 29.
EBS	요리비전	행주나루의 꿈, 웅어이야기	2009. 05. 04.
EBS	요리비전	하늘이 내린 맛, 산청 약초밥상	2009. 05. 11.
EBS	요리비전	거슬러 오르는 오백리 참 맛, 섬진강 참게	2009. 05. 18.
EBS	요리비전	섬진강 재첩국	2009. 05. 25.
EBS	요리비전	고흥 바닷장어	2009. 06. 01.
EBS	요리비전	족발, 장충동의 세월을 걷다	2009. 06. 08.
EBS	요리비전	놀이의 미학, 무주어죽	2009. 06. 15.
EBS	요리비전	남국의 숨겨진 맛, 진주냉면	2009. 06. 29.
EBS	요리비전	남해에서 은빛을 거두다, 멸치	2009. 07. 06.
EBS	요리비전	여름비와 함께 돌아오다, 남원 미꾸라지	2009. 07. 13.
KBS	수요기획	남도맛기행, 삭힘과 절임의 미학	2006. 10. 04.
KBS	스페셜	북녘음식기행, 고난의 행군 그후	
KBS	식탁안전프로젝트	2편 농장으로부터의 경고	
KBS	식탁안전프로젝트	3편 제주의 실험, 학교급식혁명	
KBS	추석특집	제철음식의 비밀 1부 밥상위의 춘하추동	2006. 10. 05.
KBS	추석특집	제철음식의 비밀 2부, 공자의 밥상	2006. 10. 06.
KBS	생로병사의 비밀	인삼의 재발견, 진세노사이드의 비밀	2005. 11. 29.
KBS		신이 내린 나무, 뽕	
KBS	추석특집	1부 꿈꾸는 밥상, 행복한 인생	2008. 09. 12.

방송사	프로그램명	제 목	방영일
KBS	추석특집	2부 맛의 무릉도원, 도문대작	2008. 09. 13.
KBS	30분다큐	자연에서 우리음식의 길을 묻다	2009. 05. 18.
KBS	네트워크 다큐멘터리	약초, 부활을 꿈꾸다	
KBS	생로병사의 비밀	3부 한식, 건강을 요리하다	2008. 10. 26.
KBS	역사추적	수라간의 비밀, 왕의 요리사는 남자였나	2008. 12. 06.
KBS	생로병사의 비밀	함께 먹으면 약이 되는 음식궁합의 비밀	2009. 01. 22.
KBS	설특집다큐	길에서 맛을 찾다	2009. 01. 25.
KTV	한국의 축제와 음식	그 섬엔 신명이 있었네, 진도	
KTV	한국의 축제와 음식	산사에서 들려주는 선 이야기	2005. 02. 07.
KTV	한국의 축제와 음식	천년의 삶을 이어온 종가의 음식	
KTV	한국의 축제와 음식	화성행차, 그 8일간의 축제	
KTV	한국의 문화유산	가덕도 숭어잡이	
KTV	한국의 문화유산	간월도 어리굴젓	
KTV	한국의 문화유산	바다의 봄나물, 톳	
KTV	한국의 문화유산	봉평 메밀꽃	
KTV	한국의 문화유산	순창고추장	
KTV	한국의 문화유산	인삼과 산삼	
KTV	한국의 문화유산	통영의 멸치잡이	
KTV	한국의 문화유산	표고버섯 마을	
KTV	한국의 문화유산	하동 녹차	
MBC	9사 공동기획 다큐	한국의 맛, 생기활인의 식문화, 쌈	2007. 10. 17.
MBC	9사 공동기획 다큐	한국의 맛, 비빔밥, 전통을 넘어 세계로	2007. 11. 11.
MBC	9사 공동기획 다큐	한국의 맛, 산사의 선식	
MBC	추석특집	한국의 산나물, 봄맛, 봄향기	2006. 10. 07.
MBC	추석특집	한국의 산나물, 신의 선물, 산의 축복	2006. 10. 08.
SBS	특선다큐	절밥	2007. 05. 27.
SBS	설특집	조선음식 팔도기행	2005. 02. 04.

• EBS 요리비전－생명의 맛, 제주음식기행

제1부 대지와 바다의 만남, 몸국, 제2부 탐라의 고난을 맛보다

1. 제주의 독특한 생활양식과 풍습을 쉽게 엿볼 수 있는 제주도의 토속음식을 소개
2. 제주의 중산간지방과 해안지방을 아우르는 올레길을 따라 그동안 쉽게 볼 수 없었던 제주의 몸국과 낭푼밥상의 숨겨진 이야기를 소개

• EBS 요리비전

1. 우리나라 각지의 지역 대표 음식을 소개하고 대표음식의 역사, 만들어지는 과정, 비전 등을 소개
2. 지금까지 소개된 내용은 강릉 초당두부, 정선 콧등치기 국수, 제주도의 몸국, 낭푼밥상, 홍어이야기, 영광굴비, 담양 떡갈비, 거제도 숭어, 태안 꽃게, 광주 오리탕, 행주나루 웅어, 산청 약초밥상, 섬진강 참게, 섬진강 재첩, 고흥 바닷장어, 장충동 족발, 무주 어죽, 동해 오징어, 진주냉면, 남해멸치 등이 소개
3. 각 영상은 대략 30분 내외로 구성되어 있음

• KBS 수요기획 다큐멘터리－남도 맛 기행, 삭힘과 절임의 미학

1. 음식에 관한 한 대한민국 최고로 손꼽히는 전라도 음식, 남도 사람들은 그들의 음식에 대해 물으면 '개미－맛의 깊이가 있다'라고 하는데 깊이가 있는 음식이 무엇인지를 남도의 다양한 음식 특히 남도의 기본음식인 저장 발효 음식들, 그 삭힘과 절임의 미학을 통해 남도 음식을 소개
2. 남도 음식의 꽃－홍어, 사시사철 바다를 먹는 젓갈, 소금의 미학, 소금이 만든 명품음식 굴비, 맛을 좌우하는 장독, 남도 발효음식의 정수 김치에 대해서 소개

• KBS 스페셜－북녘음식기행, 고난의 행군 그 후

1. 우리의 오래된 입맛을 통해 민족의 동질성을 찾아보고자 제작된

프로그램으로 북녘마을과 산하의 아름다운 사계절을 담고 있으며, 북녘의 음식을 소개

2. 북녘 사람들이 염소와 오리, 타조고기를 즐겨 먹게 된 이유, 곡식의 수확을 올리고자 시작된 토지정리, 북에서 신선로가 대중음식이 된 이유 등 북녘의 음식에 얽힌 내용
3. 섭조개죽, 붕어찜, 새참 콩국수, 계남목장, 평양 메기공장, 산나물 지지개와 더덕구이, 감자요리, 신선로, 화전과 취쌈밥 등을 소개

• **KBS 추석특집 다큐멘터리 2부작 – 제철음식의 비밀**

제1부 밥상 위의 춘하추동, 제2부 공자의 밥상

1. 1부에서는 17년 동안 강진에서 유배생활을 했던 다산 정약용 선생이 79살까지 장수했던 비결 속에서 제철 음식의 비밀을 살펴보고, 봄, 여름, 가을, 겨울 등 우리 조상들의 음식에 관한 지혜를 소개
2. 2부에서는 제철음식이 아니면 입에도 대지 않고, 음양오행사상을 철저히 지킨 공자의 밥상을 재현하여, 요즘 우리가 추구하는 밥상을 되새겨보고, 제철음식만으로 차려지는 일본의 고급 외식요리인 가이세키요리를 소개하고 같은 재료라도 계절에 따라 다르게 요리하는 우리조상의 지혜로운 밥상을 보여줌

• **KBS 생로병사의 비밀 – 미래를 위한 과거의 선물, 우리음식**

제3부 한식, 건강을 요리하다

1. 세계가 주목한 건강식, 한식 : 순두부, 김치, 오이소박이 등 세계의 건강식품, 우수음식 등으로 선정된 건강식, 한식
2. 밥상은 문화다 : 3대영양소의 비율을 이상적으로 담고 있는 한식, 현대의 식생활이 이를 제대로 반영하고 있는지 검토
3. 비만과 성인병을 잡는 '밥' : 서양식으로 급식을 제공한 일본의 유아 건강 문제, 패스트푸드를 즐기는 미국인들에게 밥이 가져온 건강의 변화를 소개

4. 한식과 서양식 : 한식과 서양식을 통해 건강에 미치는 식습관의 영향을 분석
5. 미래를 위한 선택 '한식' : 다양한 먹을거리 속에서 건강을 위한 선택으로 주목받고 있는 한식의 비밀

• KBS 역사추적 - 수라간의 비밀, 왕의 요리사는 남자였나?

조선시대 왕의 음식을 만들었던 수라간에 대해서 다양한 측면으로 조명한 자료로서 창덕궁의 수라간을 통해 그 당시의 부엌의 형태, 수라간에서 일을 하였던 사람들 등을 살펴보고 있음

• KBS 생로병사의 비밀 - 함께 먹으면 약이 되는 음식궁합의 비밀

1. 우리가 늘 먹던 음식 속에서 건강을 찾는 법 - 익숙함 속에서 찾는 건강한 음식 조합을 소개
2. 암을 이겨내는 식습관, 영양소의 최적 효율, 질병 예방 음식 조합 등

• KBS 설특집 다큐멘터리 - 길에서 맛을 찾다

1. 남도 길을 따라 맛과 정을 찾아 여행을 하면서 남도 삼백리 길 위에서 삶과 어우러진 맛, 남도 음식을 소개
2. 흑산도 홍어, 창평면 삼천리 마을의 엿, 남도 개펄의 꼬막 등에 얽힌 이야기

• KBS 추석특집 - 신이 내린 나무 뽕

1. 뽕에 얽힌 우리나라 민속과 삶 등을 재미있게 풀어낸 문화 다큐멘터리
2. 우리 농업의 버팀목이 되었던 뽕의 과거와 현재를 조명하고, 손으로 직접 명주를 짜는 마을, 뽕밭에서 일하고 있는 농민들의 이야기를 들어봄

• KBS 추석특집다큐멘터리 – 한국음식에 말을 걸다

제1부 꿈꾸는 밥상, 행복한 인생, 제2부 맛의 무릉도원, 도문대작

1. 1부에서는 밥상에 담긴 꿈과 행복을 이야기 하면서, 통과 의례 상차림인 큰상, 제사상등을 통해 인생 전반에 걸친 음식을 소개
2. 2부에서는 우리나라 최초의 음식품평서인 도문대작, 400여 년 전 허균이 쓴 조선 최고의 맛을 기록한 책을 소개하고 조선시대의 별미와 특산물을 소개

• KTV 한국의 축제와 음식 – 천년의 삶을 이어온 종가의 음식

변화와 빠른 속도에 익숙한 현대사회에서 그 존재만으로도 전통의 소중함과 아름다움을 일깨우는 한국의 종가. 한국 음식문화에 큰 영향을 준 종가의 제례음식과 집안 대대로 내려오는 가양주, 특별한 내림손맛을 통해 잊혀져가는 전통의 향기를 담아내고 있음

• KTV 한국의 축제와 음식 – 화성행차, 그 8일간의 축제

1. 경복궁의 수라간에 대해서 알아보고, 왕가의 음식이 수라간에서 임금에 이르기까지의 경로를 소개
2. 정조의 화성행차를 통해 왕실의 진연과 규모, 혜경궁 홍씨의 회갑연, 왕실의 제례음식 등을 소개

• MBC 9사 공동기획 다큐멘터리 – 한국의 맛, 4부 쌈

부산 MBC가 제작한 것으로 우리나라 땅에서 자라는 산야초가 '쌈'이라는 식문화로 다시 태어나고 주목받고 있는 이유를 상세히 알려주고 동시에 쌈에 대한 선조의 지혜와 쌈에 대한 새로운 가치와 문화를 소개

• MBC 9사 공동기획 다큐멘터리 – 한국의 맛, 6부 비빔밥, 전통을 넘어 세계로

전주 MBC에서 제작한 것으로 색채와 영양이 조화를 이룬 비빔밥의 맛, 그리고 한국문화의 특징으로 불리는 비빔밥의 문화에 이르기까지 비빔밥의 다양한 가치를 조명하고 있음

• MBC 9사 공동기획 다큐멘터리 – 한국의 맛, 8부 산사의 선식

대구 MBC에서 제작한 것으로 살생을 금지하는 불교의 교리에 따라 육류와 생선을 사용하지 않고 다양한 종류의 채소만을 사용한 음식인 사찰 음식에 주목을 받는 이유를 살펴보고 수도승들을 위한 산사의 음식 세계를 깊이 파헤쳐 봄

• MBC 한국의 산나물

제 1 부 봄 맛, 봄향기, 제 2 부 신의 선물, 산의 축복

1부에서는 웰빙 코드에 맞춰 산나물에 열광하는 사람들과 우리 민족이 대대로 먹어온 산나물의 종류와 생태, 요리법등을 알아보고, 2부에서는 사람들이 산나물에 열광하는 이유, 산나물을 찾는 사람들이 늘어나면서 산나물을 대량으로 재배하여 산업화하려는 현장, 그리고 산나물 산업의 미래를 진단해 보고 있음

• SBS 특선다큐멘터리 – 절밥

채식위주의 사찰음식을 통해 현대인의 질병인 아토피, 가려움증, 당뇨병 등의 치료 효과에 대해 소개

•SBS 조선음식 팔도기행

허균의 『도문대작』, 안동 장씨의 『음식디미방』, 빙허각 이씨의 『규합총서』 같은 고문헌에 기록으로 남아 있는 각 지역의 전통음식들을 되살려 소개

제4부

오랜 역사를 지닌 한국음식의 깊이

〈주막〉, 김홍도

Chapter ⓮ 한국인 식생활의 변천

1. 원시시대의 식생활

우리나라에 약 60만 년 전으로 추정되는 구석기 시대 유적지로 평양의 검은 모루 유적과 경기도 연천군 전곡리, 충북 청원군 두루봉, 강원도 명주군 심곡리 등의 전기 구석기 시대의 유적지와 도처에 중기, 후기 구석기 유적이 발굴되고 있다. 구석기인들은 동굴에서 살면서 돌을 두들겨 주먹도끼, 찍개, 긁개, 돌망치, 돌칼들을 만들어 사냥에 이용하였고, 또 이것들을 조리하는데도 사용하였다. 당시의 조리법으로는 인류가 불을 이용할 줄 알아서 굽는 조리법이 있었다.

구석기인이 한반도에서 사라지고 기원전 5,000년경에 고(古)아시아 족의 일파가 한반도에 빗살무늬 토기를 가지고 들어와서 신석기 문화를 이루며 살게 되었다. 또한 신석기 후기에 이르러 간석기를 갖고 농경을 시작하였다고 한다. 강원도 오산리, 함북 서포항 등의 유적지에서 괭이, 뒤지개, 돌보습, 곰배 모양의 농기구가 나오고 피와 조의 유물이 나오는 것으로 보아 신석기 말기에는 농경이 상당히 발달한 것으로 보인다. 그리고 도토리 등 나무 열매나 뿌리 등 야생 식물을 채집하여 식용하였다. 개와 돼지, 물소뼈 등의 발굴로 미루어 목축도 있었음을 알 수 있다. 돌도끼, 화살촉, 돌창 등을 이용하여 사냥도 하였고, 낚싯바늘, 작살, 그물추 등의 유물로 미루어 이들은 물고기를 잡고, 조개를 잡아서 동물성 식품을 먹었음을 알 수 있다.

신석기인들이 살던 움집에는 화덕터와 저장혈이 남아 있는 것으로 보아 화덕에서 조리를 하였고, 불은 조리도 하지만 추위를 막는 난방과 어둠을 밝혀 주는 조명의 역할을 하였다고 본다. 굽는 조리를 하다가 토기가 생겨나면서 삶는 조리가 시작되었다. 고기나 조개를 삶으면 연해지고 국물도 맛있게 먹을 수 있게 되고 날로 먹기 어려운 아린 맛이나 떫은맛이 없어지게 되었다. 어류나 육류는 칼로 썰어 날로 먹기도 하고 불에 굽거나 연기에 그을리는 조리법도 있었다고 추측한다.

2. 상고시대의 식생활

빗살무늬 토기인에 이어 북방 유목민들이 청동기를 갖고 이 땅에 들어와 선(先)주민들과 어울려서 우리 민족의 원형인 맥족(貊族)을 형성하였고 이들이 세운 나라가 고조선(古朝鮮)이다. 이들의 청동기는 무기나 제기를 만들었고 돌이나 나무로 만든 농구를 써서 농경을 크게 발달시켰고, 민무늬 토기를 사용하였다. 철기 시대에 이르러 철제 농구가 일반화 되고 골각제 농구도 생겼다.

우리나라에서 벼의 재배가 시작된 것은 기원전 2000년경부터이며, 이외에 조, 기장, 보리, 콩, 수수, 팥 등의 곡물을 재배하였다. 채소로 박, 아욱, 외, 순무, 무, 토란 등과 단군 신화에 나오는 산마늘 등이 있었다고 추측된다. 과일로는 밤, 대추, 복숭아, 오얏, 오디, 잣 등이 문헌에 나온다.

북방에서는 사냥이 활발하여 대상물로는 여우, 너구리, 흰곰, 담비, 멧돼지, 고라니, 사슴, 노루 등이 있었다. 부여(夫餘)에서는 벼슬 이름으로 마가(馬加), 우가(牛加), 저가(猪加), 구가(狗加), 견사(犬使) 등이 있음을 미루어 그들의 생활에서 가축의 중요성을 알 수 있다.

중국 진(晉)나라의 『수신기(搜神記)』에 "맥적(貊炙)이란 다른 민족의 먹이 인데도 태시(太時) 이래로 중국 사람이 이것을 즐겨, 귀인이나 귀족의 잔치에 반드시 내놓고 있으니 이것은 그들이 이 땅을 침범할 징조라 하겠다"라는 구절이 나온다. 여기의 맥적은 고기를 미리 장(醬)과 마늘로 조미하여 직화에 굽는 맥족의 음식으로 맥적은 당시 중국에까지 이름을 널리 날린 우리 음식으로 이미 육류의 조리에 능숙하였음을 알 수 있으며 오늘날의 불고기의 원형이라 할 수 있다.

농경은 차츰 더욱 발달하고, 가을철에는 추수를 감사하는 뜻으로 하늘에 제사를 올리는 영고(迎鼓), 동맹(東盟), 무천(舞天) 등의 제천의식 때는 주야음주가무(晝夜飮酒歌舞, 밤새도록 먹고 마시고 춤을 춘다)하는 풍습이 있었다고 한다. 이즈음에는 곡물을 쪄서 밥과 떡을 만들며, 술을 빚은 기술이 뛰어나 중국에까지 알려졌다. 경남 웅천의 조개무지에서 시루가 출토되었고, 고구려 안악 고분 벽화에도 시루의 모습이 있는 것으로 미루어 곡물을 찌는 조리법이 있었음을 알 수 있다.

한편 우리 조상들은 야생의 콩을 처음으로 재배하기 시작하였고, 이것으로 장을 담는 법을 개발하였다. 콩의 원산지는 지금의 만주 지역으로 옛 고구려의 터이므로 우리 조상인 고구려인들이 재배하였다고 볼 수 있다.

3. 삼국시대의 식생활

삼국시대는 철기 문화가 뿌리를 내림에 따라 철제 농기구가 보급되었고, 또 소를 이용하여 땅을 갈고, 수리 공사를 통하여 많은 저수지를 만들어 관개농경을 하여 농산물의 생산량이 늘어나니 강력한 국가 체제가 성립되었다.

삼국시대 후기에 이르면서 미곡을 위시하여 곡물이 증산되어 비축하게 되었고, 한편으로 장, 절임, 포와 같은 발효식품의 기술이 정착되어 상비 관습으로 이루어지고, 그 외에 구이, 찜, 나물과 같은 음식이 식품생산을 배경으로 보급되며, 특히 무쇠솥이 보급되어 밥을 짓게 되었다. 따라서 삼국시대를 거쳐 통일신라에 이르는 과정에서 쌀이 증산되어 밥이 주식으로 자리 잡게 되었다.

밥이 상용주식이 되면서 반찬이 필요해졌는데 반찬은 곡물 이외의 식품으로 만들었다. 콩으로 담근 장, 고기나 어패류로 만든 포(脯)나 젓갈, 채소로 만든 절임(김치) 등과 기타 음식들은 단백질이나 무기질 등을 공급할 수 있어 영양상 균형을 이루기에 적합하다. 밥은 주식, 반찬은 부식이란 개념이 되어 장, 젓갈, 김치, 포 등을 언제나 쓸 수 있는 밑반찬으로 저장, 비치하였다. 이에 따라 밥과 반찬으로 구성하는 밥상차림이 일상 식사의 기본 양식으로 정립되었다.

신분제도가 확립된 삼국시대에 이르러 하층민인 대부분의 서민들은 상층계급인 귀족들의 지배를 받게 되어 부역과 병역 등으로 시달리며 가난한 생활을 이겨나가지 않으면 안 되었다. 삼국은 서로 비슷한 수준의 식생활을 영위하였다고 추측되나 문헌의 기록이나 관직명에서 특이한 점이 있어 부분적으로 식생활의 차이를 알 수 있다.

삼국시대에는 세 나라 모두 발효 저장식품이 발달하였으나 기록에는 고구려 사람들은 장과 술 담그기(醸醬)의 솜씨가 좋았으며, 특히 고구려 여인이 빚은 곡아주(曲阿酒)가 강소성(江蘇省) 일대의 명주로 알려졌다. 그리고, 일본에 백제인이 처음으로 누룩을 밟아 술을 빚는 양조기술을 전하였다고 한다. 일본의 『고사기(古事記)』 응신(應神)조에는 '백제인 인번(仁番, 일명 수수보리)이 도래하여 수수보리가 빚은 술을 바치다'라고 하였고, 본조월령(本朝月令) 6월조에는 '응신천황 때 백제인 수수보리가 참래하여 조주(造酒)가 처음으로 시작된다.'고 나온다. 당시의 술은 쌀로 빚은 술로 알코올 도수가 높은 맑은 술을 빚었을 것으로 본다.

상고시대에는 먹거리는 기본적으로 자급자족하던 시대이었으나 잉여 식품이나 생활 도구 등은 물물교환이나 매매가 자연발생적으로 이루어지게 되었다. 시장은 삼국시대 이전부터 있었다고 추측되지만 문헌의 『신당서(新唐書)』에는 '신라에서는 부녀자들이 행상을 하였다'고 하였고, 『계림유사(鷄林類事)』에는 '부녀자들이 하루에 아침·저녁 열리는 시장에 와서 버드나무 고리를 들고 다니면서 각기 매매했다'는 것이다. 여기서 매매한 것은 대부분이 먹잇감이었을 것이다. 『삼국사기』의 기록에 의하면 신라에서는 소지왕 12년(490)에 처음으로 경주에다 시장을 개설하였고, 지증왕 10년(509)에는 경주에 동시(東市)를 설치하였으며, 효소왕 4년(695)에는 서시(西市)와 남시(南市)를 설치하여 경주에 모두 3개의 시장이 생겼다고 한다. 따라서 여기서 먹잇감이 교환되고 집집마다 식생활이 풍부해졌을 것이다. 그리고 서라벌의 시장을 관리하는 시전(市典)은 상인끼리나 상인과 고객 간의 분쟁을 해결하고, 시장을 열고 닫는 시간과 도량형을 관리하고, 왕궁에서 사용하는 물품이 조달, 왕궁에서 쓰고 남은 생산물을 파는 일, 상인들로부터 세금을 거두어들이는 일을 맡았다고 하니 일부에서는 체계적인 식품유통이 이루어지고 있었다.

상고시대에 먹잇감은 주민들이 그들의 생활 주변에서 획득되는 식품들을 주로 이용하게 되지만 차츰 행동반경이 넓어지면서 다른 지역에서 나는 식품을 새롭게 경험하게 되었다. 특히 선박이 발달함으로서 해안이나 하천만의 고기잡이에서 벗어나 원해(遠海) 고기잡이도 활발해 지고 식용하는 해물의 종류도 다양해졌다. 신라에는 선부(船府)란 직제가 있어서 조선(造船)과 항해(航海)를 다스렸고, 통일신라시대에는 장보고가 청해진을 근거로 두고 바다의 교역을 군림하였다. 『일본서기』에 의하면 신라의 우수한 선장(船匠)이 와서 배 만드는 법을 가르쳤다고 하였고, 안압지 유물 중에 통나물 배도 발굴되었다.

4. 고려시대의 식생활

고려시대 전반기에는 토지제도를 재편성하고, 세를 줄이고, 제방 수리와 개간 사업, 농서 발행 등으로 농사를 권장하여 농산물의 생산이 늘어났고, 곡물을 비축하는 제도가 실시되었다. 주식으로 쌀을 먹었지만 산촌에는 보리와 피 등을 섞은 잡곡밥이 더 일반적이었다 한다. 찹쌀로 만든 약밥에 대한 기록이 『삼국유사』와 『목은집』에 나오고, 팥죽과 두부에 대한 기록도 나온다. 국수와 떡, 약과, 다식 등 다양한 음식이 생기고, 간장, 된장, 술, 김치 등의 저장 음식도 더 많이 만들게 되었고, 두부와 콩나물도 만들어 식품의 종류가 더욱 다양하게 되었다. 그러나 때로는 재앙이 들어 도토리 등 각종 야생 식물을 찾아 먹은 기록이 있다.

신라시대에 이어서 관설 시장이 생기고 화폐가 통용되어 식품의 매매가 이루어졌다. 개성에는 주점(酒店)이 생기고, 외국과의 교류가 빈번해지면서 객관(客館)도 생겨났다. 절에서 술, 차, 국수 등을 만들고, 소금, 기름, 꿀 등까지를 판매하여 상당히 경제적으로 영향력을 갖게 되었고 병폐도 심하였다.

고려시대의 축산물로 쇠고기, 돼지고기, 양고기, 닭고기, 개고기 등과 때로 말고기를 식용한 기록이 있고, 수산물로 미꾸라지, 전복, 방합, 진주조개, 왕새우, 문합, 게, 굴, 소라들과 거북, 각종 해초 등을 먹은 기록이 남아 있다. 그런데 불교가 더욱 융성해짐에 따라 육식의 습관을 점점 쇠퇴하게 되었다. 송나라의 사신 서긍이 고려를 다녀가서 쓴 『고려도경』(1123)에는 "고려에서는 중국의 사신을 대접하기 위하여 양과 돼지를 도살하는데 네다리를 묶고 내던진다. 만일 살아나면 몽둥이로 때려 죽이니 뱃속의 창자가 온통 갈라져서 오물이 흘러나와, 이것으로 만든 고기 음식은 고약한 냄새가 나서 도저히 먹을 수 없다"고 쓰여 있다. 이처럼 도살이 서투르니 육류의 조리법이 변변하지 못하였음을 알 수 있다. 동물성 식품인 육류의 조리가 쇠퇴하니 오히려 식물성 식품을 더욱 맛있게 먹는 법이 발달하였다. 기름과 향신료의 이용을 많이 하였고, 사찰 음식도 더욱 발달하였다. 불교가 융성함에 따라 부처님께 차를 올리는 헌다(獻茶)의 예와 풍류로 차를 즐기게 되어 음차의 습관이 널리 성행하게 되고 다기(茶器)도 매우 발달하여 세계에 자랑하는 고려청자도 만들어 내고 다도의 예절이 생겼다.

고려시대 중기 이후에는 승려보다 무관의 세력이 강해져 사회 풍조가 변화되고 육식의 습관이 다시 대두되었다. 그리고 몽고족의 침입과 원나라와의 교류가 빈번해지면서 설탕, 후추, 포도주 등이 교역품으로 들어왔다. 후기에는 몽고의 지배를 받아서 동물의 도살법을 배우고 여러 가지 육식의 조리법도 알게 되니 식생활의 모습이 많이 바뀌었다. 원나라 초기에 나온 『거가필용(居家必用)』에는 고기의 조리법이 많이 나오는데 조선시대의 『산림경제(山林經濟)』(1715)에 나오는 육류 요리의 거의가 이 책을 참조한 것으로 우리나라의 육류 조리법에 원나라의 영향을 크게 받았음을 알 수 있다. 예를 들면 고기를 물에 넣어 끓이는 곰탕이나 편육, 순대 등이 중국 책에는 양고기로 되어 있지만 우리나라에서는 쇠고기로 바뀐 것뿐이고 조리법은 거의 같다.

고려시대의 수도인 개경(지금의 개성)은 당대 경제 문화의 중심지이고 특히 왕조의 영향으로 화려하고 정성이 많이 가는 음식이 전통적으로 전해져서 현재도 음식 솜씨가 빼어난 곳으로 꼽히게 되었다. 고려시대의 문헌에는 두부, 김치, 장아찌, 술, 차, 유밀과, 다식에 대한 기록이 많이 나오는 것으로 미루어 상류 계층의 식생활은 상당히 높은 수준 있었음을 알 수 있다. 따라서 고려시대는 식품과 조미료가 다양해져서 '한국음식 조리의 완성기'라고 할 수 있겠다.

5. 조선시대의 식생활

1) 조선시대 초기의 식생활

조선시대 초기에는 곡물생산, 사대주의, 숭유배불을 삼대 국시로 삼았다. 특히 권농정책으로 토지 제도를 세제를 정비하고 개간 사업 장려, 영농기술의 개발, 농서 발간에 힘을 썼다. 모내기법이 보급되고 보리와 벼의 이모작도 하게 되었으며, 원예작물의 재배에도 힘썼다. 영농 기술 보급을 위하여 『농사직설(農事直說)』이 나오고 『금양잡록(衿陽雜錄)』, 『사시찬요(四時纂要)』, 『농사집성(農事集成)』 등의 농서가 나왔다. 조선시대 전반기의 식생활은 고려시대와 비교하여 볼 때 커다란 변화는 없었으나 16세기 이후에는 숭유주의의 사림파가 양반 문벌 사회를 형성하여 식생활이 큰 영향을 받았다.

한편 계급 사회로 빈부의 차이가 격심하여 식생활에도 심한 차이가 생겨났다. 농민들은 흉년에는 굶기가 예사였고, 더구나 인위적인 수탈도 심하여 만성적인 굶주림에 시달리게 되니 산야의 풀이나 열매, 나무껍질 등 구황식물을 찾아내기에 이르렀고, 문헌으로는 『구황촬요(救荒撮要)』, 『신간구황촬요』 등의 책도 발간되었다.

〈타작〉, 김홍도

〈쌍겨리〉, 김홍도

2) 유교가 조선시대 식생활에 끼친 영향

첫째는 차를 마시는 습관이 쇠퇴되었다. 불교에서는 헌다를 하고 차를 즐겨 마시므로 일부러 이를 꺼려하여 차밭을 방치하여 차의 생산이 거의 중단될 지경이었다. 그런데 일부 남도 지방의 스님이나 학자들이 음차의 풍류를 꾸준히 즐기면서 차 생산을 면면히 이어왔고, 그중 다도의 전통을 지켜 온 초의선사나 정약용의 역할이 아주 크다. 서민들에서의 음차 습관은 쇠퇴하였고, 반면에 화채와 한약재를 달인 탕차류 그리고 주류의 종류가 기호음료로 대신하게 되었다.

둘째는 노인 영양학이 발전하였다. 유교에서는 효행(孝行)을 인간의 근본

〈새참〉, 작가미상

도덕이라 하였으므로 부모의 병에 걸리면 투약과 간호에 만전을 기해야 했다. 그래서 노인 영양에 대한 지식을 바로 아는 것이 필요해졌고, 의서나 가정 백과전서에 양로문(養老門)으로 따로 다루게 되었다.

셋째는 수저 문화의 전통을 남겼다. 동양의 삼국 중에 유독 우리나라에서만 숟가락과 젓가락을 사용하는 전통이 내려오고 있는데, 이는 숭유주의자들이 공자 시대에 숟가락을 사용함을 끝까지 고집하여 숟가락을 버리지 않았기 때문이다.

〈어살〉, 김홍도

넷째로 개고기와 육회를 먹는 풍습이 남아 있다. 한나라 때 개도살 전문직이 있을 정도로 개고기를 많이 먹었지만 명나라 청나라 때는 거의 먹지 않게 되었다. 그러나 우리나라에서는 고려 이후 조선시대에도 계속 개고기로 만든 음식에 대한 기록이 많이 나온다. 그리고 『논어』에는 육회가 나오고 공자 시대에는 날고기를 회로 먹는 기록이 있는데 송나라 때부터는 날 것을 먹지 않는 데 비하여 우리나라에서는 생선이나 육류 등을 가리지 않고 날것으로 먹는다.

이외에도 유교사랑의 영향은 유학자들에게 철저한 가부장제 사회가 성립되도록 하였고, 식생활에서도 외상 차림으로 대접하는 법을 고수하였으며, 상물림의 풍습이 생겼다. 그리고 의례를 중요시하여 주자(朱子)가 가르친 가례(家禮)를 모범으로 삼아 혼례, 상례, 제례의 규범으로 엄격하게 지키게 되었다.

3) 조선시대 후기의 식생활

조선시대 중기 이후에 식생활은 커다란 변화를 가져오게 되었다. 남방으로부터 고추, 감자, 고구마, 호박, 옥수수, 땅콩 등이 전래되었다. 이들 식품의 원산지는 거의가 아메리카 신대륙이다. 그중 고추의 전래는 우리의 음식에 커다란 변화를 가져왔다. 이수봉이 지은 『지봉유설』(1613)에는 "고추는 일본에서 건너온 것이니 왜개자(倭芥子)라 하는데 요즘 간혹 재배하고 있다."고 하였으니 고추가 우리 음식에 널리 쓰인 것은 17세기 이후의 일이다. 고추는 여러 가지 음식에 양념으로 쓰여 매운 맛을 내게 되었고 고추장과 김치에도 쓰이게 되어서 오늘날 한국 음식의 특징으로 꼽히는 매운 맛과 붉은 빛깔을 내는 역할을 하고 있다. 또한 고추는 채소의 발효 식품인 김치에 들어가서 어패류의 젓갈도 한데 어우러지는 지혜 덕분에 오늘날 세계적으로도 가장 자랑할 만한 우리 음식으로 독특한 맛을 내는 발효 식품으로 발달하게 되었으며 영양학적으로 매우 훌륭하다.

소쿠리장수

조선시대 궁중에서는 전국에서 진상하는 다양하고 진귀한 재료로 고도의 조리 기술을 지닌 주방 상궁과 숙수(熟手)들의 솜씨로 한국 음식의 최고 정수를 이루어냈다. 조선시대 말기는 한국음식의 절정기로 음식이 가장 발달된 시기라고 할 수 있다.

자배기장수

조선시대 후기에는 미대륙 원산인 식품의 전래로 식재료가 더욱 다양해지고 조리법도 발달하였다. 한문 음식책은 『수운잡방(需雲雜方)』(1550년대)과 가장 오래된 한글 조리서인 『음식디미방』(1670년경) 등 옛 음식책을 보면 당시의 식품과 다양한 조리법을 알 수 있다.

그리고 주식과 부식을 분리하고 신분이나 형편에 따라 3첩에서 12첩의 반상 차림의 형식을 갖추게 되었다. 그리고 일상식으로 반상·죽상·면상·주안상·다과상 등을 분별하여 차리는 형식과 사람이 일생동안 겪는 통과의례 때의 상차림으로 삼신상부터 백일, 돌, 혼례, 상례, 제례 때에 맞춘 의례적인 상차림의 형식도 갖추게 되었다. 명절이나 계절에 따라 시식이나 절식을 즐기는 풍류도 있었으며, 지방에 따라 독특한 산물을 바탕으로 향토 음식이 발달하게 되었다. 한양에는 식품을 거래하는 시장과 육의전도 있었다. 인구가 늘어나니 곳곳에 난전이 생겼는데 식품과 그릇을 전문화하여 싸전, 잡곡전, 생선전, 유기전, 염전, 시저(匙著)전, 과일전, 닭전, 육전, 좌반전, 젓갈전, 꿩전 등으로 아주 다채로웠다.

4) 개화기의 식생활

1900년대 조선시대 말기에 이르러서 중국, 일본, 서양과의 교류가 활발하게 이루어지는데 이때를 개화기라고 한다. 외국 문물이 들어오면서 식생활에도 많은 영향을 받아 우리나라 음식 문화의 고유성을 차츰 잃게 되었다. 일제시대에는 곡물이 일본에 유출되면서 우리 식생활의 수준은 아주 나빠졌다. 더구나 조선왕조가 망하면서 궁중 음식을 만들던 이들이 새로이 생겨난 고급 요정으로 옮겨 일반인들이 궁중 음식을 먹을 수 있게 되었다.

서양 음식은 우리나라에 찾아온 서양 사람들이 소개하였고, 궁중에는 러시아의 공사 부인과 손탁이 고종께 만들어 올려서 전파되었다. 1920년에는 조선호텔이 생기고 시중에 서양요리집이 생겨났고, 커피가 양탕국이라 하여 퍼지게 되었고, 철도 식당도 생겨났다.

중국 음식은 임오군란 이후에 들어온 중국 군인과 많은 민간인들이 들어왔는데 대부분은 호떡집을 내거나 채소 재배를 하여 생활을 영위하였다. 호떡, 만두, 교자 등을 파는 중국집이 1900년대 초기에 서울 태평로, 명동, 소공동 등에 많이 생겼다. 중국 국수와 고급 요리를 파는 중국집도 생겨났다.
일본 음식은 일본의 식민지가 되고 나니 일본요리가 자연스럽게 들어와서 우동, 단팥죽, 어묵, 단무지, 초밥, 청주 등이 널리 퍼지게 되었다.

6. 외국 음식문화의 전래

1) 서양 음식의 전래

우리나라 사람이 처음으로 서양음식을 접한 것은 1800년대 후반 제물포에서 영국인 홀이 군함에 한국인을 불러 유럽 음식과 포도주를 대접한 때이다(소통은 중국어와 한자로 하였다고 한다).

그 후 강화도조약(1876) 체결 후 일본에 수신사로 간 김기수는 그곳에서 서양요리를 먹었다고 한다. 1883년 민영익이 미국파견 전권대사로 처음으로 파견되었을 때 수행한 유길준, 윤치호 등은 물론 미국에서 서양요리를 먹었을 것이다. 오페르트의 『조선기행』을 보면 그는 배에 찾아온 조선 사람에게 양식을 대접했으며, 그 이후 한국을 방문한 외국인들이 한국인들에게 양식을 대접한 기록들이 남아 있다. 양식을 처음 대하는 조선 사람들이 나이프와 포크를 익숙하게 쓰는 것을 보고 놀랐고, 그들이 가져온 통조림이나 식료품을 주었다고 하였다. 1894년 영국 신문에는 빵을 처음 먹어 보는 조선 아이들의 삽화와 한강 빙판 위에서 영국 손님이 조선인에게 서양식 조반으로 빵과 버터를 권하고 있는 사진이 실려 있다. 유길준은 『서유견문』(1895)에서 서양인들이 빵과 우유, 버터, 각종 육류, 그리고 주스나 커피 등을 먹는다는 것을 소개하고 있다.

한말 정국이 어지러울 때 고종은 신변의 위험을 느끼며 특히 독살을 두려워하였다. 당시 러시아공사 웨베르(Karl I. Waeber)의 부인이 음식을 손수 만들어 이중 철제 궤 속에 넣고 자물쇠를 채워서 궁중에 매일 배달하여 드시도록 하였다고 한다. 그 후 아관파천으로 러시아 공관에 머물 때 웨베르 공사의 처형인 손탁(Antoinette Sontag)이 서양 과자와 요리를 정성껏 만들어 대접하였으므로 고종과 왕족들이 점차 서양식에 익숙해졌다. 또한 손탁 호텔에서는 양식을 만들어 상류층에 보급하였고, 외교관과 고관들의 사교장으로 이용되었다.

손탁호텔

1887년에 궁중에 초대받은 비숍(I. B. Bishop) 여사는 서양식으로 스프를 포함해서 생선, 메추리, 들오리 요리와 꿩요리, 속을 채워 만든 쇠고기 요리, 야채, 크림, 설탕에 버무린 호두, 과일, 적포도주와 커피 등을 먹었다고 하였다. 1900년에 독일의 신문기자인 지그드리프 겐테(Sigfried Genthe)는 "황실에서는 밤마다 연회가 끊일 날이 없었으며, 화려하게 장식된 식탁에 최고급 유럽식으로 완벽한 음식이 차려졌으며, 송로버섯과 프랑스산 샴페인이 나왔다"고 하였다.

궁중에서는 서양식 책임자로 영국 유학생이었던 윤기익을 임명하여 서양식에 필요한 집기와 요리책을 사들이고, 프랑스에서 일류 요리사를 초빙하기도 하였다. 당시 러시아말 통역관이었던 김홍육은 시베리아 지방에서 유랑하던 김종호를 서양요리 숙수로 불러들여 서양 음식을 만들어 바치곤 했다고 한다. 고종과 순종은 서양요리 중 특히 생선 프라이를 즐기셨다고 한다. 1910년 고종 탄일 경축연에 서양식 양악대가 연주하고, 음식은 전부 양식으로 준비하였으며 손님들의 포크와 나이프 소리가 요란하였다고 한다. 이렇듯 한말 궁중에서는 서양 음식으로 연회를 치룰 정도로 서양요리에 대한 기호도가 높았음을 알 수 있다.

2) 중국 음식의 전래

임오군란 직후 약 3,000명의 중국 군인과 많은 중국인이 들어왔다. 그들 중 부자는 무역업에 종사하였으나, 대부분은 적은 자본으로 호떡집을 경영하거나 채소 재배를 하였다. 호떡은 얼마 안가서 우리나라 사람에게 널리 사랑 받게 되었는데 둥글넓적한 밀가루 반죽 속에 검은 설탕을 넣어서 구운 것이다. 찐빵과 만두도 만들어 파는 음식점이 1900년대 초기 서울의 태평로 2가, 명동, 종로 5가, 서소문, 소공동 등지에 밀집되어 있었다. 또한 중국인들은 호국수집을 내어 짜장면, 호국수, 짬뽕 등과 잡채, 탕수육, 해삼탕, 라조기 등을 만들어 팔았다. 고급 중국요리집으로 서울에는 아서원,

사해루, 금곡원 등이 생겼고, 인천에는 공화춘, 중화루 등이 생겼다.

3) 일본 음식의 전래

일본인이 왕래하면서 일본 고유의 음식과 식품으로 우동, 단팥죽, 화과자, 다꾸앙, 어묵, 청주, 초밥 등이 들어왔다. 일본식 고급 요정으로는 화월, 화선, 에비수, 백수 등이 생겼고, 친일파인 송병준은 청화정을 열었다. 특히 일본 요정에서는 기생도 있었고, 일본 요리를 내놓고 있어 친일파들의 집회 장소가 되었다. 서울 진고개에 일본 과자를 파는 집이 생겼고 그후에 많이 늘어났다. 또한 조선의 아이들에게 비오리 사탕이 인기가 있어서 "꿀보다 더 단 것은 진고개 사탕이라네"라는 동요까지 생겨났다.

4) 외국 식음료의 전래

조선의 술은 쌀이나 수수 또는 보리로 담는다. 독일인 하멜(Hendrik Hamel)과 조선을 찾아온 많은 방문객들은 조선 사람들이 맥주와 위스키 등 온갖 독주를 모두 좋아한다는 사실이 무엇보다도 인상적이었다고 한다. 미국 공사였던 알렌(Horace N. Allen)은 각 부 대신을 정동의 자택에 초대하여 칵테일파티를 열어 조선의 고관들과 브랜디와 포도주를 마셨다고 한다.

커피는 1892년 구미 제국들과 수호조약이 체결되면서 외국 사신들이 궁중에 드나들면서 커피를 전했을 것으로 보인다. 특히 궁중과 친히 지냈던 알렌이나 왕비 전속 여의였던 홀튼(Lillias S. Horton) 등이 궁중에 전했을 가능성이 크다. 그러나 그 이전에 서양이나 일본을 왕래하던 인사들은 커

피를 마신 경험이 있었다고 하는데 유길준은『서유견문』에 커피마시는 풍습을 소개하였다

특히 왕가에서는 커피를 즐겨서 마셨는데 고종은 아관파천(1896)으로 러시아 공관에 있는 동안 익숙해져서 아주 좋아하였다고 한다. 1898년 고종의 탄일 잔치 다음날에는 경운궁(현 덕수궁) 청목재에서 친척, 대신들과 어울려 커피를 마셨는데 이때 커피에 아편을 탄 음모사건까지 있었다. 1902년 손탁은 고종으로부터 하사 받은 자리에 서양식 호텔을 개업하였고, 이곳에서 처음으로 커피를 팔았다. 1910년경 지금의 세종로에서 프랑스인 부레상이 나무시장을 벌이고 있었는데 그가 매일 커피를 담은 보온병을 메고 다니면서 나무장수들에게 따라 주었는데 이를 '양탕국'이라 하여 인기를 얻었다고 한다.

7. 우리나라 1900년대의 식생활

100년 전인 1900초에는 조선시대 말기로 서민들은 너무 가난해서 조석으로 하루에 두 끼 밖에 먹을 수 없던 시절이었다. 2000년 현재 우리는 배를 채우려고 먹기보다는 무엇을 어떻게 즐겨먹을까 하는 윤택하고 풍요로운 식생활을 누리게 되었다.

1900년 초기 서민들의 밥상은 잡곡밥과 채소로 만든 찬이 대부분으로 섭취 영양의 98%를 식물성 식품으로부터 얻었다. 고기는 일 년에 한두 차례 제사나 명절 때나 구경할 수 있는 정도였다. 구한말에서 일제시대에 이르는 근 50년은 쌀을 전혀 섞지 않고 잡곡만 주식으로 하는 경우가 27.5%, 동물성 단백질을 전혀 섭취 못하는 경우도 30%에 이르렀다. 동물성식품으

로 섭취한 것은 소고기가 49%였고 마른 명태와 멸치, 그리고 새우젓, 조개젓 같은 젓갈류로 섭취하는 경우가 많았다.

1945년 광복은 '배고픔으로부터 해방'까지 가져다주지는 못하여 정부 수립 당시 극심한 식량난에 허덕였다. 쌀이 워낙 부족했기 때문에 시커먼 보리밥을 먹어야 했다. 해방 후의 혼란과 한국전쟁은 우리 민족에 극심한 가난과 굶주림을 강요당하여 취사선택의 여지가 없이 UN의 구호물자와 미국의 잉여농산물로 주린 배를 채우기에 급급하였다. 미군 부대에서 흘러나온 하찮은 음식으로 끓인 죽을 '꿀꿀이죽'이란 자조 섞인 이름으로 부르면서도 살기 위해 먹었다. 이 상황에서는 먹을 것만 있으면 다행이지 영양의 충족 여부를 따질 겨를이 없었다.

1960년대에는 한국 사회가 경제성장기로 들어가면서 산업화가 시작되었지만 60년대 중반까지 '보릿고개'는 여전하여 대부분의 농촌에서는 6월이 되면 양식이 다 떨어져서 풋보리를 베어 알갱이를 쪄서 먹곤 하였다.

60년대 초반은 일제의 수탈과 한국전쟁의 후유증으로 인하여 정치, 사회적 혼란이 심하였고, GNP 100불의 가난한 경제와 극심한 식량난으로 인하여 절대빈곤에 시달릴 수밖에 없었다. 건국 직후부터 미국의 원조 밀가루가 들어오면서 '밀이 건강에 좋다'는 구호로 '혼분식장려운동'을 전개하였다. 당시는 쌀의 부족으로 혼식을 강조하여 학교에서 도시락에 보리혼합비율을 검사하고, 식당에서도 잡곡밥만 팔도록 강요하였다. 당시의 식량난은 국제기구와 미국의 원조로 많이 타개되었고, 식량정책으로 쌀의 이중 가격정책, 가격 안정을 위한 기금조성, 다수확품종개량, 밀가루, 보리, 콩 등의 소비 촉진 캠페인 등을 실시하였다. 그 결과 우리의 식습관에 많은 영향을 끼쳐서 쌀 위주의 식습관에서 분식과 빵과 우유를 먹는 서구식 식습관이 보편화 되었고, 국민 식품으로 꼽히는 라면이 등장하였다.

1970년대는 급속한 경제 성장과 식량 증산 정책에 힘입어 절대 빈곤에서 벗어나 식량 사정이 안정되기 시작하였다. 70년대 후반기에는 급속한 경제 성장과 국민소득의 증가, 핵가족화 등의 사회, 경제적인 변화에 따라 식생활에 있어서도 양적인 충족에서 벗어나 질적인 향상을 추구하기 시작함으로써 식품 소비면에서 많은 변화를 보이기 시작하였다.

1980년대는 경제성장이 가속화되어 1인당 GNP가 6,000불로 소득이 증가하여 식생활 수준도 급격히 향상되었다. 그리고 핵가족화, 여성의 취업 증대와 더불어 편의식품 및 가공식품 이용, 외식의 증가 등으로 식품산업과 외식산업이 급격하게 성장하였다. 그리고 80년대 후반기에 해외여행이 자유화 되면서 외래 음식문화의 경험이 많아지면서 국내의 외식 산업과 식생활은 점차 서구화와 국제화가 촉진되었다.

어느 민족이나 식생활은 다른 분야에 비하여 상당히 보수적인 편으로 외래문화의 영향을 덜 받는 편이다. 우리나라에는 1800년도 말부터 서양, 일본, 중국 등 외래 음식이 문화가 들어왔지만 서민까지 전체 국민에게는 영향을 미치지는 못하였다. 1960년대까지는 워낙 빈곤한 식생활이어서 식생활의 문화수준을 논할 형편은 아니었지만 소득이 늘면서 육류와 가공 식품의 섭취가 늘어나고, 주거 환경이 바뀌면서 우리 밥상문화의 모습은 전혀 달라지게 되었다.

1990년대는 경제 성장이 고조되면서 이에 따른 부작용이 각 분야에 미쳤는데 특히 식생활 분야는 과거에 비하여 질적인 성장을 이루었으나 한편 지역 및 소득 계층 간의 편중된 분포로 전반적으로 균형을 이루지는 못했다. 90년도 후반기에는 풍족한 식생활로 지나친 과소비와 과다한 음식물 쓰레기의 처리가 환경 문제로 등장하게 되었다. 1997년 말의 IMF 경제 위기는 그동안 급신장을 하던 외식산업이 침체를 맞이하게 되었다.

100년 간 우리나라 사람의 체격과 수명에 많은 변화가 생겼다. 평균키는 1900~1920년대 남자 161cm, 여자 147cm 안팎이었는데, 1990년대는 남자 172cm, 여자 160cm로 무려 10cm 이상 성장하였고, 평균 수명은 1900~1920년대 남자 22.6세, 여자 24.4세이었는데, 1999년은 남자 71.7세, 여자 79.2세로 무려 50년이나 연장되었다. 인구 증가율은 점차 감소하여 1993년부터 정체현상을 보이고 있는 반면에 인구의 도시화율은 꾸준히 증가하고, 65세 이상 노인 인구의 증가로 새로운 인구 구조를 형성하게 되었다.

예전에 배고픈 시절에는 대표적인 질환으로 전염병을 두려워했는데 70년대 들어서는 풍요로운 식생활로 오히려 당뇨, 심장질환, 순환기 계통, 암질환 등 성인병이 오히려 심각하게 대두되었다. 1980년대 들어서서 하루 필요 영양의 30%를 동물성 식품으로 먹게 되어 오히려 육류 과잉 섭취가 문제가 되었고, 성인병과 비만, 다이어트에 대한 관심이 높아졌다.

우리의 국민들이 경제적 성장과 서구 문물의 도입으로 라이프 스타일과 가치관이 변화하였고, 핵가족화, 간편화, 레저화 등이 식생활을 변화시키는 요인이 되었다. 후반기 50여 년 간은 소득 수준의 향상, 서구식 음식 보급, 가공 식품의 증가 등으로 전통적 식생활 모습은 아예 사라지고 말았다.

Chapter ⑮ 어머니의 맛 근원지, 부엌과 부엌살림

1. 부엌의 역사

우리 조상의 신석기시대의 움집에는 부엌과 방이 따로 없이 부엌이 집 한가운데에 위치해 있었다. 부엌이라 해야 바닥에 우묵하게 파낸 자리에 냇돌을 둥글게 둘러놓고 불이 번지지 않게 다른 돌이나 진흙으로 둘러쌓은 것이 전부였다. 그리고 곡물 등을 갈무리하려고 바닥에 박아 놓은 흙그릇뿐이었다. 이곳에서 불을 일으켜 먹거리를 익히거나 몸을 데우고 집안을 밝혔고 지붕에 구멍을 내어 연기를 밖으로 나게 하였다.

전통부엌

청동기와 초기 철기시대에 이르러 집의

고구려 안악 3호고분 벽화의 부엌

평면에 긴 네모꼴로 바뀌었으며 부엌은 한가운데에서 벽 쪽으로 비켜나 있다. 삼국시대에 들어서서 부엌은 거의 완전한 모양새를 갖추었고, 4세기 중엽의 고구려 안악 3호고분의 벽화를 통하여 알 수 있다. 부엌은 독채로 맞배지붕에 기와를 얹었고, 지붕마루 한쪽에 새 한 마리가 앉아 있다. 부뚜막 위의 시루 앞에 선 아낙네가 안에 것이 익었는가 살피고, 또 한 여인은 둥근 상에 그릇을 차리는 모습이 있다. 부뚜막 연기는 오리목 모양의 굴뚝을 거쳐 밖으로 나가고 있다. 이 벽화의 집은 궁궐이나 대갓집으로 보이고, 또 디딜방앗간과 외양간의 모습을 그린 벽화도 있다.

우리나라 부엌은 한 집안에서 큰 비중을 차지하는 장소이며 가장 다목적으로 쓰이는 공간이기고 하였다. 이곳에서 조리와 난방이 이루어지고 절구질 따위를 하는 작업 공간으로 이용되었다.

우리부엌에 대한 최초의 기록은 3세기경의 중국의 『삼국지』 변진조에 "부엌이 대체로 서쪽에 있다"고 하였다. 조선시대 유중림의 『증보산림경제』에 "부엌을 서남쪽에 두면 좋지만 서북쪽에 두면 나쁘다."고 하였다. 이는 남향집에서 부엌을 서쪽에 두었다는 말로 지금도 이 방향을 지키는 편이다. 그리고 주걱질을 집의 안쪽으로 하면 복이 들어오고, 반대이면 복을 쫓아낸다고 여겼다.

부엌이라는 말이 처음 나타난 문헌은 15세기 말 『두시언해』에 '브싁'으로 나와 있고, 그후 '브쉭'으로 바뀌었다가 『역어유해』(1690)에는 '부억'이 되었다. 이처럼 오늘날의 부엌은 브석→브억→브엌→부엌의 과정을 거쳐 굳어진 것이다. 일부 호남과 경북 지방에서는 부엌을 정지 또는 정주라고도 하는데 함경도 겹집인 정주간에서 온 것으로 보인다. 겹집은 방이 밭 전(田)자꼴로 배치되고 방 앞에 정주와 부엌 그리고 외양간과 디딜방앗간이 이어진다. 부엌과 정주간 사이는 터져있으며 정주간 앞쪽에 솥을 갈고 불을 뗀다.

농경이 중심이던 우리 조상들은 가을철에 곡식을 거두어서 갈무리해서 분배하는 것은 주부의 권한이고 전통이었다. 곡간에는 찧지 않은 곡식을 두고, 마루의 뒤주에는 빻은 곡식을 넣고 자물쇠를 걸어 두고 매 끼니마다 식량을 됫박으로 재서 관리하였다. 예전에는 가정에서 음식 만드는 일만이 아니고, 곡물을 도정하거나 가루를 내는 일과 장 담그기, 김장하기, 술 빚기 등을 모두 해야 하므로 작업 공간이 많이 필요하다. 그래서 부엌살림이나 조리 기구는 부엌 이외에 광, 우물가, 장독대, 찬방, 찬간, 마루 등에 놓이게 된다.

부엌은 음식 만드는 작업만이 아니라 난방을 위해 아궁이에 장작이나 짚으로 불을 지펴야 하므로 바닥은 흙바닥이며 한 단 아래로 꺼져 있고, 아궁이 위에 큰 가마솥과 작은 솥을 항상 걸어 놓는다. 아궁이에 걸려 있는 큰 솥은 물솥이고, 중솥과 작은 솥에 밥을 짓고 국을 끓인다. 찬이나 찌개는 아궁이의 불을 조금 내어 삼발이를 얹어 이용하거나 화로나 풍로에 불을 피워서 하였다.

부엌에서 매일 쓰는 일상 식기나 찬물의 보관은 대개 부뚜막 위나 벽에 길게 드리운 선반인 살강에 두고 쓴다. 부엌 출입문 위나 벽에 선반을 매달아 상이나 목판, 소반 등을 얹어 놓는다.

부엌 한켠에는 드무라고 하는 윗배가 부른 물독에 물을 길어다 여러 용도로 쓰며, 먹는 식수는 따로 물두멍에 담아 놓고 쓴다. 물을 우물이나 샘에서 길어 물동이나 방구리에 담아 날라서 물독에 부어 놓고 썼다. 개수통은 붙박이식은 통나무를 갈라서 가운데를 깊이 파내어 요즘의 싱크대처럼 만든 것도 있고, 이동식 개수통은 자배기나 옹배기에 물을 담아서 재료를 씻거나 먹고 난 그릇을 설거지 할 때 쓰인다. 쓰고 난 물을 모아서 뒤뜰의 채마밭에 뿌려서 허드렛물까지 잘 이용하는 지혜가 있었다.

2. 곡물가공 도구

(1) 방아

연자방아

예전에 농가에서는 직접 농사를 지은 곡물이나 채소를 집에서 적절하게 처리, 가공하여 이용하여 왔다. 따라서 집집마다 도정을 하거나 가루를 내는데 필요한 방아와 절구를 갖추고 있었다. 연자방아는 둥글고 판판한 돌판 위에 그보다 작고 둥근 돌을 옆으로 세워 얹어서 이를 소나 말에 끌어 돌려 곡식을 찧거나 밀을 빻는 데 쓰인다. 디딜방아는 발로 디디어 곡식을 찧거나 가루로 낼 때 쓰이는 방아로 Y자 모양의 굵은 나무 한 끝에 공이를 박고 두 갈래진 양끝을 발로 디디게 되었으며 공이 아래에 방아확이 땅에 묻혀 있어 이곳에 곡식을 담는다.

(2) 매통

나무로 만드는데 겉벼를 붓고 비벼서 겉껍질을 벗기는 대형의 매이다. 키는 곡식을 까불러서 쭉정이, 티끌, 검부러기 등을 골라내는 그릇으로 고리버들이나 대쪽을 납작하게 쪼개어 앞은 넓고 평평하게, 뒤는 좁고 우묵하게 만든다. 풍구는 둥근 통 속에 장치한 날개를 돌려 일으킨 바람으로 키로 까불던 동작을 대신한 기구이다.

(3) 절구

곡식의 껍질을 벗기거나 가루를 낼 때 쓰인다. 속이 우묵하게 생긴 기구로 통나무나 돌을 깎아서 만들거나 무쇠로 만든 것도 있다. 절구의 크기에 따라 거기에 맞는 절굿공이가 딸린다. 양념용 절구는 나무, 돌, 쇠 등으로 만든 작은 절구로 깨소금을 빻거나 고추, 생강, 마늘 등의 양념을 찧는 데 쓰인다.

나무 절구

(4) 확돌

전라도 지방에서는 넓적하고 커다란 돌을 둥글게 파서 줌돌로 곡물을 갈거나 마늘, 고추 등의 양념을 가는 데 쓰이는데 학독이라고도 한다. 옹기로 만든 작은 확독은 양념을 찧는 데 쓰인다.

(5) 맷돌

곡식을 타개거나 가루를 낼 때 쓴다. 곰보처럼 얽은 둥글넓적한 2개의 돌을 아래 위로 겹쳐놓고, 아랫돌의 중심에 박은 중쇠에 윗돌 중심부의구멍을 맞추어서 윗돌에 짜인 구멍에 갈 것을 넣고, 윗돌 옆에 수직으로 달려

맷돌

있는 맷손을 자고 돌리면서 사용한다. 두 짝으로 위의 돌에 구멍이 뚫려 있어 그 곳에 곡식을 넣고 나무 손잡이를 돌리면 두 짝 사이에서 곡물이 타개지거나 가루로 되어 나온다. 풀매는 가루를 곱게 갈기 위해 돌을 곱게 쪼아 만든 맷돌로 풀쌀이나 죽 재료를 갈 때 쓰인다. 마른 것은 갈 때는 맷돌 밑에 맷방석을 깐다. 젖은 것은 자배기나 양푼 위에 쳇다리를 놓고 그 위에 맷돌을 얹어 갈면 갈아진 것이 아래에 고이게 된다.

중부지방의 맷돌은 위 아래쪽의 크기가 같고 매함지나 매판을 깔고 쓰도록 되어 있으나, 남부 지방의 것은 밑짝이 위짝보다 넓고 크며 한 옆에 주둥이까지 길게 달려 있어 흔히 매함지나 매판이 사용되지 않는다.

3. 불을 쓰는 도구

(1) 풍로

화로의 한 가지로 아래로 바람이 통하도록 되어 있고 흙이나 쇠붙이로 만든다. 방에 놓는 화로는 쇠나 놋쇠로 만들어 발이 높이 달려 있다.

(2) 삼발이

세뿔이 나거나 둥근 테에 세발이 달린 쇠로 만든 기구로 주전자나 뚝배기 등을 화롯불 위에서 끓일 때 쓰인다. 다리쇠는 화로 위에 냄비나 주전자 등을 올려놓을 때에 걸치는 기구로 쇠붙이로 두 귀가 나오게 고리를 만들며 걸쇠라고도 한다.

(3) 솥(釜)

무쇠솥은 가마솥, 중솥, 작은 솥이 있는데 밥을 짓거나 국을 끓일 때 쓴다. 두멍솥은 채소를 데쳐 내거나 많은 국을 끓일 때에 쓰인다. 전이 밖으로 나오게 만들어져 있어 편리하고 뚜껑은 나무로 만들어 두 짝을 맞추어 덮는다. 돌이나 옹기솥도 있으나 대개 크기가 작다.

무쇠솥

(4) 새옹

놋쇠로 만든 작은 솥으로 배가 부르지 않고 바닥이 평평하며 전과 뚜껑이 있다. 흔히 밥을 지어서 새옹째 상에 갖다 놓는다.

새옹

(5) 냄비(南鍋)

냄비는 남과라고도 하는 솥붙이의 한 가지이다. 밑보다 아가리가 벌어지고 운두가 나지막하며, 뚜껑과 손잡이가 있으며, 무쇠나 양은으로 만들며, 작은 냄비를 쟁개비라고 한다. 오지냄비는 도기나 옹기로 모양이 작은 솥 모양이 많다.

(6) 쟁개비

냄비의 본래 이름으로 무쇠나 유기, 또는 돌로 만든다. 음식을 끓이거나 튀기거나 볶을 때 다용도로 쓰인다. 노구는 쇠나 놋으로 만든 작은 솥으로 한편에 손잡이가 달려있어 장작불과 같이 불꽃이 있는 연료에 쓰기에 기능적이다. 삼국시대와 고려시대에 쓰이던 쟁개비는 초두(鐎斗)라 하였는데, 한편에 긴 손잡이가 달려 있는 형태이다. 현재의 냄비와 같은 기능의 조리 용구이며 청동제와 철제로 만들어졌다.

(7) 전골틀

돌전골틀

전골냄비라 하여 무쇠나 돌로 되어 모양은 가운데가 움푹 패어 국물을 끓일 수 있고, 주변은 넓적하게 넓은 전이 둘러져 있어 고기나 채소를 지질 수 있는 형태이다. 벙거지를 제쳐놓은 모양으로 쇠나 곱돌로 만든 전골틀을 벙거짓골 또는 전립투(戰笠套) 또는 전립골(戰笠骨)이라 한다. 식사를 하면서 상 옆에 둔 화로에 얹어 사용한다.

(8) 신선로(神仙爐)

냄비에 화통이 붙어 있는 형상으로 숯불을 피워 넣어 상에 올리어 탕을 끓이면서 먹을 수 있다. 실용성도 있지만 모양도 아름다워 운치가 있다. 신선로틀은 지름이 4치에서 8치 가량의 원형 냄비에 그 가운데에 2치에서 3치 가량의 원통이 있어 거기에 숯불을 넣어 주위의 움푹한 냄비 부분의 음식을 끓여 가며 여럿이 둘러앉아 먹게 되어 있으며 아래에 굽이 달려 있다. 그 안에 담는 음식은 열구자탕(悅口子湯) 또는 구자(口子)라고 한다.

(9) 번철(燔鐵)

번철

전철(煎鐵)이라고도 솥뚜껑을 젖혀놓은 형태로 둥글넓적하게 생겼는데 전을 부치거나 지짐질을 할 때 쓰인다. 재료는 대부분 무쇠이나 돌 또는 유기로 만들기도 하는데 손잡이가 붙어 있는 것도 있다.

(10) 석쇠

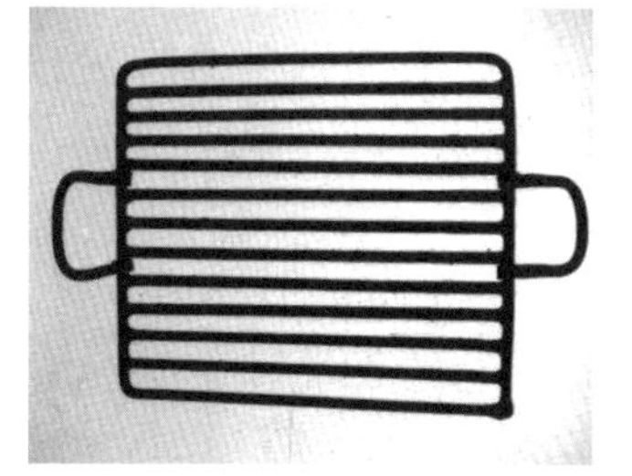
석쇠

적쇠 또는 적철이라고 하는데 육류나 어패류를 구울 때 쓰인다. 석쇠는 굵은 철사로 테와 자루를 하고 바탕은 철사를 그물처럼 얽어서 만든다. 예전에는 구이를 할 때 재료를 꼬챙이에 꿰어 구웠는데 철사가 생기고 나서는 얹어서 굽게 되었다.

(11) 주전자

술을 데우는 것으로 뚜껑, 손잡이, 귓대가 있다.

(12) 수란뜨개

날달걀을 깨트려 놓고 끓는 물에 넣어서 반숙으로 익혀 내는 도구이다. 작은 접시를 서너 개 모아 붙여서 가운데 손잡이를 수직으로 붙인 형태이다.

(13) 양푼

양푼

일단 익힌 음식을 더운물에 중탕할 때 담아서 띄우는 그릇이다. 대개 놋쇠로 만들고 굽이 없이 밑면이 밋밋하고 위가 벌어져 있어 마치 반병두리와 똑같은 형태이다.

(14) 소주고리

약한 술이나 술밑을 솥에 넣고 끓여서 증발해서 생긴 알코올을 식혀서 모으는 일종의 증류기로 토기, 철기, 자기, 오지 등으로 만드는데 민가에서는 주로 옹기로 된 것이 많다. 소주고리를 뚜껑 부분에 물을 채워서 갈아주어 냉각시키면서 증류된 소주가 주둥이에서 흘러나온다.

4. 부엌의 조리 도구

(1) 식칼

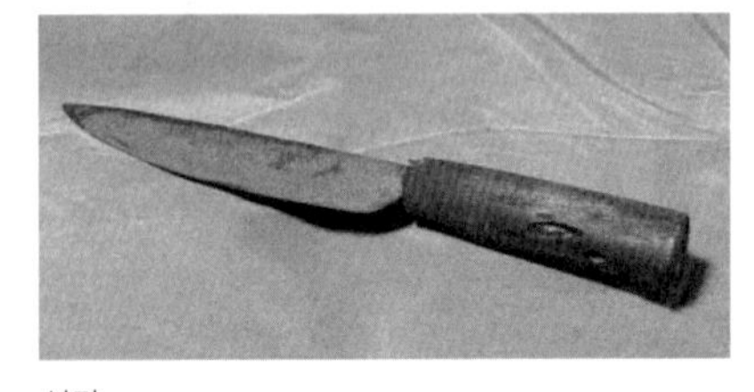
식칼

음식을 만들려면 우선 재료를 썰고 다지는데 칼과 도마가 필요하다. 원시시대에는 주로 돌이나 뼈를 갈아 만든 칼이지만 철이 쓰이면서 무쇠를 달구어 두들겨 한쪽에 날을 세우고 나무로 자루를 박았다. 우리나라 식칼의 모양은 대개 외날로 등과 날이 칼끝으로 향하면서 완만한 곡선을 이루었으며, 주로 육류와 생선, 채소를 썰고 자르는 데 쓰이고, 작은 칼은 창칼이라 하여 채소를 다듬거나 과일을 깎을 때 쓰인다.

채칼

(2) 채칼

무나 배 등을 채썰 때 이용하는 칼로 나무 판자 가운데 부분이 양철이나 쇠에 돌기 부분을 반원형 또는 삼각형의 요철을 세워서 무, 감자, 배 등을 껍질을 깎아서 밀어내면 채가 바로 밑으로 떨어지게 된다.

(3) 도마

칼질을 할 때 받치는 긴 네모의 두꺼운 나무토막이나 널빤지로 아래에 낮은 발이 달려 있다. 굵은 나무를 옆으로 토막 내어 둥근 모양으로 만들기도 하였다.

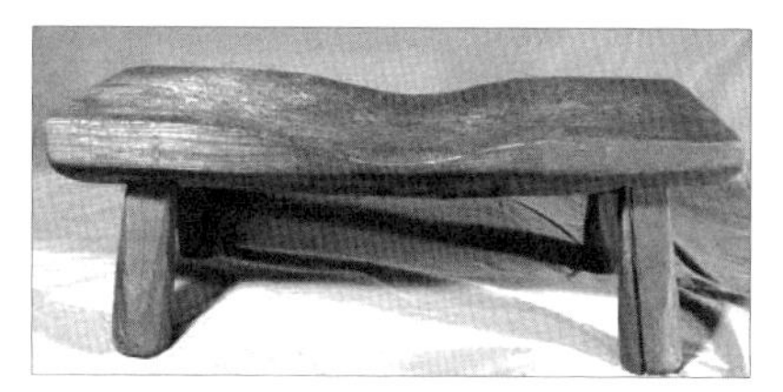

도마

(4) 찬가위

보통 가위와 비슷한 모양으로 식품을 자르거나 다듬을 때 쓴다. 떡가위는 인절미와 같은 떡을 자르는데 바느질 가위보다 손잡이가 훨씬 크고 둥글다.

(5) 국자

국이나 죽 등 액체 음식물 뜨는 용구로 바닥이 움푹하게 패어 있고 이와 직각이 되는 긴 자루가 달려 있다. 국자는 놋쇠나 무쇠, 나무로 만들어진다. 더운 국이나 주둥이가 깊은 그릇의 내용물을 떠내기 쉽다. 복자는 한 쪽에 부리가 달려 있어 기름이나 국물을 따를 때에 쓸 수 있는 도구이다. 석자는 철사로 잘게 그물처럼 엮어서 만든 국자 모양의 도구로 물에 삶거나 기름에서 튀긴 것을 건질 때 쓰인다.

국자

(6) 주걱

놋주걱

둥글납작한 바탕에 긴 자루가 달려 있어 밥이나 음식을 그릇에 떠 담을 때 쓰는 도구이다. 재질은 나무, 대, 놋쇠 등으로 만들며 크기는 용도에 따라 여러 가지이다.

(7) 깔때기

나팔 모양으로 밑에 구멍이 뚫린 기구로 액체를 입이 좁은 병에 부을 때에 쓰인다.

(8) 바가지

박을 갈라서 속을 파고 말려서 물을 푸거나 곡물을 풀 때 쓰인다. 조롱박은 간장이나 술을 뜰 때 쓰인다.

(9) 강판

생강, 과실, 무 등을 갈 때에 쓰이는 기구로 재질은 사기나 구리, 양은으로 만든다. 도기나 사기는 흙은 빚어서 상면을 톱니 모양의 작은 돌기를 세워서 구워 낸다. 구리나 양은은 전면 바닥을 끌로 돌기를 깎아 세워서 날카롭게 만든다. 이 돌기의 크기에 따라 재료가 거칠게 또는 곱게 갈린다.

(10) 시루밑

떡이나 식품을 시루에 찔 때 밑으로 빠지지 않도록 만든 둥근 망이다. 짚이나 끌영풀, 한지 등으로 꼬거나 삼 껍질, 칡넝쿨 껍질을 시루 바닥에 들어가는 크기로 둥글게 엮어서 만든다. 솥에서 올라오는 김이 잘 통하도록 엉성하게 짜고 두께가 고르게 만든다.

(11) 시루방석

짚으로 둥글게 엮은 둥근 방석으로 김이 오르는 시루 위에 뚜껑으로 덮는다. 이는 짚으로 촘촘하고 두껍게 엮는데 시루 아가리보다 크게 만들어야 한다. 다 쪄지면 이를 까고 시루를 얹어 놓는 데도 쓰인다.

(12) 누룩틀

누룩틀

술의 원료인 누룩을 만들 때 성형하는 도구로 누룩 고리라고도 한다. 나무 송판을 우물 정(井)자의 짜 맞춘 것과 쳇바퀴 모양의 원통에 새끼줄을 동여 감은 것, 무쇠로 된 원통형의 주물, 통나무를 둥글게 파 낸 것 등 지방에 따라 모양이나 크기가 아주 다양하다.

5. 나무로 만든 부엌 세간

예로부터 인류의 생활에는 목기가 사용되어 왔으나 대부분 부패하여 남은 것은 드물다. 원시와 고대 생활문화의 복원자료는 대부분 토기, 석기, 골각기 등일 수밖에 없다. 세계 각지에 분포된 농경민들에게 나무 절구는 곡물을 껍질을 벗기거나 가루를 낼 때 필수적이므로 어디에서나 볼 수 있지만 각각 독특한 모양을 지닌다. 나무로 만든 조리도구나 식기는 가장 쉽게 가공할 수 있어 다양한 종류가 있다.

(1) 국수틀

국수틀

가루를 반죽하여 통에 넣고 공이로 눌러서 국수를 뽑아내는 틀이다. 지렛대의 이치로 긴 틀나무 끝을 눌러서 힘을 가한다. 빼낸 국수는 바로 끓는 물에 받아 바로 익혀 내어 건져서 찬물에 헹구어 낸다. 분틀이라고도 하는데 대개 이북 지방에서 냉면이나 강원도 막국수를 만들 때 쓰인다. 반면 남쪽 지방은 반죽을 얇게 밀어서 칼로 썰어서 국수를 만든다. 이때 넓은 나무판으로 만든 밀판을 깔고 반죽을 밀방망이는 얇게 밀어서 가늘게 썬다. 방망이는 굵은 것부터 가는 것 등 여러 가지가 있는데 경상도 지방에서는 홍두깨로 밀기도 한다.

(2) 기름틀

국수틀과 같은 이치로 두 개의 나무판과 지지대로 되어 있다. 기름을 짤 때는 깨, 피마자, 콩 등을 볶아서 절구에 찧어 체로 쳐서 이를 시루에 담아서 쪄서 기름떡을 한다. 이 기름떡을 삼베 주머니에 담아 떡판 위에 올리고 눌러 짠다. 판 밑에 기름 단지나 푼주 귀때그릇을 놓아 흘러내리는 기름을 받는다.

(3) 안반

시루에 쪄낸 떡을 공이로 다시 차지도록 찧은데 쓰이는 도구이다. 시루떡은 떡가루를 시루에 쪄내는 것으로 끝나지만 인절미, 절편과 정월에 먹는 흰 가래떡은 일단 시루에 찐 떡을 다시 절구나 안반에 담아 차지게 쳐야 한다. 안반은 시루에 쪄낸 무리떡을 끈기가 날 때까지 매우 치는 도구로 두꺼운 널판으로 만들어 있거나 긴 통 나무를 반으로 갈라서 우묵하게 패이게 만든 것도 있다. 떡메는 긴 자루가 달린 방망이로 떡을 칠 때는 힘차게 쳐야 하므로 아낙네가 아닌 장정들이 친다. 절구에다가 떡을 치기도 한다. 가래떡은 차지게 친 떡을 손으로 가늘게 비벼서 만들고 이를 굳혀서 돈짝처럼 썰어 떡국 거리로 삼는다. 떡국 거리는 식칼로도 썰지만 썰기 쉽게 되어 있는 작두처럼 생긴 떡칼도 있다. 시루떡이나 절편은 나무나 쇠로 만든 넓적한 편칼로 써는데 길이가 작은 것이 50cm 정도이고 아주 큰 것도 있다.

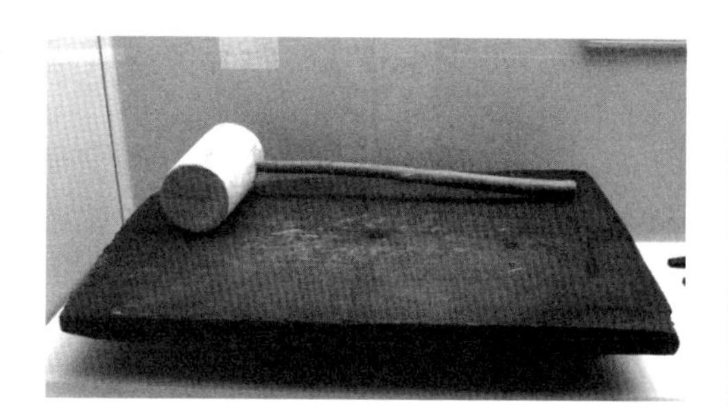

안반

(4) 체

곡물을 고르거나 가루를 빻아서 곱게 칠 때 쓰는 도구로 나무쪽을 휘어서 바퀴를 삼고 바닥은 망을 친 것이다. 소나무를 얇게 켜서 매끈하게 다듬어 물에 불려서 둥근 바퀴를 만들어 칡넝쿨이나 삼 껍질 철사 등으로 쳇바퀴를 만든다. 다음에 바닥의 쳇불은 말꼬리털, 가는 철사, 가는 대나무나 등나무를 엮은 망을 쓰거나 삼베, 명주 등을 팽팽하게 당겨서 아래 바퀴로 고정시킨다. 쳇불의 구멍의 크기나 재료에 따라 어레미, 도드미, 중거리, 가루체, 고운 체, 말총체, 깁체 등으로 나눈다.

체

체에 술이나 장 또는 가루를 칠 때가 잘 빠질 수 있게 받는 그릇의 위에 걸치는 갈래진 나무를 쳇다리라고 한다. 체판은 둥근 나무판으로 가운데가 움푹 들어가 있고, 중앙에 큰 구멍이 뚫려 있는 용구로 술을 거를 때 많이 쓰여지므로 술거르개라고도 한다. 술뿐 아니라 간장이나 기름, 약을 짤 때도 밑에 받는 거르개로 쓰인다. 오지로 만든 것도 있으나 쉬이 깨진다.

(5) 목판

음식을 담은 그릇이나 다과를 담아서 옮길 때 쓰이는데, 장방형의 좌판에 얇은 널판에 좁은 전을 사방으로 대어있으며 크기가 여러 가지이다.

나무쟁반은 목판과 비슷한데 전이 높이가 낮고, 형태는 직사각형이나 원형, 육각형, 팔각형이다. 때로는 상처럼 낮은 다리가 달린 것도 있다.

(6) 함지

함지

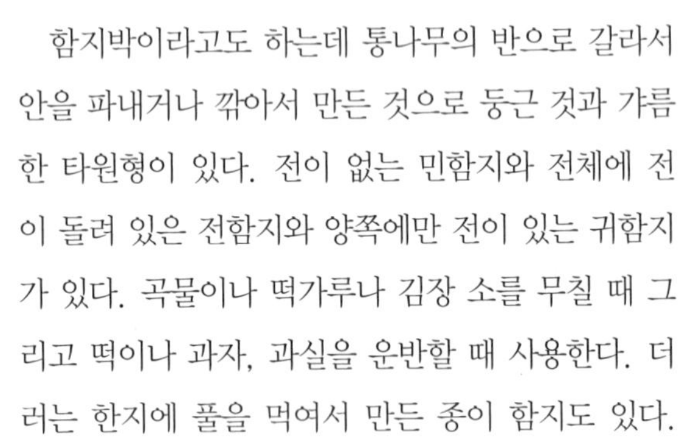

함지박이라고도 하는데 통나무의 반으로 갈라서 안을 파내거나 깎아서 만든 것으로 둥근 것과 갸름한 타원형이 있다. 전이 없는 민함지와 전체에 전이 돌려 있은 전함지와 양쪽에만 전이 있는 귀함지가 있다. 곡물이나 떡가루나 김장 소를 무칠 때 그리고 떡이나 과자, 과실을 운반할 때 사용한다. 더러는 한지에 풀을 먹여서 만든 종이 함지도 있다.

이남박

(7) 이남박

통나무를 파내어 둥근 바가지 형태로 안팎에 완만한 곡선을 이루며 안쪽 면에 계단식으로 여러 줄의 골이 파 있다. 안쪽 골에 곡물을 문질러 씻거나 돌이나 뉘, 흙을 일어서 고르는 도구이다.

(8) 말, 되, 홉

말, 되

물질의 분량을 재는 그릇이다. 농경 사회는 곡식량을 셈하는 데 섬 또는 석을 기준으로 하였으며 계량을 할 때는 말이 기준이고 적은 분량은 되나 홉이 사용되었다. 1석은 15말(斗)이고, 1말은 10되이고, 1되는 10홉이 기준이다. 현재는 미터법의 적용으로 20리터를 한말로 정하고 있다. 전통적인 말은 정방형으로 된 모말으로 여겨지나 직립형의 원통형의 말은 일본에서 유입된 것으로 알려져 있다. 1되는 10홉을 가리키는데 이는 큰되(大升)라 하고, 그 반을 작은되(小升)이라고 한다. 되와 홉(合)은 그 형태가 직육면체로 나무 판자로 만드는데, 재래 되는 위가 바닥보다 약간 오므라진 형태이다.

(9) 찬합

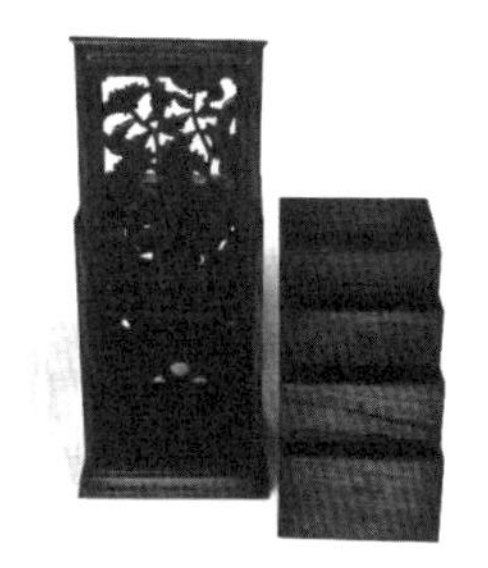
목기찬합

여러 가지 반찬을 담을 수 있도록 만든 여러 층으로 포개어 간수하거나 운반하기 쉽게 만든 그릇이다. 나무를 만든 것이 많고 사기, 도자기나 대나 버들을 엮은 것도 있다. 원형이나 방형으로 한 층에 여러 칸으로 나뉜 것도 있고, 3층에서 5층으로 포갤 수 있다. 찬합은 물기와 기름진 음식을 담아야 하므로 방수가 되도록 옻칠이나 기름칠을 한다.

(10) 구절판

팔각진 모판의 가장자리의 여덟 칸과 가운데 큰 칸의 아홉 칸으로 나뉜 목기이다. 밀전병을 가운데 담고 가장자리에 찬을 담아 싸서 먹는 구절판을 담거나 마른안주나 숙실과나 정과 등을 담는다.

(11) 발우

스님들이 쓰는 밥그릇으로 나무로 대접처럼 만들어 안팎에 칠을 하였다. 발웃대는 크기가 차례로 여러 층이 있어 개인의 식사도구 일체가 되며 행주와 넣어두는 주머니를 갖춘다.

(12) 다식판

깨나 콩가루나 화분 등을 꿀로 반죽하여 다식을 박아내는 틀이다. 다식판은 길고 네모진 나무판이 아래위 두 짝으로 이루어져서 아래쪽에 문양이 있고, 하나로 된 것은 문양이 안쪽으로 조각되어 있다. 다식판의 문양은 수(壽), 복(福), 강(康), 령(零)의 길한 문자나 꽃, 새, 생선 등의 문양이 조각되어 있다. 약과판도 다식판과 비슷한데 대개 둥근 모양이다.

(13) 떡살

쌀로 만든 절편이나 쑥떡의 표면에 도장처럼 눌러서 찍는 도구이다. 둥근 모양은 나무나 사기, 옹기로 만든 것이 많고, 기하학적인 문양을 새겨져 있는 막대 모형의 떡살로 찍은 떡은 제상이나 고임상에는 길게 그대로 쓰고, 먹을 것은 먹기 알맞은 크기로 썬다.

6. 찬방과 마루의 부엌 세간

(1) 찬장

이층이나 삼층의 나무로 짠 장으로 대개 문짝이 달려 있다. 식기나 마른 음식물을 저장하는 찬장은 유기나 사기 반상기나 제기 등의 무거운 그릇을 보관하려고 튼튼한 구조로 되어 있다.

찬탁과 찬장

(2) 찬탁

층층이 선반으로 사방이 완전히 개방되어 있는 식기나 작은 함지나 음식물은 얹어 두거나 보관하기에 편리하다. 부엌에 두는 찬장은 대개 크기가 작은데, 매일 쓰는 식기와 먹던 찬물을 보관하는 데 쓰인다. 때로는 벽에 붙박이장으로 만들기도 한다.

(3) 뒤주

곡식을 담아 두는 세간으로 나무로 만든 궤짝에 네모서리에 발을 달았다. 천판은 두 짝으로 되어 있어 뒤 짝은 붙박이로 고정되어 있고, 앞 짝은 여닫을 수 있도록 되어 있고 자물쇠를 채우게 되어 있다. 쌀을 담는 뒤주는 한 가마나 두 가마 들어갈 정도로 크기가 크며, 콩, 팥, 깨 등의 잡곡을 담는 뒤주는 서너 말 들이로 작은 크기로 찬광에 두거나 대청마루에 두고 쓴다.

뒤주 위에는 사기 백항아리나 석간주 항아리를 올려놓는다. 사기 백항아리는 수박처럼 배가 둥글고 주둥이는 테가 없고 전이 위로 약간 올라와 있으며, 모란이나 화초 무늬가 새겨져 있다. 대개 크기가 다른 항아리가 3개

뒤주

또는 5개가 한 조를 이루며, 장아찌, 꿀, 엿, 조청, 마른 가루 등을 담아 두고 쓴다. 용준항은 키가 높은 백자에 용이 그려진 항아리로 대개 쌍으로 양쪽에 놓는데, 본래는 제향 때 술항아리로 쓰이던 것으로 꼭지 있는 뚜껑이 있다. 석간주 항아리는 붉은 빛인 채료로 석간주를 입혀서 구워 낸 항아리로 색깔이 검붉다. 백항아리처럼 크기가 여러 가지이고, 꿀이나 엿 등을 담아 둔다.

7. 흙으로 구운 그릇

(1) 옹기

질그릇과 오지그릇을 두루 일컫는 말. 가정에서 쓰이는 옹기는 독, 항아리, 자배기, 푼주, 동이, 방구리, 뚝배기, 장군 등이 있다. 옹기는 철분이 많은 질흙으로 만든다. 우선 흙에 섞인 모래나 불순물을 가려내기 위해 수비(水飛)한다. 그리고 고운 앙금을 받아내어 얼마간 물이 빠져 꾸덕꾸덕하면 움(작업장)에 옮겨 놓고 물레 위에서 그릇을 빚는다. 움집 밖 공터에는 움집에 잇대어 날 그릇을 늘어 놓고 건조하는 송침이 있다. 여기에서 말린 날그릇을 다시 햇볕에 말리고, 잿물을 먹인 다음 또 송침에서 놓는다. 이렇게 잿물 먹인 날 그릇을 한가마 분량이 될 때까지 수장고에 모아 저장한다. 가마굴은 나직한 언덕배기에 길게 치켜 쌓아 위로 솟는 불길을 자연적으로 잘 유도하게 되어 있다. 그 형상을 따라 용가마란 이름이 붙어 있다. 유약은 잿물통에 철분 섞인 흙과 나뭇재를 비슷한 분량을 넣고 고루 저은 다음 체에 걸러낸다. 날그릇을 유약을 먹인 다음 이내 손가락을 휘둘러 몸통에 활달하게 난초 혹은 풀 무늬를 그린다. 충분히 말린 후 가마에 넣어 굽는다.

(2) 독

장독, 김칫독, 술독 등이 있는데, 대개 배가 부르고 운두가 높으며 전이 달린 큰 오지그릇이나 질그릇으로 장류, 김치, 술 등을 담아 두는데 쓰인다. 항아리는 아래위가 좁고 배가 불쑥 나온 질그릇으로 고추장, 김치, 술, 초, 젓갈, 장아찌 등을 담아 두고 쓴다. 술은 한말에서 한섬들이 큰 독에다 빚는다. 다된 술은 항아리나 술통에 담아 둔다. 드무는 입이 넓은 큰 물독을 말한다.

이중독 또는 이중김치독이 있다. 항아리의 위에서 1/3 정도가 이중으로 되어 있다. 이 항아리에 김치를 담아서 물이 떨어져 내리는 곳에 두면 흘러내린 물이 가장자리 홈에 모였다가 차서 흘러내리면서 항아리의 겉면을 차게 식히는 작용을 하여 여름철에 김치를 식지 않게 보관하는 데 쓰인다.

(3) 항아리

독보다 키가 작고 아가리가 좁으며 배는 불룩한 형태의 질그릇이다. 곡물이나 장류나 김치 등을 담근다. 항아리 위쪽에 좁은 주둥이가 달려 있는 귀때항아리는 간장, 식초 등의 액체를 따라 쓰기에 편리하다.

(4) 초항아리

예전에 식초는 집에서 오지로 만든 초항아리를 부뚜막 위에 놓아두고 쌀과 술로 빚어서 발효시키고, 틈틈이 막걸리나 먹던 술을 보태어 부어 만든

초항아리

다. 식초는 제조용 항아리는 솔가지나 짚을 묶어 주둥이를 막아서 발효시키는데 부뚜막이 발효에 가장 적합한 장소로 사용하였다. 초항아리는 보통 항아리보다 목이 짧고 아가리보다 배가 부르고 아구리가 좁은 형태로 윗부분에 주전자처럼 꼭지가 붙어 있다. 식초나 간장은 따라서 쓰기에 편리하도록 주둥이가 있는 귀때병이나 입이 달린 작은 단지에 덜어 놓고 쓴다.

(5) 단지

항아리보다 더 작은 것으로 옹기, 백자 등이 있는데 곡식이나 술, 꿀, 엿, 장아찌, 젓갈 등을 담아 둔다.

(6) 동이 · 방구리

물을 나를 때 쓰이는데 동이는 키가 작은 항아리처럼 생겼고, 양쪽에 손잡이가 달려 있고, 방구리는 모양은 동이와 같으나 크기가 작다.

(7) 젓갈독

젓갈을 담는 독은 예전에 섬이나 해안 지방의 산지에서 아예 담은 채로 소비지까지 운반하였다. 배나 달구지, 지게 등에 운송하려면 항아리의 모양을 배가 나오지 않게 홀쭉하게 만들었다. 멸치젓, 새우젓, 곤쟁이젓 등 종류에 따라 항아리의 모양이나 크기가 약간씩 다르다.

(8) 양념단지

오지로 작게 빚은 작은 단지로 배가 부르고 작은 옹기로 소금, 고춧가루, 꿀, 설탕, 엿, 깨소금 등 양념을 담는다. 작은 양념 단지를 2~5개를 한데 붙여서 만든 것도 있다.

양념단지

(9) 뚝배기

상에 찌개를 끓여서 그대로 올리는 오지그릇으로 설렁탕, 장국밥 등의 탕반을 담기도 한다. 지방에 따라 투박이, 투가리, 독수리, 툭배기, 툭수리로 불리며, 아주 작은 것을 알뚝배기라고 한다.

흙으로 빚어 오짓물을 입혀 구운 것으로 겉은 투박하지만 안쪽은 매끄럽다. 특히 불에 강해서 음식을 담아서 불에 바로 올려서 끓일 수 있다.

(10) 자배기, 소래기

밑이 좁고 위가 벌어지고 바깥에 손잡이가 달려 있는 옹기이다. 큰 자배기는 손잡이가 사면에 있고, 작은 것도 있다. 소래기는 접시 모양으로 운두가 조금 높은 그릇으로 서래기라고도 한다. 자배기는 보리를 대끼거나 채소를 씻거나 절일 때, 마른 나물이나 쌀을 불릴 때 쓰인다. 자배기는 두부를 만들거나 녹말을 낼 때 물을 많이 쓸 때 요긴하게 쓰인다. 자배기나 소래기는 서래기는 독이나 항아리의 뚜껑으로 쓰이기도 한다.

(11) 옹배기

주둥이보다 복부가 넓고 둥글며 바닥이 좁은 편인데 자배기처럼 부엌에서 두루 여러 용도로 쓰인다. 자배기나 소래기 등은 옹기도 있고 질그릇도 있다. 푼주는 입이 넓고 밑이 좁은 사기나 옹기로 음식을 버무리거나 다된 음식을 담는 큰 대접 모양의 그릇이다.

(12) 귀대접

넓은 상부에 입술 한 쪽에 삐쭉이 내민 형상의 대접으로 술을 비롯하여 간장, 식초 등의 액체를 옮겨 담을 때 편리하다. 차를 마실 때 찻물을 식히는 식힘 대접도 귀대접이다.

(13) 질시루

질시루

질그릇은 진흙을 빚어서 유약을 바르지 않고 구운 것으로 표면이 테석테석하고 윤기가 없어 약한 편이나 흡수력이 있어서 시루나 밥통에는 적합하다. 시루는 질시루, 옹기시루, 도기시루, 놋시루, 구리시루가 있지만 가장 대중적인 것은 질시루이다.

우리나라에서 시루를 쓰기 시작한 것은 청동기 시대 또는 철기시대로 알려져 있고, 오늘에 이르기까지 집안의 필수 용구로 쓰이고 있는데, 그 구조나 모양이 별로 달라지지 않은 채로 쓰이고 있다. 다만 상고 시대 출토 시루의 바닥 구멍은 화판 모양으로 뚫려 있고 쇠뿔 모양의 손잡이가 달려 있다.

시루는 바닥에 구멍이 여럿 뚫려 있어 물솥에 올려놓고 불을 때면 뜨거운 수증기가 올라가서 안에 들어있는 재료가 익는다. 시루에 곡물이나 떡을 만들 때는 시루 밑에 재료가 빠지지 않고 김이 잘 오르도록 칡넝쿨 등으로 엮은 시루밑을 깐다. 시루 바닥의 크기와 무쇠 솥의 둘레는 대체로 같게 되어 있다. 고사를 지낼 때 큰 시루는 성주시루, 중시루는 터주시루로 쓰였고, 작은 시루는 백설기를 찌는 데 사용하였다.

(14) 질밥통

질그릇 자배기는 녹말을 만들 때 앙금이 잘 갈아 앉아서 쓰기에 좋고, 밥통은 통기가 잘 되어 여름철에 밥을 담아 두어도 쉬거나 상하지 않는다.

그밖에 술, 기름, 간장, 식초 등의 액체를 담는 병은 백자나 옹기로 되어 있다. 다된 술은 상에서 마시거나 갖고 다닐 때 담는데 목이 긴 거위병, 자라병이나 장군에 담는다. 기름병은 목이 짧은 작은 병으로 주둥이가 좁은 편으로 참기름, 들기름, 콩기름 등을 담아 썼다. 기름병은 대개 삼이나 노끈으로 목을 질끈 동여매어 부엌 벽에 걸어 놓고 썼다.

8. 대나 싸리로 만든 도구

(1) 조리

싸리나 대오리로 엮어 조그마한 삼태기 모양으로 만들어 쌀을 일어 돌이나 뉘를 고르는 데 쓰인다.

(2) 채반

싸리나 대오리로 표면을 쓰기 위해 넓게 만들어서 곡물이나 음식을 널어 말리거나 전이나 부침을 지져서 놓는 데 쓰인다.

소쿠리

(3) 소쿠리

대, 싸리, 버들을 엮어서 만든 반구형이다. 물건을 담거나 채소를 씻어서 건질 때에 쓰인다.

(4) 광우리

광우리

광주리라고도 하며 대, 싸리, 버들 등으로 엮은 커다란 그릇이다. 바구니는 버들, 싸리, 칡넝쿨 등으로 정방형으로 짜고 점차 위로 올라가 높이는 폭과 비슷하고 둥글게 마무리한 그릇으로 여러 식품과 마른 곡물들도 담아두는 데 쓰인다. 다래끼는 작은 것으로 흔히 달걀을 넣어 둔다.

(5) 고리

갯버들 가지를 장방향으로 엮고 같은 모양의 뚜껑을 만들어 덮는 그릇이다. 큰 것은 의류나 식기를 담아 보관한다. 작은 고리는 엿이나 떡을 만들어 선물을 담을 때에 쓰인다. 도시락은 고리버들로 만든 작은 고리짝같이 만들어 밥과 반찬을 담는다.

용수

(6) 용수

대나무나 싸리로 길이가 길고 폭이 좁게 만든 것으로 예전에는 술이 고이면 박아서 가운데 모이는 맑은 술을 떠냈다. 작은 것은 수저를 꽂아 두고 쓴다.

(7) 겅그레

시루나 찜통까지 없이 간단히 솥에다 음식을 쪄서 만들 때 재료가 물에 잠기기 않도록 만든 기구이다. 가는 나뭇가지로 얼기설기 엮은 것이다. 대오리나 싸리, 철사 등으로 엮어서 만든다.

9. 식기와 수저

밥을 비롯하여 국이나 반찬 등 음식을 담는 그릇을 식기라 한다. 격식을 갖추어 밥상을 차릴 때는 한 사람씩 외상 차림을 한다. 반상에 올라가는 한 벌로 된 그릇을 전부 반상기라 하고, 재질은 나무, 유기, 은기, 사기 등으로 되어 있으며, 모두 뚜껑을 붙어 있다. 원래는 철에 따라 식기를 구별하여 쓰는데 단옷날부터 추석까지는 여름철의 식기로 도자기로 되어 있고, 그 외의 철에는 유기나 은기인 금속제 그릇을 쓴다.

(1) 반상기

밥주발, 탕기, 조치보, 종자, 쟁첩, 대접으로 이루어져 있다. 일반적으로는 연엽 반상기로 유연한 곡선을 지닌 형태가 많이 쓰이고, 옥바리 또는 합의 형태도 있다. 그릇을 기명(器皿)이라고도 한다.

연엽유기 반상기

반상기는 용도에 따라 명칭이 다르고, 적정량의 음식을 담게 되어있다.

주발은 밥그릇으로 유기나 은기는 주발(周鉢)이라 하고, 사기로 만든 것은 사발이라고 한다. 형태는 아래는 좁고 위는 약간 벌어졌으며, 뚜껑이 있다.

바리(鉢伊)는 유기로 된 밥그릇으로 주발보다 밑이 좁고 배가 부르고 위쪽이 좁아들고 뚜껑에 꼭지가 있다.

탕기(湯器)는 국을 담는 그릇으로 주발과 똑같은 모양으로 한 둘레 작아서 주발 안에 들어가는 크기이다. 현재는 국을 대접에 흔히 담지만 원래는 탕기에 담는다.

대접(大楪)은 위가 넓고, 운두 낮은 그릇으로 숭늉이나 면, 국수를 담는 그릇이다.

조치보(鳥致甫)는 찌개를 담는 그릇으로 원래는 주발과 같은 모양으로 탕기보다 한 치수 작은 것이나, 뚝배기를 이용하기도 한다.

보시기(甫兒器)는 김치류를 담는 그릇으로 쟁첩보다 약간 크고 조치보 보다는 운두가 낮다.

쟁첩(錚楪)은 전, 구이, 나물, 장아찌 등 대부분의 찬을 담는 작고 납작하며 뚜껑이 있다. 반상의 첩수는 찬을 담은 쟁첩의 수에 따르므로 찬이 3가지이면 3첩반상이 되고, 5가지이면 5첩반상이 된다.

종지(種子)는 간장, 초장, 초고추장 등의 장류와 꿀을 담는 그릇으로 주발의 모양과 같고 기명 중에 크기가 제일 작다.

합(盒)은 밑이 넓고 평평하며 위로 갈수록 직선으로 차츰 좁혀지고 뚜껑의 위가 평평한 모양으로 유기나 은기가 많다. 작은 합은 밥그릇으로 쓰이고, 큰 합은 떡, 약식, 면, 찜 등을 담는다.

조반기(朝飯器)는 대접처럼 운두가 낮고 위가 넓은 모양으로 꼭지가 달리고 뚜껑이 있다. 떡국, 면, 약식 등을 담는다. 접시는 운두가 낮고 납작한 그릇으로 찬물, 과실, 떡 등을 담는다.

반병두리(飯餠器)는 위는 넓고 아래는 조금 평평한 양푼모양의 유기나 은기의 대접으로 면, 떡국, 떡, 약식 등을 담는다.

옴파리는 사기로 만든 입이 작고 오목한 바리이다.

(2) 수저

시저(匙箸)라 하여 숟가락과 젓가락을 한데 이르는 말로 은, 백동, 놋쇠(유기) 등으로 만든다. 조선시대에 이르러 수저가 타원형으로 우묵하게 들어가고 기름한 자루가 달려 있어서 이를 잎사시라고 한다. 젓가락을 같은 재질로 가늘고 긴 막대기를 두 개를 한조로 되어 있고, 단면이 둥글거나 납작하게 만들어 있다.

우리나라에서는 수저를 귀하게 여겨서 백일이나 돌 때 은수저를 장만해주고, 성인이 되거나 혼례 때 수저와 젓가락의 윗봉에 문양을 새기거나 칠보장식을 한 은수저를 마련하여 평생 소중히 쓰도록 한다. 수저를 보관하는 주머니는 새색시가 혼수로 비단에 십장생이나 꽃, 새를 수를 놓거나 수(壽), 복(福), 부귀다남(富貴多男) 등의 글씨나 새긴 것을 마련해 간다. 막수저는 놋쇠로 만들어 지위 고하의 구별 없이 쓰고, 부엌에서 조리용으로 쓰였다.

(3) 유기

놋쇠로 만든 그릇이다. 놋쇠는 구리에 아연을 넣은 주동(鑄銅)과 아연 대신 석(錫)을 넣은 향동(響銅)으로 구분되지만 아연과 석을 섞어 넣어 합금 할 때도 있다. 구리와 석의 합금의 향동은 상질(上質)의 놋쇠로서 방짜라 별칭한다. 옛날에는 가정에는 여름에는 백자, 겨울에는 유기를 즐겨 썼다.

밥소라는 떡, 밥, 국수 등을 담은 큰 유기그릇으로 위가 벌어지고 굽이 있고 둘레에 전이 달려있다.

유기 쟁반(錚盤)은 운두가 낮고 둥근 모양으로 다른 그릇이나 주전자, 술병, 찻잔 등을 담아 나르는 데 쓰인다.

놋양푼은 음식을 담거나 데우는데 쓰이는 놋그릇으로 운두가 낮고 아가리가 넓어 반병두리와 같은 모양이나 크기가 크다.

Chapter ⑯ 지혜로운 옛 음식책

1. 1400년대의 음식책

『산가요록(山家要錄)』은 "농촌에 필요한 기록"이라는 뜻을 지니며, 한문의 필사본이다. 조선왕조 전기인 1459년경 어의 전순의(全循義)가 지은 농업서이면서 현존하는 음식책 중에서 가장 오래되었다. 이 책은 김유의 『수운잡방』보다 약 80년이 앞서며, 술, 밥, 죽, 국, 떡, 과자, 두부 요리 등 229가지의 조리법을 수록하고 있다. 전순의는 세종, 문종, 세조의 어의로 지냈으며, 의식동원을 중요시 여겨, 한국 최초의 식이요법책인 『식료찬요(食療纂要)』도 편찬하였다.

『산가요록』은 38가지의 김치와 술빚기만 해도 63가지에 이르며, 또한 생선, 양, 돼지껍질, 도라지, 죽순, 꿩, 원미를 재료로 한 식해도 7가지 종류가 수록하였다. 이 책은 15세기의 식생활을 알 수 있는 중요한 자료로 평가될 뿐만 아니라, 수록된 온실 설계법은 서양의 온실보다 170년이 앞선 것으로 보인다.

2. 1500년대의 음식책

우리나라에서 식품과 음식에 관한 전문 문헌은 고려시대까지는 전혀 찾아 볼 수가 없다. 조선시대 중기에 이르러 중종 때 김유(金綏)가 지은 『수운잡방(需雲雜方)』(1540년경)은 전문 조리서로 한문으로 쓰여있다. 이 책은 전부 121항으로 술과 누룩에 관한 것이 59항으로 주방문(酒方文)에 가까운 조리서라 하겠다. 조선시대 중기 이전의 식생활 연구에 귀중한 자료인데 김치의 표기법은 침저(沈菹) 또는 침채(沈菜)로 하고, 생선으로 만든 식해(食醢)도 나온다. 이때는 물론 고추가 전래되기 이전이므로 김치에 고추가 전혀 쓰이지 않았고, 장과 메주의 항에서 나오는 시(豉)는 장을 가리킨다.

3. 1600년대의 음식책

이수광(李睟光)의 『지봉유설(芝峯類說)』(1613)은 백과전서로 구체적인 조리서는 아니지만 음식에 관한 고증적 설명이 많이 실려 있다. 이 책에 처음으로 고추가 나온다. 허균(許筠, 1569~1618)은 어릴 때부터 맛좋은 음식들을 먹어보았고, 과거 급제 후에는 전국 고을을 두루 다니며 벼슬살이를 하여서 전국의 식품 재료와 각종 유명한 음식을 고루 먹어보았다. 그가 말년에 바닷가에 유배되어 거친 음식을 먹게 되자 가슴에 걸려 견딜 수 없어 예전에 먹었던 여러 가지를 생각나는 대로 적어 놓으면서 도문(屠門)을 바라보고 크게 씹는 것(大嚼)과 같이 하는 뜻의 『도문대작(屠門大嚼)』(1611)을 남겼다. 이 책은 당시의 식품 재료와 조리, 가공품을 다 나와 있는 귀중한 자료이며, 최고의 식품 전문서로 떡류, 과실류, 해수족, 소채류 등 130여 종을 특징과 명산지를 설명하였고, 서울 식품 28종이 자세히 나와 있다. 내용 중 초시(椒豉)가 나오는데 여기의 초는 고추가 아니고 조피나무 열매인 천초를 가리킨다.

한편 어숙권(魚叔權)은 일반 관리의 일상 업무에 필요한 사항을 편집한 『고사촬요(攷事撮要)』(1554)의 잡방편에는 여러 가지 식품의 금기와 구산주법, 도소주, 내국향온법, 홍조주 등의 술빚기와 초 만들기가 나온다.

〈음식디미방〉 표지

한글로 쓰인 가장 오래된 조리서인 『음식디미방(飮食知味方)』(1670년경)은 경북 양양군의 안동 장씨 부인이 썼는데, 일명 『규곤시의방(閨壼是議方)』이라 하는데 저자의 부군이나 후손이 격식이나 체통을 갖추기 위해 붙인 서명인듯 하다. '규곤(閨壼)'이란 여자들이 거처하는 안방의 뜻인지라 '여자들의 길잡이'라 풀이할 수 있다. 조선시대 식품서가 대개 남성들이 지은 한문서로 대개 중국의 문헌을 그대로 옮겨놓은 조목이 많은 데에 비하여 이 책은 경상도의 산간벽지에 사는 한 가정 주부가 지은 것을 예부터 내려오거나 스스로 개발한 조리법들이 적혀있다. 책의 뒷표지에는 "이 책은 이리 눈이 어두운데 간신히 썼으니 이 뜻을 잘 알아 이대로 시행하고, 딸자식들은 각각 벳겨 가오대 이 책 가져갈 생각은 안 생심 말며 상하지 않게 잘 간수하여 쉬이 따라 버리지 말라."고 간곡히 적고 있다. 내용은 크게 면병류,

어육류, 소과류, 술과 초의 네 부분으로 분류할 수 있다. 특히 개고기 조리법과 상화(霜花) 만드는 법이 자세히 적혀 있고 육류의 훈연 저장법이 나오는 것이 특징이며, 아직 고추가 사용된 기록은 없다.

1680년경 찬자미상의 한문 조리서인 『요록(要錄)』에는 김치의 재료로 과(瓜)류가 많이 쓰이고, 향신료로는 천초나 생강이 쓰이는 것을 알 수 있고, 식해 만드는 법이 나와 있다. 1691년에 나온 한문으로 된 농촌가정 백서인 『치생요람(治生要覽)』에도 초, 장, 술의 제법과 구황, 찬법, 과실 수장법, 금기물 등이 간략하게 쓰여 있다. 그리고 『음식디미방』과 비슷한 시기의 한글 조리서로 『주방문(酒方文)』이 있다. 이 책의 뒷장의 낙서에 『하생원 주방문책(河生員 酒方文冊)』 '정월이십칠일 전일량(正月二十七日 錢一兩)'이라고 쓰여 있다. 내용은 술빚기만이 아니라 조리 전반에 걸쳐있다.

[표 16-1] 1600년대의 옛 음식책

	서 명	책의 형태	편찬연대	편찬자	비 고
1	도문대작 (屠門大嚼)	활자본 /한문	1611	허균(許筠)	국역 : 황혜성, 한국요리백과사전 고서편, 삼중당, 1986
2	규곤시의방 (閨壼是議方) 음식디미방 (飮食知味方)	필사본 /한글	1670년경	안동 張씨	국역 음식디미방(황혜성, 198?) 다시 보고 배우는 음식디미방 (한복려 외, 궁중음식연구원, 1999)
3	요록 (要錄)	필사본 /한문	1680년경	미상	
4	주방문 (酒方文)	필사본 /한문	1600년대말	하생원 (河生員)	서울대학교 소장된 오래된 食經

* 참고 : 韓國古食文獻集成 古料理書(4)(이성우 찬, 수학사, 1993)에 영인(축소)되어 실려 있다.

4. 1700년대의 음식책

1700년대로 추정되는 요리서는 한글로 된 『음식보(飮食譜)』의 표지에 「석애선생 부인 숙부인 진주정씨(石崖先生夫人 淑夫人 晉州鄭氏)」라 적혀 있다. 내용은 술, 반찬, 떡, 과자류 등 36항목이다. 반찬의 조리법 중에 느르미가 있고, 고추를 이용한 요리가 없는 것으로 미루어 1600년대 말엽이나 1700년대 초엽의 것으로 짐작된다.

대청가경(大淸嘉慶) 5년(1800)의 책력을 뒤집어서 쓴 『주방문(酒方文)』이 발견되어, 이 책을 이성우 교수는 『역주방문(曆酒方文)』이라 가칭하였는데 이 책은 필사한 이의 자기 집에 내려오는 요리를 적은 사본으로 1700년대 요리에 자손들이 차차 더 보충하여 적은 것으로 추정된다.

1700년대로 추정되는 『술 만드는 법』의 내용은 크게 술 빚는 법과 음식하는 각양법으로 나누어 있다. 홍만선(洪萬選)은 『산림경제(山林經濟)』(1715)라는 방대한 책을 남겼는데 이 책은 『거가필용(居家必用)』, 『신은(神隱)』, 『제민요술(齊民要術)』 등의 중국 서적과 우리나라 문헌자료를 충분히 활용하여 농촌 가정생활 백과사전이다. 이후 『산림경제보(山林經濟補)』와 유중림의 『증보산림경제(增補山林經濟)』가 나왔고, 1827년 서유구(徐有榘)가 지은 『임원십육지(林園十六志)』의 모체가 되었다. 『산림경제』 치선(治善)편에는 380항목에 걸쳐서 총론, 과실, 차와 음료, 국수, 엿, 죽과 밥, 채보, 어육, 양념, 장, 초, 누룩, 술, 식기(食忌) 등의 각 방면에 걸쳐 다양하게 구성되어 있다.

그 후에 나온 두암(斗庵)의 『민천집설(民天集說)』(1752), 서호수(徐浩修)의 『해동농서(海東農書)』(1799), 서명응(徐明膺)의 『고사신서(攷事新書)』(1771) 등은 『산림경제』를 재배열한 것에 불과하다.

1700년대의 내의원 의관 이시필(李時弼)이 지은 한문조리서로 『소문사설

(謏聞事說)』이 있다. 서울의 내관, 역관, 의원, 대상들이 돈은 있으나 높은 벼슬에 오르지 못하는 시름을 식도락으로 잊고자 수많은 숙수(熟手)들의 비결을 알아내고 지방의 별미와 일본의 어묵(가마보꼬)에 이르기까지 적혀 있다. 1700년대 음식책의 특징은 내용 중에 아직 고추가 나오지 않고 느르미는 걸쭉하게 즙을 한 음식으로 나온다.

[표 16-2] 1700년대의 옛 음식책

	서 명	책의 형태	연 대	찬 자	비 고
1	산림경제 (山林經濟)	필사본 /한문	1715	홍만선	치선편 380항목 총론과 과실, 차탕, 국수, 엿, 죽밥, 소채, 어육, 장, 초, 술 등
2	음식보 (飮食譜)	필사본 /한문	1600년대 말 1700년대 초	숙부인 진주정씨	술, 반찬, 떡과 과자류 등 36항목
3	소문사설 (謏聞事說)	필사본 /한문	1700년대 초	이시필	중국과 일본의 별미음식
4	증보산림경제 (增補山林經濟)	필사본 /한문	1766년	유중림	16편 28항목 총론, 과실수장, 채품수장, 반죽, 병면, 다탕, 제소, 장, 육선
5	온주법 (蘊酒法)	필사본 /한문	1700년대 후기	미상	주로 주방문
6	역주방문 (曆酒方文)	필사본 /한문	1700년대 말	미상	대청가경 5년(1800)의 책력 이면에 기재하였다. 주로 주방문

* 참고 : 韓國古食文獻集成 古料理書(2)(이성우 찬, 수학사, 1993)에 축소 영인되어 실려 있다.

5. 1800년대의 음식책

1800년대에 들어서서는 서유구의 일가가 남긴 농업서나 조리에 관한 문헌이 많다. 서유구의 조부 서명응은 『고사십이집(攷事十二集)』, 그의 조부는 『해동농서(海東農書)』, 그의 형수인 빙허각(憑虛閣) 이씨는 『규합총서(閨閤叢書)』, 그리고 서유구 자신은 『옹희잡지』와 『임원십육지(林園十六志)』 등을 편찬하였다. 가정 백과전서인 『임원십육지』의 정조지(鼎俎志)는 동서고금의 조리서를 원문 그대로 모아 편집한 것으로 음식의 명칭이 때와 곳에 따라 달라지고 있어 조리 용어가 매우 복잡하다. 소(燒)는 '굽다'와 '삶는다'는 뜻으로 쓰이고, 증(蒸)은 '시루에 넣어 수증기로 익힌다'의 뜻으로 쓰이고 있다.

한글판 가정 백과사전인 『규합총서(閨閤叢書)』(1815)는 빙허각 이씨가 쓴 책으로 주사의(酒食議), 봉임(縫紝), 산가락(山家樂 : 농업), 청낭결(青囊訣 : 의학)의 사문(四門)으로 나누어져 있다. 주사의에 조리법이 자세히 나와 있는데, 음식총론, 술 만들기, 장과 초 만들기, 밥과 죽, 차, 김치류, 어품류, 육류, 채소류, 병과류, 과실 저장법, 채소 저장법, 유독한 채소와 과일, 기름 짜는 법, 엿 고는 법, 식해법, 두부법, 녹말법, 전약, 유자청 등의 음식이 실려 있다. 한편 1869년 『규합총서』의 음식만을 정리하여 간행한 『간본 규합총서』가 있다.

1830년에 최한기(崔漢綺)에 의해 방대한 농서인 『농정회요(農政會要)』가 나왔다. 이 책의 조리분야는 『증보산림경제』의 치선편을 옮겨 놓은 것에 지나지 않는다. 1800년대 초엽에 심제(沈薺)가 쓴 『식경(食徑)』이란 책이 있다. 이는 청나라 장영(張英)이 지은 『반유십이합설(飯有十二合說)』을 필사한 것이다.

1800년도 중엽에 찬자 미상의 『군학회등(群鶴會騰)』은 한문서로 내용은 『산림경제』나 『증보산림경제』를 많이 인용하고 있다. 그리고 표지에는 『박해통고(博海通攷)』가 되어 있고, 내제에는 『군학회등』으로 되어 있다. 1800년대 후엽으로 추측되는 『학음잡록(鶴陰雜錄)』의 내용은 『산림경제』를 많이 인용하였다. 1867년에 신석근(辛碩根)이 『방서(方書)』라는 몇 가지 음식을 적은 책이 있다. 여기서 배추김치를 『배초저(培草菹)』로 표기하였다.

[표 16-3] 1800년대의 옛 음식책

	서 명	책의 형태	편찬연대	찬 자	비 고
1	규합총서(閨閤叢書)	복사본	1815년경	빙허각이씨	주사의(酒食儀)
2	주방(酒方)	필사본	1800년대 초	미상	주로 주방문
3	고대 규곤요람(高大 閨壼要覽)	필사본	1800년대 초~중	미상	주식방(酒食方)
4	연대 규곤요람(延大 閨壼要覽)	필사본	1896년	미상	음식록
5	역잡록(歷雜錄)	필사본	1830년대	미상	
6	주찬(酒饌)	필사본	1800년대	미상	
7	음식책(飮食冊)	필사본	1838년, 1898	단양댁	
8	음식방문(飮食方文)	필사본	1800년대 중	미상	
9	윤씨음식법(尹氏음식법)	필사본	1854	미상	
10	이씨음식법(李氏음식법)	필사본	1800년대 말	미상	
11	시의전서(是議全書)	필사본	1800년대 말	미상	
12	술 빚는 법	필사본	1800년대 말	미상	
13	부녀필지(婦女必知)	필사본	1915	미상	규합총서를 필사

* 참고 : 韓國古食文獻集成 古料理書(4)(이성우 찬, 수학사, 1993)에 축소 영인본이 실려 있다.

1850년에 나온 『오주연문장전산고(五洲衍文章箋散稿)』는 이규경(李圭景)이 지은 것으로 우리나라와 중국, 그리고 외방의 모든 사물에 대하여 고증한 것으로 60여 권에 이르는 방대한 책이다. 음식에 대하여는 산구준여(山臞餕餘), 행주음선(行廚陰膳)의 두 항목에 자세하게 설명되어 있다. 1854년에 찬자 미상인 『음식법(飮食法)』은 비교적 충실한 내용의 한글 조리서이다. 내용 중에 낙지느르미와 동아느르미가 나오는데 이는 1600년대의 느르미와는 달리 재료에 녹말이나 달걀을 씌워서 번철에 지져내는 느름적, 전의 부류이다.

『규곤요람(閨壼要覽)』 중 1800년대 초·중엽의 『고려대 규곤요람』(일명 듀식방)은 술빚기가 대부분이고 약간의 떡과 찬이 실려 있고, 『연세대 규곤요람』(1896)에는 술은 천일주 한 가지만이고, 조리법 전반에 걸쳐서 자세하게 설명되어 있다. 1858년에 나온 『음식유취(飮食類聚)』는 한글 요리서로서 현재 소재가 불명하나, 내용은 술빚기가 대부분인 조그마한 책이다. 1860년에는 찬자 미상인 『김승지댁 주방문(金承旨宅 酒方文)』이라는 한글 요리서가 나왔다. 전체 31조목 중에 25조목이 술빚기이고 국수와 찜, 장의 조리법이 나와 있다.

1800년대 말엽에 나온 찬자 미상의 『시의전서(是議全書)』라는 매우 충실하게 반가 음식을 적은 전문 조리서가 있다. 이 책은 조선시대의 다른 조리서와는 달리 술 빚기가 실려 있지 않고, 제물(祭物)부를 따로 설명한 것과 음식 담는 법과 구첩반상, 칠첩반상, 오첩반상, 국수상의 상차림이 그림으로 실려 있는 것이 특징이다. 이 『시의전서』는 전통음식들이 광범위하게 분류, 정리가 잘 되어 있어 조선시대 말엽의 우리나라 음식을 한눈에 볼 수 있다.

6. 1900년대 전반기(일제강점기)의 음식책

1900년대에 들어서의 조리서는 필사본은 거의 없고, 한글의 신활자체로 발행된 것과 일본어로 된 한국 조리서가 나오게 되었다. 1913년에는 방신영이 『요리제법(料理製法)』을 지어서 그 후 수차 개정되고 1952년에는 『우리나라 음식 만드는 법』이 나왔다. 이 책은 현대 한국 음식의 모범이 된다.

[표 16-4] 1900년대 전반기의 음식책

	책 이 름	연 대	편 찬 자	출 판 사	비 고
1	션영대죠 셔양료리법	1930	경셩양부인회		
2	간편조선요리제법(簡便朝鮮料理製法)	1934	이석만(李奭萬)	三文社	
3	사계의 조선요리(四季의 朝鮮料理)	1934	鈴木商店 味の素本舖	鈴木商店內外料理出版部	
4	조선무쌍신식요리제법(朝鮮無雙新式料理製法) 증보조선무쌍신식요리제법	1936 1943	이용기	永昌書館,韓興書林 振興書館	원판3판
5	할팽연구(割烹硏究)	1937	京城女子師範學校家事研究會	鮮光印刷株式會社	
6	서양요리제법(西洋料理製法) 한국에 맞는 서양요리	1937 1973	해리엣모리스(慕理施)	梨花女子專門學校출판부	
7	조선요리법(朝鮮料理法)	1938	조자호(趙慈鎬) 京城家政女塾	廣韓書林	1943
8	가정주부필독(家庭主婦必讀)	1939	이정규(李貞圭)	京城名著普及會	
9	조선요리(朝鮮料理)	1940	伊原圭(孫貞圭)	日韓書房,京城書房(1944)	
10	조선요리학(朝鮮料理學)	1940	홍선표(洪善杓)	朝光社	
11	절미영양식조리법(節米營養食調理法)	1941		糧友會 朝鮮本部	
12	조선가정요리(朝鮮家庭料理)	1946	京城女子師範大學家事科	建國社	
13	조선영양독본(朝鮮榮養讀本)	1947	한귀동(韓龜東)	乙酉文化社	
14	우리음식	1948	손정규(孫貞圭)	三中堂	

1915년에는 『부인필지(夫人必知)』라 하여 가정생활에서 긴요한 것을 『간본규합총서』보다 더 광범위하게 뽑고 1900년도 초엽의 명물인 명월관 냉면 같은 것을 보충한 것이다. 1942년에 이용기(李用基)가 『조선무쌍신식요리제법(朝鮮無雙新式料理製法)』을 지었는데, 내용은 『임원십육지』 정조지를 한글로 번역하여 설명하였고, 가끔 신식 요리도 삽입하여 쓴 방대한 책이다. 1943년에는 증본이 나왔다. 1934년에는 이석만(李奭萬)이 지은 『간편조선요리제

법(簡便朝鮮料理製法)』과 1935년에는 『신영양요리법(新營養料理法)』이 나왔다. 『신영양요리법』은 요리뿐 아니라 영양학의 기초와 식단표를 작성하여 실었다.

1940년에는 손정규(孫貞圭)의 『조선요리(朝鮮料理)』가 일본어로 발행되고, 1948년에는 한글로 번역되어 『우리 음식』으로 발생되었다. 1944년에는 김호직(金浩植)이 『조선식물개론(朝鮮食物槪論)』을 일본어로 번역한 책이 나왔다. 우리나라의 음식물과 식품 전반에 걸쳐서 전통적인 것과 신영양학을 한데 밝혔다. 1939년에는 경성여자사범학교의 가사연구회에서 요리 전문 교과서인 『할팽연구(割烹研究)』를 간행하였다. 또한 『사계의 조선요리』가 간행되었고, 1940년에는 홍선표(洪善杓)가 국한문 혼용으로 『조선요리학(朝鮮料理學)』을 출간하였다. 1930년에는 서울 주재 외국인 여성 단체에서 『션영셔양요리법(鮮英西洋料理法)』을 발행하였다. 그리고 해방 이후로 추측되는 연대와 필자 미상인 『가정요리』가 필사본으로 고대 도서관에 남아 있다.

7. 최고의 베스트셀러 요리책 『조선요리제법』과 방신영

일제강점기에 여성 고등교육기관으로 이화여전, 숙명여전, 경성사범대학의 3곳을 꼽을 수 있다. 이 학교들은 초기에는 규수 교육의 수준으로 가사과, 가정과로 개설되었다가 해방 후 서구적 학문이 도입되면서 가정학이 생활과학분야로 발전되었다. 최초의 여학교인 이화학당에 1886년 개교하여 1910년 대학과가 신설되어 가사과가 생겼고, 1929년 전문학교로 가사과로 개편되고 신촌캠퍼스로 이전하였다.

방신영(1890~1977)은 1890년 음력 3월 9일 경성부 효제동 56번지로 기독교 신자인 아버지 방한권과 어머니 최씨 사이에 둘째딸로 태어났다. 1910

년 경성 정신여학교를 졸업하고 광주 소피아여학교, 모교인 정신여학교 등에서 교사를 하였다. 1920년 이화여자전문학교 가사과가 창설됨에 따라 교수로 재임하여 1952년 정년 퇴직 때까지 32년간 근무하였다. 그녀는 1925~1926년 2년간 동경영양학교에 유학하였고, 1938년, 1949년 각각 일본과 미국에 1년 동안 시찰, 연구를 하였다. 교직을 떠난 후에는 큰언니의 아들인 조카 이석만(李奭萬)의 가족과 살면서 교회 일에 봉사하다가 1977년 세상을 떠났다. 그녀가 처음으로 우리음식 요리법을 정리한 음식책은 『요리제법』(1913)으로 간행되었을 때 그녀는 23세이었다. 4년 후에는 『조선요리제법』(1917, 신문관)이 나왔는데 초판은 거의 분실되어 원본은 찾을 수 없으나 『청춘』지 제7호 광고에 내용이 나온다. 이 책은 우리 전통에 바탕을 둔 요리 솜씨의 방향을 제시하였으며, 우리 겨레의 자랑이요 이화의 자랑이라 하였다. 그녀는 이 책으로 그치지 않고 보다 완전한 요리책을 만들려고 계속적인 수정, 증보를 되풀이하면서 여러 출판사에서 발행되었고, 총 판매부수가 수 십 만부에 이르러서 전국 가가호호 퍼지게 되었다.

최이순 선생은 『신가정』(1977. 2)에 방교수를 추모한 글에서 '방신영의 어머니는 요리 솜씨가 워낙 뛰어났는데 그가 16세 무렵에 어머니로부터 음식책을 만들어 우리나라 부녀자에게 전하라는 가르침을 받아서 음식을 배우고 익히고 음식을 조리법을 한가지씩을 종이에 받아 적기 시작하였다'고 한다.

『이화 70년사』에는 "방신영 선생은 가사과 교수로서 한국요리의 권위자였다. 우리나라 요리하는 법을 글로 적어놓으신 아마 최초의 분이 아닌가 한다. 당시 조교 유복덕 씨의 조력으로 만들어진 『조선요리제법』은 장안의 종잇값을 올려 주었으며, 잘 들리지 않은 정도의 나직한 음성모양으로 성격도 고우셔서 천하의 법 없이도 살 분 같았다"고 하였다. 그리고 1945년 경에는 이화여전에서 함께 근무한 모리스 교수가 『조선요리법』을 번역하여 영어판을 미국에서 발간하여 많이 판매하였다. 책 판매 이익금은 한국인을 위한 장학금을 마련하였다.

방신영이 지은 음식책은 『조선요리제법』(한성도서출판사, 1942. 24판), 영문판 『한국음식』, 『조선음식 만드는 법』(대양도서), 『우리나라음식 만드는 법』(청구문화사, 1952), 『우리나라 음식 만드는 법』(장충도서출판사 33판) 등을 발간하였다. 그 외 저서로 『음식관리법』(금룡도서주식회사, 1956), 『다른 나라 음식 만드는 법』(장충도서출판사, 1957), 『중등요리실습, 고등요리실습』(장충도서출판사, 1957)이 있다.

[표 16-6] 방신영이 지은 음식책

	서 명	연 대	출 판 사	비 고
1	요리제법	1913	新文館	준비단계
2	조선요리제법(朝鮮料理製法) 증보 조선요리제법(朝鮮料理製法) 개정증보 조선요리제법(朝鮮料理製法)	1917 1936 1942	漢城圖書株式會社	萬家必備의 寶鑑 增補 7版 24版
3	영문판 한국음식	1943	미국에서 출간	모리스역
4	조선음식 만드는법	1946	大洋公司	
5	우리나라 음식 만드는 법	1954 1958 1962	靑丘文化社 長忠圖書 國民書館	33版
6	동서양과자제조법	1952	鳳文舘	
7	음식관리법	1956	金龍圖書株式會社	
8	다른나라 음식 만드는 법	1957	國民書館	조숙임공저
9	고등가사교본- 요리실습편	1958	金龍圖書株式會社	

제 4 부 관련 음식문화 콘텐츠

문헌 자료

강 와, 치생요람, 1691.
강인희, 한국식생활변천사, 식생활개선범국민운동본부, 1985.
강인희, 한국식생활사, 삼영사, 1978
강인희, 한국식생활풍속, 삼영사, 1984.
국사편찬위원회 편, 자연과 정성의 산물-우리음식, 두산동아, 2006.
강진형 외, 이야기가 있는 아름다운 우리식기, 교문사, 2006.
강희맹, 사시찬요초, 1655.
김광언, 한국의 부엌(빛깔있는 책들 195), 대원사, 1997.
김명호 외 역, 신편 국역 성소부부고 제25권, 민족문화추진회, 2006.
김상보, 조선시대의 음식문화, 가람기획, 2006.
김상보, 한국음식생활문화사, 광문각, 1997.
김선희, 수라간에 간 홍길동, 음식의 역사를 배우다(아동도서), 파란자전거, 2007.
김아리, 밥힘으로 살아온 우리민족(아동도서), 아이세움, 2002.
문미옥, 한국전통음식문화교육, 학지사, 2000.
김 유, 수운잡방, 1500년대 초.
나선화, 소반, 대원사, 1989.
남만성 역, 지봉유설, 을유문화사, 1975.
농총진흥청 농촌자원개발연구소 역, 산가요록, 농촌진흥청, 2004.

농총진흥청 농촌자원개발연구소 역, 식료찬요, 농촌진흥청, 2004.
동의보감 국역위원회 역, 동의보감, 남산당, 2003.
민족문화추진회 역, 산림경제, 민족문화추진회, 1974.
민족문화추진회 역, 용재총화, 민족문화추진회, 솔, 1997.
방병선, 사람을 닮은 그릇 도자기-보림한국미술관 13, 보림출판사, 2006.
방신영, 우리나라 음식 만드는 법, 장충도서출판, 1957.
방신영, 조선요리제법, 1917.
빙허각이씨 원저, 부인필지, 1915.
빙허각이씨, 규합총서, 1815.
서명응, 고사십이집, 1737.
서유구, 임원십육지, 1827.
서현정, 테마로 보는 우리 역사 한국사 탐험대6 - 음식(아동도서), 웅진주니어, 2006.
성　현, 용재총화, 1439-1504.
세계도자기엑스포편집부, 자연을 닮은 그릇 - 옹기, 재단법인세계도자기엑스포, 2006.
손정규, 우리음식, 1948.
손정규, 조선요리, 1940.
숙부인진주정씨, 음식보, 1700년대 초.
신　숙, 신간구황촬요, 1660.
안동 장씨, 음식디미방, 1670.
안동 장씨원저, 영양군 엮음, 음식디미방, 영양군, 2007.
안동 장씨원저, 경북대출판부 역, 음식디미방(경북대학교 고전총서 10), 경북대학교출판부, 2003.
안용근, 한국인과 개고기, 효일, 2000.
유애령, 식문화의 뿌리를 찾아서, 교보문고, 1997.
유중림, 증보산림경제, 1766.
윤서석, 우리나라 식생활 문화의 역사, 신광출판사, 1999.
어숙권, 고사촬요, 1554.
영남춘추사 편, 조선요리법, 1934.
윤서석 외 역, 음식법, 아쉐드아인스미디어, 2008.
윤서석 외 역, 제민요술 - 식품조리 · 가공편 연구, 민음사, 1993.
윤서석 외, 벼 · 참깨 · 잡곡 전파의 길, 신광출판사, 2000.
윤서석 외, 한국음식대관 제1권 : 한국음식의 개관, 한국문화재보호재단, 1997.
윤서석, 한국식생활문화, 신광출판사, 2009.
윤서석, 증보 한국식품사연구, 신광출판사, 1985.
윤숙경 역, 수운잡방/주찬, 신광출판사, 1998.
윤숙자 역, 규합총서, 질시루, 2003.
윤숙자 역, 수운잡방, 질시루, 2006.

윤숙자 역, 요록, 질시루, 2008.
윤숙자 역, 증보산림경제, 지구문화사, 2007.
윤숙자, 우리의 부엌살림, 삶과꿈, 1997.
윤숙자, 전통부엌과 우리살림, 질시루, 2002.
윤용이, 우리 옛 질그릇(빛깔있는 책들 229), 대원사, 1999.
이강자 외 역, 증보산림경제, 신광출판사, 2003.
이규경, 오주연문장전산고, 1850.
이규희, 부엌 할머니(아동도서), 보림, 2008.
이석만, 간편조선요리제법, 1934.
이성우 편, 한국고식문헌집성Ⅰ-Ⅶ, 수학사, 1992.
이성우, 고대 한국식생활사연구, 향문사, 1994.
이성우, 식경대전, 1981, 향문사.
이성우, 한국식경대전, 향문사, 1981.
이성우, 한국 식생활의 역사, 수학사, 1992.
이성우, 한국식품문화사, 교문사, 1985.
이성우, 한국요리문화사, 교문사, 1985.
이성우, 고려이전 한국식생활사 연구, 향문사, 1978.
이성우, 동아시아속의 고대 한국식생활사 연구, 향문사, 1992.
이수광, 지봉유설, 1613.
이시필, 소문사설, 1740.
이영자, 옹기-숨 쉬는 항아리, 우리 삶과 신앙이 담긴 옹기그릇의 모든 것, 열화당, 2006.
이용기, 조선무쌍신식요리제법, 1924.
이 익, 성호사설, 1740년경.
이지현, 우리 그릇 이야기, 청년사, 2005.
이 행, 신증동국여지승람, 1530.
이효지 외 역, 시의전서, 신광출판사, 2004.
이효지 외 편역, 임원십육지 정조지, 교문사, 2007.
이효지, 한국의 음식문화, 신광출판사, 2000.
작자미상, 가정요리, 1940년대 말엽.
작자미상, 고려대 규곤요람, 1795.
작자미상, 김승지댁주방문, 1800년대 말엽.
작자미상, 만기요람-재용편, 1808.
작자미상, 술만드는 법, 1700년대.
작자미상, 술빚는 법, 1800년대 말엽.
작자미상, 시의전서, 1800년대 말.
작자미상, 역주방문, 1800년대 중엽.
작자미상, 연세대 규곤요람, 1896.

작자미상, 온주법, 1700년대.
작자미상, 요록(要錄), 1680년경.
작자미상, 음식뉴취, 1800년대 말엽.
작자미상, 이씨음식법, 1800년대 말엽.
작자미상, 잡지, 1841.
작자미상, 정일당잡지, 1856.
작자미상, 주찬, 1800년대.
작자미상, 침주법, 1690년경.
장지현, 한국전래 면류음식사 연구, 수학사, 1994.
장지현, 한국전래 유지류사 연구, 수학사, 1995.
전순의, 산가요록, 1450년경.
전순의, 식료찬요, 1460년경.
정대성 저, 김경자 역, 우리음식문화의 지혜, 역사비평사, 2001.
정대성 저, 김문길 역, 일본으로 건너간 한국음식, 솔, 2000.
주강현, 개고기와 문화제국주의, 중앙 M&B, 2002.
주강현, 조기에 관한 명상, 한겨레신문사, 1998.
정동주, 우리시대, 찻그릇은 무엇인가, 다른세상, 2005.
정양완 역, 규합총서, 보진재, 1975.
정혜경, 한국음식 오딧세이, 생각의 나무, 2007.
정혜경, 천년 한식견문록, 생각의 나무, 2009.
주영하, 그림속의 음식, 음식 속의 역사, 사계절, 2005.
한복진, 우리생활100년-음식, 현암사, 2001.
하생원, 주방문, 1600년대 말.
한국문화재보호재단 편, 한국음식대관 제5권 : 상차림 기명 기구, 한림출판사, 2002.
한복려 역, 산가요록, 궁중음식연구원, 2007.
한복려 외 역, 다시보고 배우는 음식디미방, 궁중음식연구원 2000.
한복려, 다시 보고 배우는 조선무쌍신식요리제법, 궁중음식연구원, 1999.
한우근 외 역, 경국대전, 한국정신문화연구원, 1985.
한희순 외, 이조궁정요리통고, 학총사, 1957.
햇살과 나무꾼, 가마솥과 뚝배기에 담긴 우리음식 이야기(아동도서), 해와 나무, 2005.
허 균, 도문대작, 1611.
허생원, 주방문, 1600년대.
허 준, 동의보감, 1611.
홍만선, 산림경제, 1715.
황혜성, 조선요리대략, 1950.

이성우 편, 한국고식문헌집성 I -VII, 수학사, 1992

「한국고식문헌집성」은 한국 식문화사의 연구 자료와 관련하여 우리나라 옛 식문헌을 수집한 자료를 문헌집으로 발간한 책으로 우리나라 식문화사의 연구에 많은 도움을 준다.

한국 식문화사의 연구와 관련하여 1945년까지의 한국 식생활 고전과 이에 관련된 한일의 논문 · 기사를 사용하였으며, 꼭 필요한 경우는 중국 및 일본 고전과 1945년 이후의 문헌도 약간 수록하였다. 이들을 자세히 분류하고 각 분류 항목에 이들 문헌을 연대순으로 배열하였다. 수록된 내용은 다음과 같다.

제 I 권 : 제민요술, 산가청공, 산거사요, 거가필용, 활인필방, 신은, 사시찬요초, 수운잡방, 동의보감, 도문대작, 고사촬요, 요리물어, 음식디미방, 색경, 요록, 주방문, 치생요람, 음식보, 산림경제, 고사십이집, 소문사설

제 II 권 : 민천집설, 감저종식법, 증보산림경제, 고사신서, 술만드는 법, 온주법, 주식방(고대규곤요람), 해동농서, 반유십이합설, 임하필기, 규합총서, 임원십육지

제 III 권 : 고려대규합총서(이본), 주방, 농정회요, 역잡록, 농정찬요, 오주언문장전산고, 주찬, 정일당잡식

제 IV 권 : 음식책, 산림경제촬요, 음식방문, 군학회동, 학음잡록, 역주방문, 윤씨음식법, 김승지댁주방문, 방서, 간본규합총서, 태상지, 일본요리독안내, 술 빚는 법, 청양찬법, 연세대규곤요람, 시의전서, 가정잡지, 조선요리제법

제 V 권 : 馬鈴薯飯の調理法, 馬鈴薯飯の調理法と成分の損失に關する試驗, 朝鮮の豬肉料理, 朝鮮無雙新式料理製法, 海東竹枝, 藥飯と烏崇拜, 朝鮮料理의 特色, 料理店에서 본-朝鮮손님과 外國손님, 朝鮮料理前にして, 粟炊ニ就テノ實驗(一), 석영대조 서양요리법, 支那人과 料理, 支那の精進料理, 牛鍋の話, 筍と竹茹, 調理するに調理場の注意, 味覺小考, 조선요리법, 簡便朝鮮料理製法, 四季의朝鮮料理

제 VI 권 : 사계의 조선요리, 日日活用新榮養料理法, 鶴と人蔘組合せた傳說と其批判, 平壤お牧の茶室の天麩羅, オートミルに就て, 鮮滿動物通覽, 割烹硏究, 서양요리제법, 食物に關する展覽會見の記, 日本廚司士協會-鮮滿支部近く創立, 營養食共同炊事に就て, 조선요리법, 東方不老仙劑百粥秘方, 現代朝鮮の生活と改善, 조선요리학

제 VII 권 : 우리음식, 和食風朝鮮料理, 外米の 炊き方, 朝鮮饌漫話, 朝鮮料理, 조선요리제법, 朝鮮食物概論, 戰時家庭園藝讀本, 가정요리, 조선요리대략, 음식관리법, 이조궁정요리통고, 中國古代飮食烹飪的發展, 人類熟食的開始和炊具的發展演變, 烹飪與医葯, 關于幾個古代食品名稱的研究, 烹飪與用火, 割與烹

참고 웹사이트

국립민속박물관	http://www.nfm.go.kr
(사)궁중음식연구원	http://www.food.co.kr
(사)궁중병과연구원	http://www.koreandessert.co.kr
국립문화재연구소 영상자료관 예능민속관 / 조선왕조궁중음식	http://www.nrich.go.kr/kr/mmulti
조선시대 식문화원형 고조리서 콘텐츠	http://joseonfood.culturecontent.com
조선후기 사가의 전통가례와 가례음식 문화원형	http://jilsiru.culturecontent.com/intro/intro1.asp
100대 민족문화 상징	http://minjok.mct.go.kr/index.jsp
한국문화 콘텐츠 콜렉션	http://food1.krpia.co.kr
온양민속박물관	http://www.onyangmuseum.or.kr
옹기박물관	http://www.onggimuseum.org
떡 부엌살림박물관	http://tkmuseum.or.kr
전라남도 농업박물관	http://www.jam.go.kr
제주요 도자기박물관	http://www.jejuyo.com
태영민속박물관	http://www.tfmuseum.org
해강도자미술관 해강고려청자연구소	http://www.haegang.org

100대 민족문화상징에 꼽힌 음식들 :
김치, 떡, 전주비빔밥, 고추장, 된장과 청국장, 삼계탕, 불고기, 소주와 막걸리, 냉면, 자장면

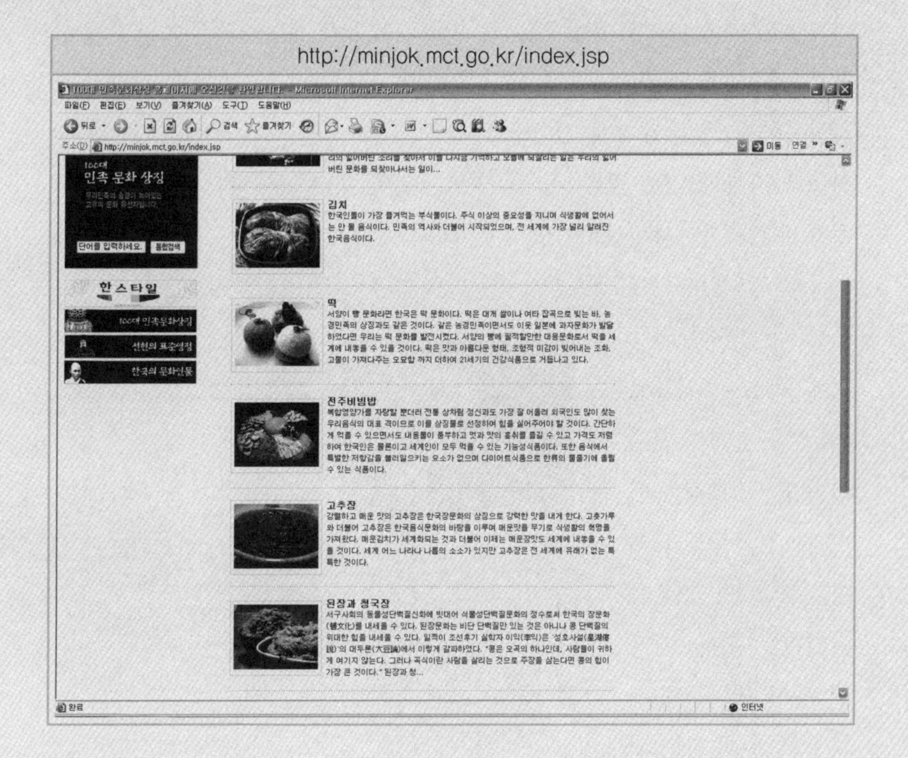

http://minjok.mct.go.kr/index.jsp

100대 민족문화상징이란 과거부터 현재에 이르기까지 우리민족의 공간적·시간적 동질감을 바탕으로 형성되어온 고유의 민족문화를 대표할 수 있는 100가지의 상징을 말한다. 전통과 현대를 아울러 한국을 대표하는

100대 민족문화상징을 개발하여 우리민족의 문화유전자(DNA)를 찾기 위한 목적으로 2006년 문화관광부 주관으로 선정되었다. 여기에는 태극기, 독도, 세종대왕, 김치, 효(孝)사상, 한글, 길거리 응원에 이르기까지 다양한 분야가 망라되어 있다.

100대 민족문화상징은 분야별로 고른 선정을 위해 민족상징, 강역 및 자연상징, 역사상징, 사회 및 생활상징, 신앙 및 사고상징, 언어 및 예술상징의 6대 분야로 나뉘어 발굴되었다. 100대 상징의 선정은 우리문화의 원형으로 상징성을 갖고, 문화예술적 콘텐츠로서 활용이 가능하며, 유네스코 지정문화재 등 세계화에 기여도가 높은 것을 기준으로 하였다. 수차례의 전문가 자문과 내부 의견수렴을 거쳐 마련한 초안을 바탕으로, 인터넷 포털과 여론조사 전문기관(한국갤럽)에 의뢰, 3,000여 명의 설문조사를 거쳐 최종 확정되었다.

이미지를 클릭하시면 크게 보실 수 있습니다.

냉면

선정취지 및 필요성

겨울철에는 이열치열(以熱治熱)의 음식으로, 여름철에는 그 자체 시원한 국수 맛으로 이름 높다. 오늘날에는 가히 사계절음식으로 통용되며 국수음식 중에서 한국민의 최고의 사랑을 받고 있는 음식으로 이를 널리 세계에 알릴 필요가 있다.

역사적 배경 및 상징물의 의미

한민족의 주식에는 밥과 죽, 국수 등이 차지한다. 오곡으로 빚는 밥종류와 달리 국수는 밀가루, 감자농마, 녹두농마, 강냉이농마, 강냉이가루, 메밀가루 등 여러 가지를 쓴다. 감자농마, 녹두농마, 강냉이농마 등은 풀기가 있기 때문에 메밀가루, 밀가루가루 등과 알맞게 섞여서 국수사리를 만들면 질기고 매끈매끈하며 맛도 구수해진다. 또한 가루들의 섞음 비율에 따라 국수사리의 질도 달라진다. 쌀 같은 주식이 터무니없이 부족한 이북지역에서는 예로부터 메밀 같은 잡곡을 써서 해먹는 국수음식이 널리 보급되었다. 평양냉면·함흥냉면 등이 유명한 것은 역설적으로 그만큼 쌀이 귀했다는 증거이기도 하다.

메밀가루를 반죽하여 본통에 넣고 국수누르기를 하여 분통구멍에서 국수가 나오게 한다. 펄펄 끓는 물에 국수발이 들어가서 끓게 되면 이를 건져내어 찬물에 바로 씻어내고 국수사리를 만든다. 여기에 육수를 부으면 물냉면, 비벼서 먹게 되면 비빔냉면이 된다. 그러나 냉면의 양대 줄기는 역시 평양냉면과 함흥냉면이다. 들어가는 재료와 만드는 방법은 거의 비슷하나 지역에 따른 맛의 차이가 난다. 평양냉면은 예로부터 평양지방에서 고유하게 만들어오던 이름난 국수이다. 뛰어난 맛과 높은 영양가, 고상한 민족적 풍미와 입맛을 돋우는 여러가지 고명 등으로 하여 세계적으로 이름 높은 음식이다. 오리가 질기고 국물이 시원하며 달고 약간 새큼한 배맛이 잘 어울려 뒷맛을 감치하는 것이 특징이다. 보기에는 간단하게 보여도 메밀가루와 감자농마, 소고기, 돼지고기, 김치, 달걀, 배,파, 마늘, 생강, 소금, 간장, 기름, 깨소금, 후춧가루, 겨자 ,고춧가루, 식초, 실고추 등 다양한 재료가 동원된다. 시원한 국수를 먹으면서 따뜻한 육수를 내어 음양의 조화를 꾀하기도 한다.

100대 민족문화상징에 꼽힌 음식들로써는 김치, 떡, 전주비빔밥, 고추장, 된장과 청국장, 삼계탕, 불고기, 소주와 막걸리, 냉면, 자장면 등이 있다. 냉면, 자장면 등이 선정된 이유가 궁금하다면, 클릭해보자. 역사적 배경에 대한 설명과 함께 상징들에 대한 색다른 견해를 읽을 수 있다.

조선시대 조리서를 통해 복원한 전통음식문화 디지털 콘텐츠 : '한국문화 콘텐츠 콜렉션 : 전통먹거리'

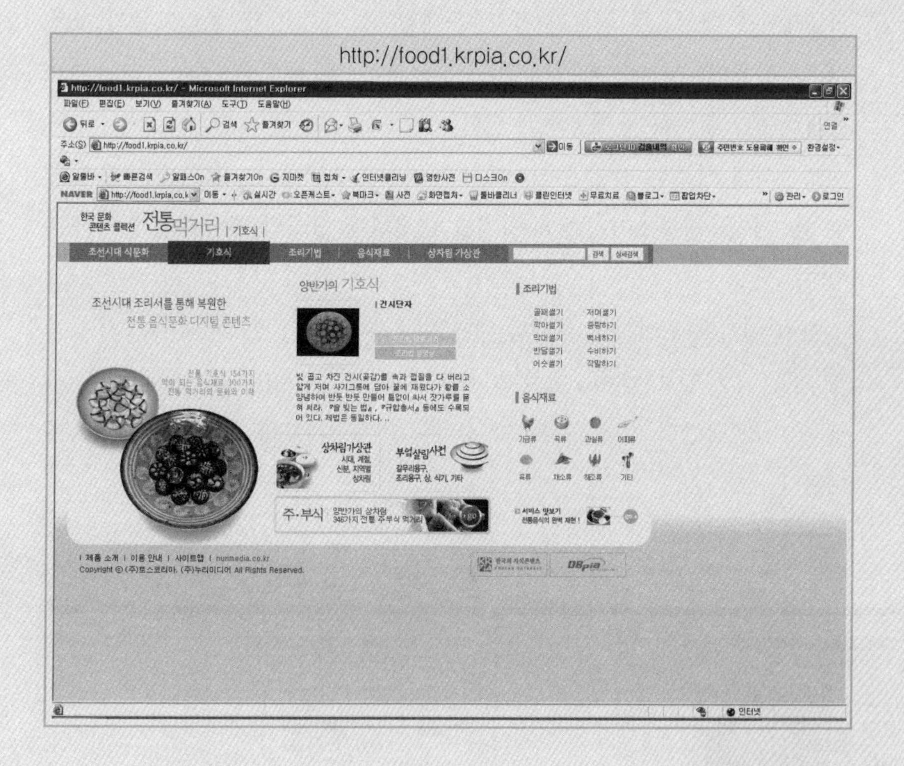

이 콘텐츠는 한국문화콘텐츠진흥원 문화원형 과제로 선정되어 개발된 우수 콘텐츠이다.

조선시대 음식 조리서 12종을 바탕으로 우리 전통의 먹거리인 주·부식

346종에 대한 음식유래와 상세한 조리방법을 소개하고 있다. 또한 조선시대 식문화에 대한 소개와 조리기법, 전통 부엌살림에 대한 내용으로 구성되었으며, 시대 · 신분 · 계절 · 지역별로 상차림을 살펴볼 수 있는 상차림 가상관이 있다.

조선시대 조리서 12종에 수록된 음식, 식품재료, 도구, 조리조작법, 음식유래담을 대상으로 원문과 번역문, 재현음식의 동영상, 조리도구의 이미지 및 사용법, 상차림 위저드서비스 등 조선시대 음식문화를 멀티미디어 형태로 디지털화하여 제공하고 있다.

조선시대 식문화 전통 주식, 부식의 먹거리 346가지, 약이 되는 음식재료 300가지, 전통조리기법 50가지를 비롯하여 상차림 가상관을 운영하고 있다.

이 중에서도 조선시대 상차림 위저드는 시대(1500년대~1900년대), 지역(서울, 경기, 북부, 중부, 남부), 계절(봄, 여름, 가을, 겨울, 사철), 신분(양반, 중인, 서민)에 따라 달랐던 옛날 조상들의 상차림을 재현하도록 한 점이 대단히 흥미롭다.

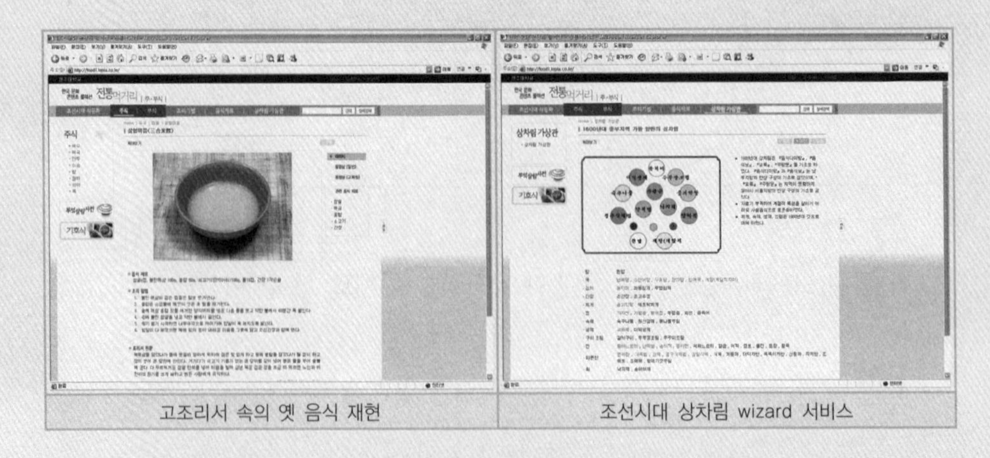

고조리서 속의 옛 음식 재현 | 조선시대 상차림 wizard 서비스

예를 들어, 1800년대, 서울지역, 봄, 양반의 상차림은 그림과 같다. 여기서, 1800년대 상차림은 『규합총서』, 『시의전서』, 『주찬』을 기초로 하고 있다. 『규합총서』는 서울지방, 『시의전서』는 남부지방, 『주찬』은 중부지방의 기준으로 삼은 것이며, 국, 김치, 생채, 전, 회는 남부지방 것으로 대체하였고, 구이와 조림은 사철음식으로 대체하여 구성한 것으로 7첩반상의 상차림이다.

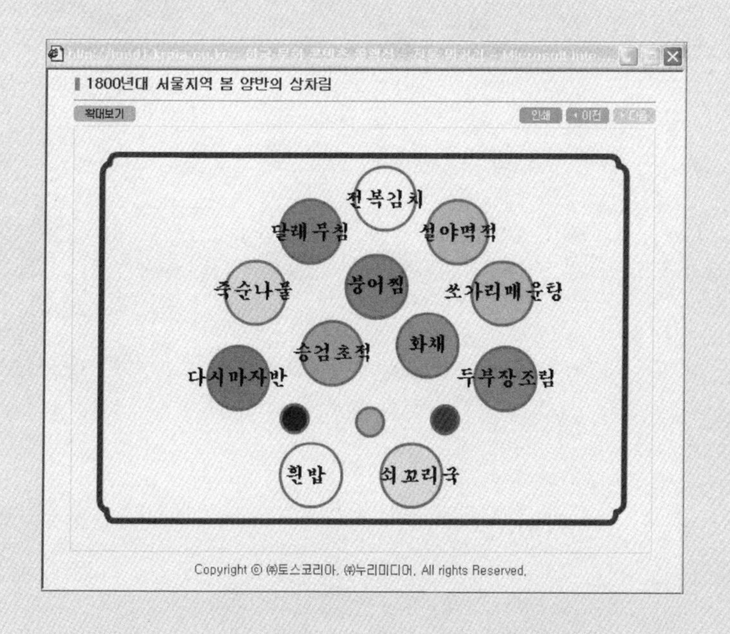

또한, 음식의 조리법과 관련하여 '준비하기, 조리하기'에 사용되는 다양한 조리기법들을 이미지와 플래시를 사용하여 알기 쉽게 설명하고 있다. 예를 들어 '수비하기', '작말하기' 등과 같은 방법은 오늘날엔 다소 생소한 재료 준비 방법이다. '수비하기'란 곡물의 가루를 물에 넣고 휘저어 잡물을 없애는 것이고, '작말하기'란 곡물을 말려서 단단하게 만든 재료를 가루로 만드는 것을 말한다. 빻는다는 표현은 보통 절구에 넣고 힘을 가해서 가루로 만드는 것이고 작말하다는 의미는 맷돌에 갈아서 가루로 만드는 것을 말한다.

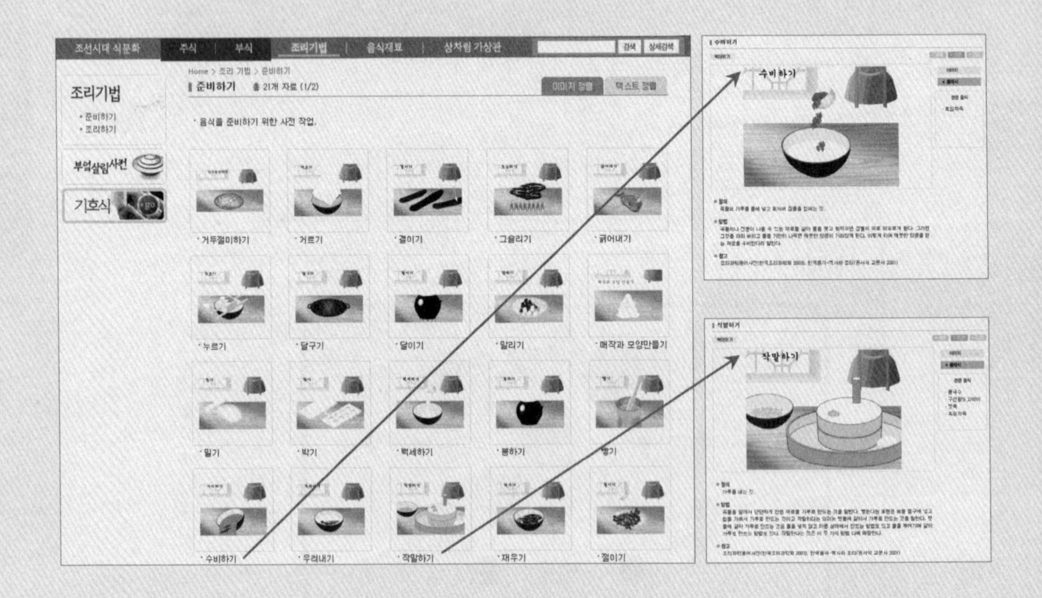

조선시대 조리서에 나타난 식문화 원형 : '한국문화콘텐츠 진흥원 : Culture content'

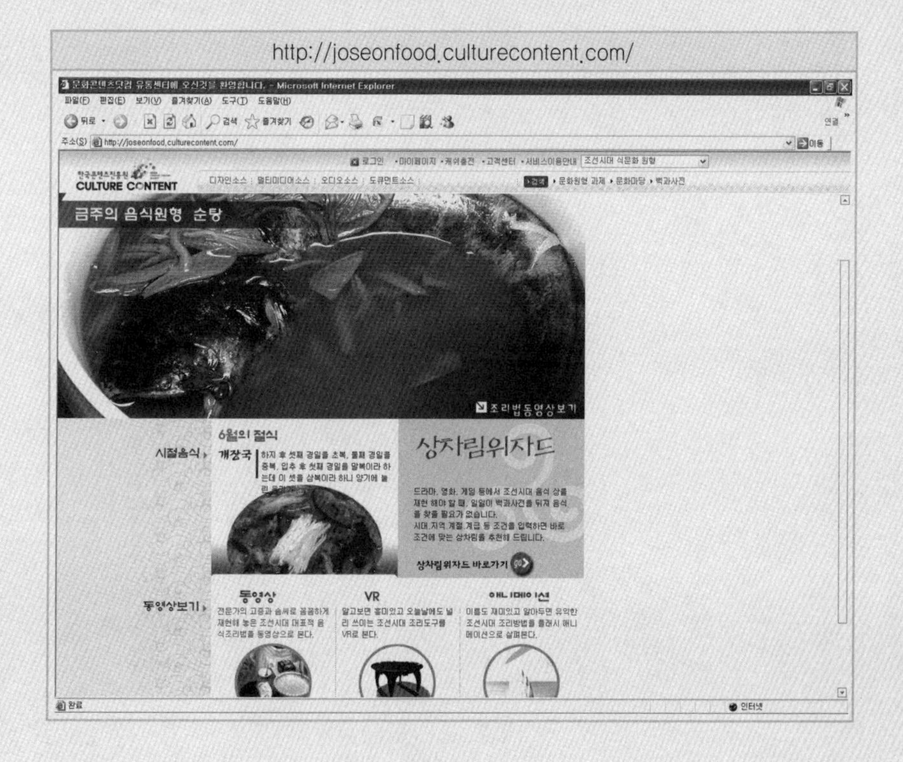

한국문화콘텐츠진흥원에서 제공하는 문화콘텐츠의 위상에 걸맞게 각종 조리서를 근거로 재현한 음식원형들의 조리법 동영상, 조리도구 VR, 조리법 애니메이션 자료 등의 다양한 디지털 콘텐츠를 제공하고 있는 곳이다.

드라마, 영화, 게임 등에서 조선시대 음식 상을 재현하고자 할 때 시대와 지역, 계절, 계급 등의 조건을 입력하면 조건에 맞는 상차림을 제시해주는 상차림 위자드 서비스가 제공된다. 전문가의 고증과 솜씨로 재현한 조선시대의 대표적인 음식들의 조리법을 동영상으로 볼 수 있으며, 예전의 부엌 살림 도구들을 VR로 펼쳐 볼 수 있다.

영상 자료

방송사	프로그램명	제 목	방영일
KBS	역사스페셜	300년 전 여성군자가 쓴 요리백과 '음식디미방'	2002. 01.
KBS	역사스페셜	산가요록, 500년 전에도 첨단온실이 있었다	2002. 04. 06.
KBS	다큐멘터리 3일	사라져가는 골목길의 추억 종로 피맛골 72시간	2009. 03. 21.
KBS	신화창조	놀부 해외시장 개척기	2006. 09. 03.
KBS	신화창조	토종브랜드로 로열티를 벌어라, 비비큐 치킨 세계 시장 공략기	2006. 03. 12.
KBS	역사스페셜	조선판 브리태니커 임원경제지	2009. 08. 01.
KTV	한국의 문화유산	떡살	
KTV	한국의 문화유산	생활속의 문양	
KTV	한국의 문화유산	숨쉬는 항아리, 옹기	
KTV	한국의 문화유산	시간과 정성이 만들어낸 한국의 맛, 엿	
KTV	한국의 문화유산	독짓는 젊은이, 명품옹기에 도전하다	2007. 09. 24.
MBC		한국인의 소울푸드, 귀화음식 1부	2008. 12. 11.
MBC		한국인의 소울푸드, 귀화음식 2부	2008. 12. 12.
MBC	특별기획	음식디미방	2009. 03. 08.
SBS	SBS스페셜	자장면의 진실	2009. 05. 17.
Q채널		고서 지혜의 문	2005
국회방송	신한국재발견	생명을 지킨 우리 그릇	

• KBS 역사스페셜 – 산가요록, 500년 전에도 첨단온실이 있었다

1. 산가요록은 어의 전순의가 저술한 책으로 서양의 온실에 대한 역사기록보다 무려 100여 년이 빠른 기록이 나온다. 뿐만 아니라 현존하는 최고의 조리서이기도 함
2. 500여 년 전의 조선온실은 지금의 온실과 비교해 보아도 결코 뒤지지 않을 과학성을 지니고 있으며, 온돌을 통한 난방 시스템과 기름먹인 창호지를 사용한 방수 매커니즘 등 조선온실의 첨단성을 분석함

• KBS 다큐멘터리 3일－사라져가는 골목길의 추억 종로 피맛골 72시간

1. 600년의 역사를 가진 종로의 뒷골목인 피맛골, 재개발로 인해 사라지게 될 피맛골의 정취를 소개
2. 피맛골의 대포집, 분식점, 메밀국수집 등 피맛골의 다양한 맛집들을 소개하면서 지나온 우리 서민음식을 되돌아보고 있음

• KBS 역사스페셜－조선판 브리태니커 임원경제지

1. 풍석 서유구가 총 16권으로 나누어 당대의 문헌과 실학자인 본인의 경험을 바탕으로 엮은 조선시대 최고의 생활백과사전
2. 음식은 정조지라는 부분에 있는데 한(韓)·중(中)·일(日) 약 250여 권의 자료를 참고로 하여 식품을 분류하고, 양념과 고명, 주부식, 술, 절식(節食) 등을 자세히 기록한 내용 소개

• MBC 특별기획－음식디미방

음식디미방의 저자인 정부인 안동 장씨에 대해 드라마로 엮은 다큐멘터리로, 여성이 집필한 첫 한글요리서를 통해 조선시대 음식문화사를 상세히 전달하고 드라마와 전문가 인터뷰를 적절히 배합함으로써 흥미있게 구성함

• SBS 스페셜－자장면의 진실

1. 한국인이 좋아하는 음식 중 하나인 자장면의 모든 것을 파헤쳐 소개
2. 자장면의 맛을 좌우한다는 한국 춘장의 제조방법, 한국 자장면을 처음으로 만들어 팔기 시작한 공화춘, 자장면이라는 말의 어원 등을 소개

• Q채널 고서 지혜의 문

「음식디미방」과 「규합총서」와 같은 고조리서를 소개한 것으로 옛 조상들이 즐겨 드셨던 음식뿐만 아니라 식생활을 통한 우리 민족의 정신과 예법 등을 소개

찾아보기

ㄱ

ㅁ

ㅇ